测 量 学

主　编　臧立娟　王凤艳
副主编　王明常　贾俊乾　于小平

WUHAN UNIVERSITY PRESS
武汉大学出版社

图书在版编目(CIP)数据

测量学/臧立娟,王凤艳主编.—武汉:武汉大学出版社,2018.1(2021.1
重印)

ISBN 978-7-307-19903-3

Ⅰ.测… Ⅱ.①臧… ②王… Ⅲ.测量学—教材 Ⅳ.P2

中国版本图书馆 CIP 数据核字(2017)第 307910 号

责任编辑:鲍 玲 责任校对:汪欣怡 版式设计:马 佳

出版发行:**武汉大学出版社** (430072 武昌 珞珈山)

(电子邮箱:cbs22@ whu.edu.cn 网址:www.wdp.com.cn)

印刷:湖北金海印务有限公司

开本:787×1092 1/16 印张:22.5 字数:531 千字 插页:1

版次:2018 年 1 月第 1 版 2021 年 1 月第 2 次印刷

ISBN 978-7-307-19903-3 定价:45.00 元

前　　言

本书由吉林大学地球探测科学与技术学院测绘工程系教师编写，目的在于满足吉林大学地学部非测绘专业本科生测量学教学需求，也希望能够为其他读者提供必要的参考。

本书的编写缘起于吉林大学 2015 版培养方案修编，根据地学部各学院要求，测量学教学过程中不仅要注重理论基础，而且要强调工程技术应用，不同学科教学要有针对性。

教材共 15 章，第 1~第 5 章、第 6 章 6.1 节 ~6.5 节、第 7 章由臧立娟副教授编写；第 8~第 12 章由王凤艳教授编写，其中，第 10 章 10.4 节中 RTK 物化探测实例由于小平老师编写；第 13 章由贾俊乾副教授编写；第 6 章 6.6 节、第 14~第 15 章由王明常教授、王民水老师编写；全书插图由于小平老师绘制。

本书配套教材《测量学实验、实习指导书》，根据吉林大学地学部实验、实习基地具体情况编写，后期出版。

该教材由吉林大学教学研究经费资助出版！

书中疏漏与不足之处在所难免，欢迎各位专家和读者批评指正。

编　者

2017 年 7 月

目　录

第1章 绪 论

1.1 测量学简介

作为地球科学的分支，测绘科学与技术已经形成独立的一级学科，广泛应用于国民经济建设、国防建设以及科学研究等领域。测绘科学与技术是关于地理空间分布信息的采集、处理、管理、表达、更新及利用的科学与技术的总和，包括大地测量学、摄影测量与遥感学、地图制图学、工程测量学及海洋测绘学等多个分支学科，每个分支学科沿着各自领域深入发展，形成相关测绘理论与应用技术。

测量学研究测绘科学与技术的基础理论和基本技术。基础理论涉及测绘工作基准及参考系的建立、基本几何量(角度、距离、高差等)的测量原理、测绘仪器的工作原理与使用、测量误差基本理论、控制网建立及数据处理、地形图测绘及应用。基本技术是基础理论长期应用于工程实践所形成的工程测量技术和方法，本教材结合地学领域应用需要，分别对地质勘探工程测量、物化探工程测量、建筑工程测量、道路工程测量及地籍测量进行介绍。

随着空间技术与信息科学的发展，全球定位导航系统(Global Navigation Satellite System，GNSS)、遥感(Remote Sensing，RS)、地理信息系统(Geographic Information System，GIS)的集成已成为现代测绘技术核心，多源信息获取的自动化、空间数据处理智能化、三维信息表达的真实化、动态信息更新的实时化、地理信息共享的产业化将成为测绘工作突出的行业特征，广泛服务于国民经济发展和各种工程建设。本教材对 GNSS、RS、GIS 技术应用进行简单地介绍。

1.2 地球的形状与大小

测量工作基于地球表面进行，测量成果与地球的形状、大小等几何特征有直接关系。

1.2.1 大地体

地球表面约71%的面积是海洋，29%的面积为陆地。如图 1-1 所示，海水受重力 G (地球引力 F_1 与离心力 F_2 的合力)作用形成的表面称为水准面(重力等位面)，由于水准面有潮汐现象，设想一个静止的平均海水面，延伸穿过陆地包围整个地球形成的封闭曲面，称为大地水准面(虚线所示)，大地水准面包围的球体称为"大地体"。过大地水准面上任一点的重力作用线称为铅垂线，铅垂线处处与大地水准面垂直。由于地球表面高低起伏及地球内部质量分布不均匀，铅垂线方向变化复杂，这就决定了大地水准面是一个有微小起伏的不规则曲面。

测绘仪器工作原理是以大地水准面为基准面，以铅垂线为基准线，外业观测的数据是将地球自然表面上的点沿铅垂线方向投影到大地水准面上的数据。但是，由于大地水准面是不规则的曲面，外业观测数据无法应用数学公式进行处理，需要建立一个与大地水准面非常接近的规则几何面，作为测量工作内业数据处理的基准面。

1.2.2 椭球体

1. 地球椭球体

长期测量实践表明，地球形状近似于两极略扁的旋转椭球，所以，在测绘工作中，如图 1-2 所示，把以地球自转轴 NS 为短轴，赤道直径 WE 为长轴的椭圆绕自转轴旋转形成旋转椭球体称为地球椭球体。地球椭球体的表面是规则的旋转椭球面，称为地球椭球面，地球椭球面是能够用数学描述的规则几何面。过地球椭球面上任一点垂直于椭球面的线称为法线，将大地水准面上的外业观测数据沿法线方向投影到地球椭球面上进行数据处理，实际工作中，把地球椭球面和法线作为测量数据内业处理的基准面和基准线。

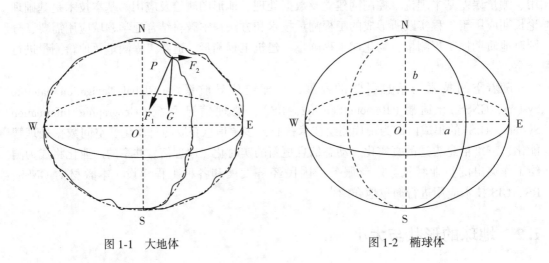

图 1-1 大地体   图 1-2 椭球体

2. 参考椭球体

总体上与大地体最接近的地球椭球体称为总地球椭球体，但是总地球椭球面不会在任何位置都与大地水准面吻合得好，为了提高外业观测数据投影在地球椭球面上的精度，不同国家根据所处的地理位置，分别建立最适合自己国家的地球椭球体，称为参考椭球体，参考椭球体的表面称为参考椭球面。即使在自己国家区域内，任何参考椭球面都不会在所有点与大地水准面重合，而是整体上比较吻合。我国采用的参考椭球及参数见表 1-1。

表 1-1 我国采用的参考椭球几何参数

椭球名称	椭球参数		坐标系
	长半轴 a	扁率 e	
克拉索夫(斯基)椭球 (苏联 1940 年)	6378245m	1/298.3	1954 北京坐标系
IUGG75 椭球 (国际大地测量与地球物理联合会 1975 年)	6378140m	1/298.257	1980 西安坐标系
CGCS2000 椭球 (中国以 ITRF 97 参考框架为基准 2008 年)	6378137m	1/298.257	2000 国家大地坐标系

参考椭球的大小(长半轴 a、短半轴 b)、形状(扁率 e)都有所不同,其中

$$e = \frac{a-b}{a} \tag{1-1}$$

3. 参考椭球体定位

只有参考椭球体与实际的大地体有确定的位置关系,才能将大地水准面上观测数据投影到参考椭球面上进行处理,确定参考椭球体与大地体的相对位置关系称为参考椭球体定位。参考椭球体定位方法:如图 1-3 所示,在一个国家的合适位置确定一点 P,令通过这个点的法线与铅垂线重合,参考椭球面与大地水准面相切,而且参考椭球面与这个国家范围内的大地水准面差距尽量小,这点称为"大地原点",通过大地原点,确定参考椭球面与大地水准面的位置关系。不同的国家根据自己国家实际情况确定大地原点。

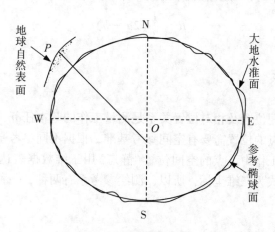

图 1-3 参考椭球体定位

中华人民共和国大地原点坐落在陕西省泾阳县永乐镇,地理坐标为(34°32′27.00″N,108°55′25.00E),大地原点的海拔为 417.20 米,距我国陆地边界正北约 880 千米,东北约 2500 千米,正东约 1000 千米,正南约 1750 千米,西南约 2250 千米,正西约 2930 千米,西北约 2500 千米,大致位于我国大陆领土的中心。中华人民共和国大地原点是中国的法定大地坐标中心,经过精密天文测量和精密水准测量,获得了大地原点的平面起算数

据，我国依此原点建立了 1980 西安坐标系，逐渐取代 1954 北京坐标系(大地原点位于苏联普尔科沃)。图 1-4 为我国大地原点建筑外观及具体标志。

图 1-4　我国大地原点建筑外观及点位标志

在领土面积比较大的国家，若有足够的天文测量和重力测量数据，可以采用多点定位法，多点定位使在大地原点处椭球的法线不再与铅垂线重合，椭球面与大地水准面不再相切，但是在全国范围内，椭球面与大地水准面有最佳的密合。关于多点定位可以参考大地测量的有关书籍。

1.2.3　球体

在测区面积比较小时，可以把地球当做球体，其半径可用下式计算：

$$R = \frac{1}{3}(2a + b) \tag{1-2}$$

1.3　测绘参考系

确定地面点的空间位置及相对位置关系是测量工作的基本任务，那么如何描述或表达地面点的位置？描述点的位置需要有空间参考基准，根据不同参考基准，地面点位置的表达方式不同。在测量工作中，点的空间位置(静态)用三维数据表达，一种方式为二维坐标与高程，另一种方式为三维坐标，所以，测绘参考系有两种，一种为坐标参考系，一种为高程参考系。

1.3.1　坐标参考系

(一)地理坐标系

地理坐标系为球面坐标系，点与点之间的相对位置关系表现为球面关系，地理坐标系根据基准面和基准线的不同分为大地坐标系和天文坐标系，以参考椭球面为基准面，以法线为基准线建立的地理坐标系为大地坐标系，以大地水准面为基准面，以铅垂线为基准线建立的地理坐标系为天文坐标系。下面以大地坐标系为例介绍地理坐标系。

参考椭球体如图1-5所示，NS为地球自转轴，N为北极，S为南极，过地球自转轴的平面称为子午面，其中通过原英国格林尼治天文台的子午面称为首子午面(或起始子午面)，子午面与参考椭球面的交线称为子午线(或经线)。过地球中心且垂直于地球自转轴的平面称为赤道面，赤道面与椭球面交线称为赤道。过椭球面上某点 P 的子午面与首子午面的夹角为 P 点的大地经度，用 L 表示，首子午面向西 0°~180° 为西经，向东 0°~180° 为东经；过某点 P 的椭球面法线与赤道面的交角为 P 点大地纬度，用 B 表示，赤道面向南 0°~90° 为南纬，向北 0°~90° 为北纬。P 点的大地坐标由大地经度和大地纬度构成，表示为 (L, B)，椭球面上任一点的位置都可以用唯一的大地坐标表达，但是椭球面以外点的空间位置还需要结合该点沿椭球面法线到椭球面距离(高程)才能唯一表达(见 1.3.2)。我国目前使用的大地坐标系为 2000 国家大地坐标系。

天文坐标系定义方法与大地坐标系相似，但由于基准不同，除大地原点外，同一点大地坐标与天文坐标是有差别的。实际工作中，通过天文观测方法测得 P 点的天文经纬度 (λ, φ)，再利用 P 点的法线与铅垂线的相对关系(称为垂线偏差)改算为大地经纬度 (L, B)。在精度允许情况下，也可以不进行改化。

(二)三维空间直角坐标系

三维空间直角坐标系如图1-6所示，以地球椭球中心为原点，首子午面与赤道面的交线为 X 轴正半轴，赤道平面内通过原点与 X 轴垂直方向为 Y 轴，向东为正半轴，自转轴为 Z 轴，北方向为正半轴，构成右手直角坐标系。任意空间点 P 的位置都可以用唯一的三维空间直角坐标 (X_P, Y_P, Z_P) 表达，全球定位系统使用三维空间直角坐标系，英文全称为 World Geodetic System-1984 Coordinate System(简称 WGS-84)，我国北斗系统也使用三维空间直角坐标系，英文全称为 China Geodetic Coordinate System 2000(简称 CGCS2000)。三维空间直角坐标系有利于空间点位信息维护和快速更新，促进 GPS、RS 及 GIS 技术在科学研究、国民经济建设、资源调查与环境监测等方面广泛应用。

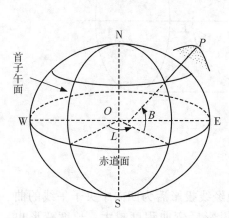

图1-5　大地坐标系建立

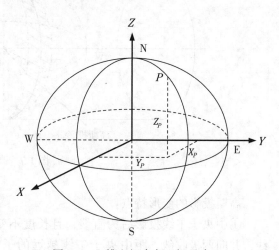

图1-6　三维空间直角坐标系建立

（三）高斯平面直角坐标系

小区域地形测量及施工测量使用地理坐标和三维空间直角坐标不方便，适合使用平面坐标系。由于地球椭球面是不可展曲面，需要采用一定的投影方法将椭球面上几何元素投影到平面上，在投影平面上建立平面直角坐标系。

将椭球面上的点投影到平面上需要按照一定的数学法则，用函数关系可以表达为：

$$\begin{cases} X = F_1(L,\ B) \\ Y = F_2(L,\ B) \end{cases} \tag{1-3}$$

通过数学法则建立了点的对应关系，就可以将椭球面上的点投影到对应的投影平面上。根据投影平面建立方法的不同，分为圆锥投影、圆柱投影、方位投影；根据椭球面与投影平面相对位置不同，分为正轴投影、斜轴投影、横轴投影；根据投影后变形特征不同，分为等角投影、等积投影、任意投影。椭球面上几何元素投影到平面上必然会产生变形，不同的投影方法几何变形特征不同，在实际工作中根据实际需要选择投影方法。

1. 高斯投影

高斯投影是德国测量学家高斯于1825—1830年提出的，1912年由德国测量学家克吕格推导出实用坐标投影公式，所以该投影又称高斯-克吕格投影。基于高斯投影建立的平面直角坐标系称为高斯平面直角坐标系。

高斯投影是等角横切椭圆柱投影，如图1-7所示，将地球椭球装入椭圆柱中，椭圆柱的中心轴线通过椭球中心，让某子午线与椭圆柱面相切，设想椭球中心有一光源，沿着光线把椭球面上以该子午线为中央子午线两侧一定区域投影到圆柱面上，然后将圆柱面沿圆柱母线（通过南、北两极）剪开并展平，得到高斯投影平面，如图1-8所示。

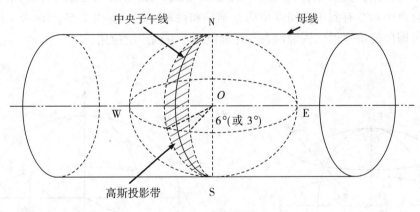

图1-7 高斯投影

高斯投影的变形特点：

①中央子午线投影后为直线，且长度不变。其他经线投影后为凹向中央子午线的曲线，并向两极收敛，距中央子午线越远的子午线，投影后弯曲程度越大，长度变形也越大。

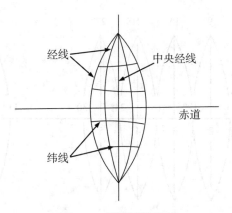

图 1-8　高斯投影平面

②赤道投影后为一直线，且长度有变形。其他纬线投影后为凸向赤道的曲线，赤道两侧纬差相同的纬线投影后对称。

③经纬线投影后仍保持正交。

在测量工作中，为保证地形图与实地相似，采用高斯投影。高斯投影能够保证在一定范围内投影后的图形与对应的椭球面上图形相似，即投影后角度不变，长度等比变化，虽然离中央子午线越远长度变形越大，但是对于小区域内，投影后任一点在所有方向上的微分线段长度比不变。我国现行的大于 1∶50 万比例尺的各种地形图都采用高斯投影。

为了限制投影变形，高斯投影采用分带投影，一般采用 6° 带或 3° 带：

①6° 分带，从首子午线开始，自西向东每 6° 为 1 带，全球 60 带，设 N 为带号，则每带中央子午线经度为：

$$\lambda_0 = 6N - 3 \tag{1-4}$$

②3° 分带，从东经 1.5° 开始，自西向东每 3° 为 1 带，全球 120 带，设 n 为带号，则每带中央子午线经度为：

$$\lambda_0 = 3n \tag{1-5}$$

图 1-9 是按 6° 带投影后拼接起来的投影平面。根据我国所跨地理范围，6° 带的带号范围为 13～23，3° 带的带号范围为 24～45。不难理解，3° 带投影变形小，6° 带投影变形大，实际工作中，根据精度要求选择投影带宽，也可以选择其他带宽，如 1.5° 等。

2. 高斯平面直角坐标系的建立

高斯平面直角坐标系按投影带分别建立，如图 1-10(a)所示，其方法为：中央子午线的投影为 X 轴，北向为正，赤道的投影为 Y 轴，东向为正，其交点为坐标原点 O，象限顺时针排列。注意高斯平面直角坐标系与数学平面直角坐标系的区别。

我国位于北纬，X 坐标都为正值，为了方便使用，避免 Y 坐标出现负值，如图 1-10(b)所示，把每点 Y 坐标自然值加 500 km(也可理解为 X 轴西移 500 km)，为区别具有相同坐标的点出现在不同带，在每点 Y 坐标前冠以带号，如此每一点都有唯一的平面直角坐标与之对应，这样表达的坐标称为高斯通用坐标。注意，在计算过程中要采用自

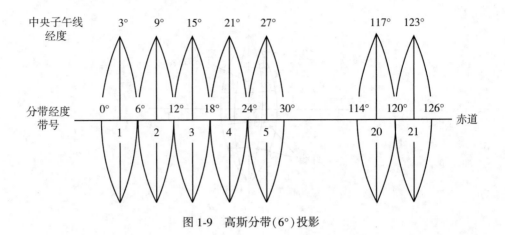

图 1-9　高斯分带(6°)投影

然坐标，表达时采用通用坐标。另外，当测区跨带时，一般需要分别提供相邻两带坐标，在需要的情况下，可以通过换带计算，统一在一个高斯平面直角坐标系下。

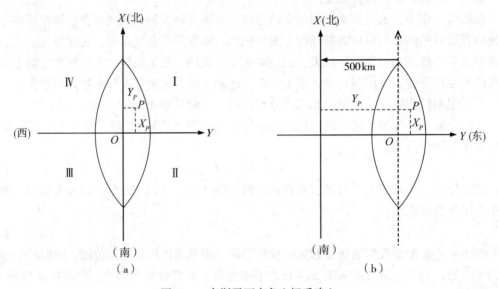

图 1-10　高斯平面直角坐标系建立

(四)独立平面直角坐标系

在小区域测量工作中，为了方便使用和减小投影变形，要采用独立平面直角坐标系。

城市坐标系是独立的平面直角坐标系，以当地的平均水准面为投影面，原点一般设在城市中心，北方向为 X 坐标轴的正方向，与之垂直方向为 Y 方向，向东为正，城市坐标系要与国家坐标系进行联测，确定坐标换算关系。

测区平面坐标系是独立平面直角坐标系，在具体工程中经常以测区地平面为投影面，在西南角设立原点,北方向为 X 正半轴,与之垂直方向为 Y 轴,向东为正。实践证明:在 100km² 范围内,平面点位的相对位置受地球曲率影响可以忽略。对于比较小的工程建设可以选择独立的平面直角坐标系,最后与国家坐标系联测。

建筑坐标系是独立平面直角坐标系,为了计算和施工放样方便,经常使平面直角坐标系的坐标轴与建筑物主轴线重合、平行或垂直,这种坐标系也称施工坐标系,在计算测设数据时需根据已知点坐标采用的坐标系进行坐标换算。

1.3.2 高程参考系

椭球面上的点可以用大地坐标唯一表示,但是地球表面有高低起伏,投影到椭球面上相同的点可能有不同的空间位置,若要唯一表达点的空间位置,还需建立高程参考系。

1. 高程

地面点沿铅垂线到大地水准面的距离称为绝对高程(海拔),如图 1-11 所示,A 点绝对高程为 H_A,B 点绝对高程为 H_B。地面点沿铅垂线到假定水准面的距离为相对高程,A 点相对高程为 H_A',B 点相对高程为 H_B'。A、B 两点间的高程之差称为高差,高差具有方向性,定义 A 点到 B 点高差为:

$$h_{AB} = H_B - H_A = H_B' - H_A' \tag{1-6}$$

则 B 点到 A 点高差为:

$$h_{BA} = -h_{AB} \tag{1-7}$$

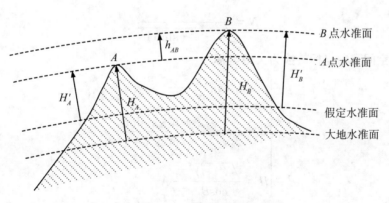

图 1-11 高程与高差

2. 高程系统

我们国家把青岛验潮站获得的黄海平均海水面作为高程起算零面,并在青岛市观象山设立高程原点,基于平均海水面精确测量了高程原点的绝对高程,作为全国绝对高程基准,称为中华人民共和国水准原点。依据 1950—1956 年验潮资料建立了"1956 年黄海高程系",高程原点的绝对高程为 72.289m。后来,随着资料的增加,以 1952—1979 年验潮资料为依据建立了"1985 国家高程基准",水准原点高程为 72.260m。

大地水准面指全球平均海水面,我国以黄海平均海水面作为高程起算面,称为似大地水准面,大地水准面与似大地水准面只有在海洋上是重合的。以大地水准面为基准面的高程系统称为正高系统，以似大地水准面为基准面的高程系统称为正常高系统，我国采用的高程系统是正常高系统。

另外，以参考椭球面为基准面的高程系统称为大地高系统，大地高可以通过 GPS 测量得到。再通过大地水准面与参考椭球面之间高差（大地水准面差距）计算正常高，大地水准面差距通过多面模型拟合求得；也可以通过似大地水准面与参考椭球面之间高差（高程异常）计算正常高，高程异常通过天文水准测量或重力水准测量获得。

1.3.3　坐标转换

本部分内容可以参考大地测量有关书籍，这里只介绍公式，不做推导。

1. 大地坐标转换为三维空间直角坐标

设某点三维空间直角坐标为 (X, Y, Z)，大地坐标为 (L, B)，则有

$$\begin{cases} X = (N + H)\cos B \cos L \\ Y = (N + H)\cos B \sin L \\ Z = \left[N(1 - e^2 + H) \right] \sin B \end{cases} \tag{1-8}$$

式 (1-8) 中，e 为参考椭球第一扁率：

$$e^2 = \frac{a^2 - b^2}{a^2} \tag{1-9}$$

大地水准面差距：

$$N = \frac{a}{\sqrt{1 - e^2 (\sin B)^2}} \tag{1-10}$$

2. 三维空间直角坐标转换为大地坐标

$$\begin{cases} L = \arctan \dfrac{Y}{X} \\ B = \arctan \dfrac{Z + N \cdot e^2 \sin B}{\sqrt{X^2 + Y^2}} \\ H = \dfrac{\sqrt{X^2 + Y^2}}{\cos B} - N \end{cases} \tag{1-11}$$

计算大地纬度 B 时，先取 $\tan B_1 = \dfrac{Z}{\sqrt{X^2 + Y^2}}$，计算初值 B_1，进一步计算出 N_1，然后进行迭代，直到连续两次 B 值之差满足允许值，再计算高程 H。

3. 平面直角坐标之间转换

如图 1-12 所示，若平面直角坐标系 xoy 的原点 o 在 XOY 坐标系下坐标为 (X_o, Y_o)，任一点 P 在 xoy 坐标系下坐标为 $P(x_P, y_P)$，则 P 在 XOY 坐标系下坐标为：

$$\begin{cases} X_P = X_o + x_P \cos\alpha + y_P \sin\alpha \\ Y_P = Y_o - x_P \sin\alpha + y_P \cos\alpha \end{cases} \tag{1-12}$$

若已知 P 在 XOY 坐标系下坐标 $P(X_P, Y_P)$，则 P 在 xoy 坐标系下坐标

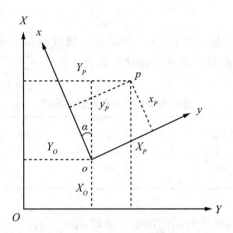

图 1-12　平面直角坐标转换

$$\begin{cases} x_P = (X_P - X_o)\cos\alpha - (Y_P - Y_o)\sin\alpha \\ y_P = (X_P - X_o)\sin\alpha + (Y_P - Y_o)\cos\alpha \end{cases} \tag{1-13}$$

注意坐标系相对位置不同，公式中符号不同。

1.4　用水平面代替水准面的限度

在小区域测量工作中，若能够满足精度要求，可以不考虑地球曲率影响，用测区水平面代替水准面进行数据处理，能够简化计算。下面分别从地球曲率对水平角、距离和高差测量的影响，说明以水平面代替水准面的限度。

1.4.1　地球曲率对水平角测量的影响

如图 1-13 所示，地球自然表面 A、B、C 三点沿铅垂线投影在水平面 M' 上，构成内角和为 180° 的平面三角形，而投影在水准面 M 上，内角和不是 180°，产生球面角超 ε，ε 可以用三角形面积计算，即

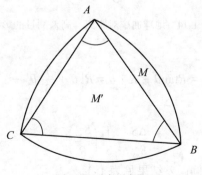

图 1-13　球面角超

$$\varepsilon = \rho \cdot \frac{P}{R^2} \tag{1-14}$$

P 为球面三角形面积，R 为地球半径，$\rho = 206265''$（弧度与角度换算常数）。可以看出 ε 与 P 成正比，分别以不同 P 值计算球面角超结果见表 1-2。

表 1-2 　　　　　　　　　　　　地球曲率对水平角测量的影响

面积 P	10 km²	50 km²	100 km²	200 km²
球面角超 ε	0.05″	0.25″	0.51″	1.02″

一般认为在 100 km² 以内进行角度测量，可以用水平面代替水准面。

1.4.2　地球曲率对距离测量的影响

如图 1-14 所示，地球自然表面 A、B 两点，沿铅垂线在水准面 M 上投影分别为 a、b，在水平面 M' 上投影分别为 a、b'，设球心角为 θ，则地球曲率对距离测量的影响：

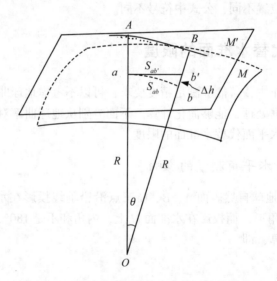

图 1-14　地球曲率对距离、高差测量的影响

$$\Delta S = S_{ab'} - S_{ab} = R\tan\theta - R \cdot \theta = R\left(\theta + \frac{1}{3}\theta^3 + \cdots - \theta\right) \approx \frac{S_{ab}^3}{3R^2}$$

ΔS 与 S_{ab} 比例误差：

$$\frac{\Delta S}{S_{ab}} = \frac{1}{3}\left(\frac{S_{ab}}{R}\right)^2 \tag{1-15}$$

分别以不同距离计算比例误差结果见表 1-3。

表 1-3	地球曲率对距离测量的影响		
距离 S_{ab}	10km	20km	50km
$\Delta S / S_{ab}$	1/1217689	1/304422	1/48708

可以看出半径为 10km 范围内，以水平面代替水准面带来的测距误差小于最精密测距容许误差百万分之一。

1.4.3　地球曲率对高差测量的影响

如图 1-14 所示，设地球曲率对高差测量的影响为 Δh，根据勾股定理

$$(R + \Delta h)^2 = R^2 + S_{ab'}^2$$

$$\Delta h = \frac{S_{ab'}^2}{2R + \Delta h} \approx \frac{S_{ab}^2}{2R} \tag{1-16}$$

分别以不同距离计算高差测量误差，结果见表 1-4。

表 1-4	地球曲率对高差测量的影响		
距离 S_{ab}	50m	100m	200m
Δh	0.2mm	0.8mm	3.1mm

这说明一般情况下都不可以用水平面代替水准面进行高差测量。

1.5　测量工作程序

1.5.1　测量工作原则

实践表明，测量误差是客观存在的，为了控制误差的累积与传递，测量工作遵循"从整体到局部，从高级到低级，先控制后细部"的原则，具体含义就是首先从测区整体出发进行高精度控制测量，然后进行局部地物、地貌特征点的细部测量。从整体到局部的工作方法，从高级到低级的精度设计，先控制后细部的工作程序，能够保证测区内点位测量精度均匀，也为测区工作的全面展开提供条件。在较大的测区，控制测量要分级进行，首级控制测量面对整个测区，点位精度最高，但点位密度比较小；然后，以首级控制点作为已知点，进行较低等级控制测量，加密控制点，以满足局部细部测量需要。

1.5.2　控制测量

控制测量是在测区均匀布设一系列控制点，构成一定几何图形，如图 1-15 所示，A、B 为已知点，坐标和高程已知，C、D、E、F、G 为新布设控制点，测量各三角形内角、

13

边长和两点之间高差，按照数学方法计算出控制点的坐标和高程，作为细部测量的已知点，如果测区太大，首级控制点不够，再布设下一级控制网，加密控制点。控制网形式有很多种，测量方法也不同，这部分内容在第 6 章将会详细介绍。

1.5.3　细部测量

细部测量可以分解为各地物、地貌特征点的点位测量，图 1-15 所示，若想把房子的位置测出来，因为房子为矩形，只需测三个房角点（特征点）的位置；若想把小路位置测出来，拐弯的地方一般测三个点（特征点），直线部分测量首尾两个点，这样把测出的点按坐标展示在图上，相邻的点连接起来，便得到地物在地形图上的位置，同时体现了地物之间的相对位置关系。测量方法有多种，以极坐标法测量的过程：测 3 号点，可以在控制点 B 上安置仪器，用控制点 A 定向，测出距离 S_1 和水平角 β_1，因为 A、B 点坐标已知，便可算出 1 点坐标。其他的点都是同样方法，看不见的或较远的细部点在其他的控制点上测量，所以，控制点布设时要考虑所有的细部点都能测到。

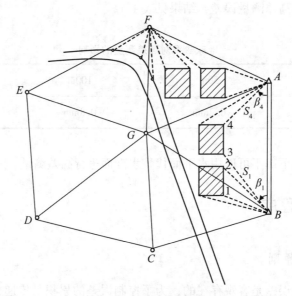

图 1-15　控制测量与细部测量

地物测量一般不要求测量所有点高程，对于地貌测量，不但要测量点的平面位置，而且要测量点的高程。通过测量控制点到所有细部点的高差，便可计算出细部点的高程，如测量 B 点到 1 点的高差 h_{B1}，则可计算 1 点高程。地貌特征点一般沿着地性线（山脊线或山谷线）选取变坡点，按照平面位置把点展示到图上，然后把高程相同的相邻点连起来，形成等高线，就可以形象地看出地表高低起伏形态。

把测区内地表面所有的地物和地貌特征点空间位置都测出来，用一定的符号表达在平面图纸上，形成地形图。这部分内容将在第 7 章详细介绍。

复习思考题

1. 何谓大地体？何谓参考椭球体？

2. 测量外业工作的基准面和基准线分别是什么？测量内业计算的基准面和基准线分别是什么？

3. 我国采用过哪些参考椭球体？分别建立了哪些坐标系？

4. 如何进行参考椭球体定位？我国大地原点在哪里？

5. 测量坐标系有几种？分别如何定义？

6. 高斯投影的变形特征是什么？分带投影目的是什么？

7. 某地面点的地理坐标为(E125°，N44°)，计算该点所在 6°带、3°带的带号及中央经线经度。

8. 高斯平面直角坐标系是如何建立的？

9. 我国某点的高斯通用坐标为 $X = 3234567.89\text{m}$，$Y = 38432109.87\text{m}$，问该点坐标是按几度带投影计算的？位于第几带？该带中央子午线的经度是多少？该点距中央子午线多少米？距赤道多少米？

10. 独立平面直角坐标系如何建立？

11. 测量平面直角坐标系与数学平面直角坐标系有何区别？

12. 如何进行不同平面坐标系的点位坐标转换？

13. 绝对高程、相对高程、高差的含义分别是什么？

14. 我国现行的高程基准是什么？水准原点在哪里？

15. 地球曲率对观测量有何影响？

16. 测量工作的基本原则是什么？

第 2 章　角 度 测 量

角度测量是基本测量工作，包括水平角测量和竖直角测量。本章将介绍角度及其测量原理、角度测量的仪器、角度测量的方法、角度测量的误差来源及角度测量仪器检测与校正。

2.1　角度测量原理

2.1.1　水平角测量原理

1. 水平角

水平角是相交的两条直线沿竖直面在水平面(基准面)上投影的夹角，取值范围 0°~360°。如图 2-1 所示，A、B、C 为地面点，沿铅垂线(基准线)在水平面上投影分别为 A'、B'、C'，则直线 $B'A'$ 与 $B'C'$ 的夹角 β 为直线 BA 与 BC 的水平角。

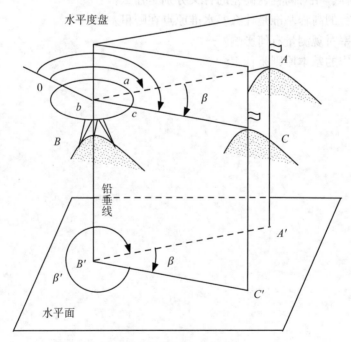

图 2-1　水平角测量原理

2. 水平角测量原理

根据水平角定义，如果测量仪器能够满足一定的几何条件，便能测出水平角。如图 2-1 所示，若想测出水平角 β，仪器需要有一个竖轴，通过 B 点，并呈铅垂方向，竖轴上安置水平度盘，且水平度盘水平，绕竖轴旋转的望远镜瞄准不同方向 A、C 时，分别获取不同读数 a、c，若水平度盘 $0° \sim 360°$ 顺时针方向注记，便可计算 BA 到 BC 的水平角：

$$\beta = c - a \tag{2-1}$$

而 BC 到 BA 的水平角为：

$$\beta' = a - c \tag{2-2}$$

2.1.2 竖直角测量原理

1. 竖直角

竖直角是在同一竖直面内目标方向与特定方向的夹角，其中，与水平方向夹角为垂直角（也称高度角），与天顶方向夹角为天顶距。如图 2-2 所示，BA 方向的垂直角为仰角 α_{BA}，BD 方向的垂直角为俯角 α_{BD}，垂直角取值范围为 $0° \sim \pm90°$，仰角为正，俯角为负。BA 方向的天顶距为 Z_{BA}，BD 方向的天顶距为 Z_{BD}，天顶距的取值范围为 $0° \sim 180°$。

2. 竖直角测量原理

根据竖直角定义，测量仪器若能够测竖直角，需要安置竖直度盘。如图 2-2 所示，如果仪器提供一个横轴，横轴与竖轴垂直相交，望远镜安置在交点上，与竖直度盘固连在一起，当仪器竖轴通过 B 点且竖直时，横轴水平，竖直度盘呈铅垂面，望远镜绕横轴旋转，瞄准铅垂面内高低不同的方向 A、D，便可得到 BA、BD 方向的天顶距 Z_{BA}、Z_{BD}，根据天顶距与垂直角关系计算垂直角。

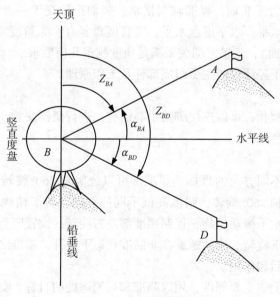

图 2-2　竖直角测量原理

若度盘顺时针方向注记，视线水平时，垂直角 $\alpha = 0°$，天顶距 $Z = 90°$，当仪器安置在点 B 上，分别瞄准 A、D 点时，则 BA、BD 方向垂直角分别为：

$$\begin{cases} \alpha_{BA} = 90° - Z_{BA} \\ \alpha_{BD} = 90° - Z_{BD} \end{cases} \tag{2-3}$$

式中，α_{BA} 为正值，仰角；α_{BD} 为负值，俯角。若度盘逆时针方向注记，则 BA、BD 方向垂直角分别为：

$$\begin{cases} \alpha_{BA} = Z_{BA} - 90° \\ \alpha_{BD} = Z_{BD} - 90° \end{cases} \tag{2-4}$$

2.2　电子经纬仪

角度测量仪器主要有电子经纬仪和全站仪，本章对电子经纬仪进行介绍，全站仪将在第 3 章介绍。此外，按观测精度，测角仪器有 0.5″、1″、2″、5″、6″、10″等，0.5″、1″、2″、5″、6″、10″含义是一测回方向观测中误差，测角仪器以此作为标称精度。

2.2.1　电子经纬仪的轴系结构与主要组成部件

为了实现角度测量的功能，电子经纬仪必须满足一定的几何结构，图 2-3 为 DT 系列电子经纬仪(外观示意图)，以此为例介绍电子经纬仪的轴系结构、主要组成部件及工作原理，电子经纬仪有竖轴，围绕竖轴自下而上安装的主要部件有基座、水平度盘、照准部，竖轴贯穿基座中心、水平度盘中心、照准部中心。照准部支架上设置横轴，围绕横轴安装的主要部件有望远镜和竖直度盘，横轴贯穿望远镜中心和竖直度盘中心。望远镜目镜光心与物镜光心连线为视准轴，视准轴与横轴、竖轴三轴交于一点，当仪器对中整平之后，竖轴竖直，横轴水平，水平度盘水平，竖直度盘竖直，为角度测量提供了基准线(竖轴)和基准面(度盘平面)，三轴之间关系满足角度测量几何要求。

下面介绍一下电子经纬仪的主要组成部件及工作原理。

1. 基座

基座底板中心有螺孔，可以连接脚架中心螺旋，进行仪器安装。基座上设置三个脚螺旋，用于仪器对中和整平。

2. 照准部

照准部用以瞄准不同方向的目标。照准部可以绕竖轴 360°旋转，瞄准左右不同的方向；望远镜可以绕横轴 360°旋转，瞄准高低不同的方向。为了精确瞄准目标，照准部上设置水平制动螺旋和水平微动螺旋，控制照准部左右旋转；设置竖直制动螺旋和竖直微动螺旋，控制望远镜上下旋转。制动螺旋在非瞄准状态下松开，瞄准之后旋紧，微动螺旋必须在制动螺旋旋紧之后起作用。

望远镜是照准部上的主要部件，用以瞄准和观测远处的目标。如图 2-4 所示，望远镜主要由物镜、物镜调焦透镜、十字丝分划板、目镜调焦透镜、目镜等部件组成，物镜调焦使远近不同的目标成像在十字丝分划板上，目镜调焦使人眼看清十字丝分划板平面上的物

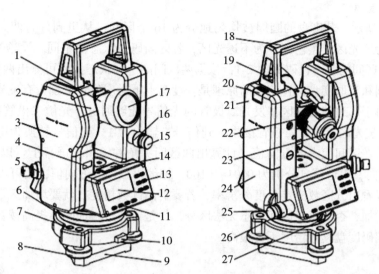

1. 望远镜；2. 竖直度盘(内部)；3. 照准部左侧支架；4. 仪器型号；5. 对中器；6. 水平度盘(内部)
7. 圆水准器；8. 脚螺旋；9. 基座；10. 基座连接旋钮；11. 软键；12. 显示屏；13. 功能键；14. 长水准器；
15. 竖直微动螺旋；16. 竖直制动螺旋；17. 物镜；18. 提手；19. 提手螺钉；20. 电池卡钮；21. 电池；
22. 物镜调焦螺旋；23. 目镜；24. 照准部右侧支架；25. 水平微动螺旋；26. 水平制动螺旋；27. 接口

图 2-3 DT 系列电子经纬仪组成部件

像。十字丝分划板上有互相垂直的单线或双线，用以瞄准目标。另外，望远镜上设有瞄准器，用于宏观寻找目标，使目标进入视场，然后再精确瞄准。

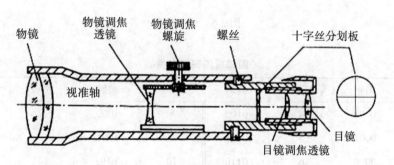

图 2-4 望远镜

3. 度盘

水平度盘嵌套在竖轴上，0°~360°顺时针注记，通过锁定，度盘与照准部可以一起转动，用于度盘配置，松开锁定，度盘与照准部分离，进入角度测量状态。竖直度盘嵌套在横轴上，0°~360°顺时针(或者逆时针)注记，与望远镜固连在一起，随望远镜一起转动。电子经纬仪通过光电扫描传感器实现自动读数，根据读数原理不同，电子经纬仪有编码度盘测角系统和光栅度盘测角系统两种，分别介绍如下：

（1）编码度盘

如图 2-5 所示，若度盘的圆周被均匀地分为 16 个区间，从里到外有四条码道，码道的白色部分为透光区，黑色部分为不透光区，各区间码道状态都不同。设透光为 0，不透光为 1，则各区间的状态代码见表 2-1，依据两区间的不同状态，便可测出两区间的夹角。用传感器识别和获取度盘位置信息的原理是：度盘上下对应位置分别设有发光二极管和光敏二极管，对于码道的透光区，发光二极管的光信号能够通过，光敏二极管接收到信号，输出为 0；不透光区，光敏二极管接收不到信号，输出为 1。光信号转换为电信号后，根据不同编码所在区间代表的方向值，计算出两区间夹角并输出在屏幕上。以图 2-5 为例，瞄准 A、B 方向，码道信息分别为 0001、0100，把编码翻译成方向值，便可以计算出 AOB 角度值。可以看出分区数决定角度分辨率，若要提高读数精度，就要增加区数，区数增加要求码道数增加，否则每个区间状态无法区分，但是，通过增加码道提高读数精度是很困难的，所以编码度盘读数精度不会很高。

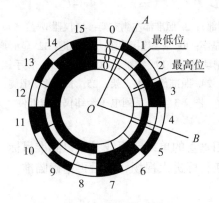

图 2-5　编码度盘

表 2-1　　　　　　　　　　　　　　　　四码道编码度盘编码

区间	编码	区间	编码	区间	编码	区间	编码
0	0000	4	0100	8	1000	12	1100
1	0001	5	0101	9	1001	13	1101
2	0010	6	0110	10	1010	14	1110
3	0011	7	0111	11	1011	15	1111

（2）光栅度盘

如图 2-6(a)所示，沿光学玻璃度盘的径向均匀地刻制明暗相间的等角距细线条，形成透光与不透光相间的光栅盘，将发光二极管和光敏二极管分别置于度盘上下对应位置，当度盘随照准部转动时，记录扫过的栅距（$d=2a$）数，便可计算出角度，光信号转化为电信号，显示在屏幕上。

由于栅距很小，计数不易准确，采用莫尔条纹技术。如图 2-6(b)所示，取与度盘栅距一致的小片光栅作为指示光栅，以微小间距与光栅度盘叠加起来，并使两者光栅成一微小角度 θ，就会出现放大的明暗交替条纹，称为莫尔条纹，栅距由 d 变成 w。若发光二极管、指示光栅和光敏二极管的位置固定，当度盘随照准部转动时，发光二极管发出的光信号通过莫尔条纹落到光敏二极管上，度盘每转动一条光栅，莫尔条纹就移动一周期，通过莫尔条纹的光信号强度也变化一周期，光敏二极管输出的电流就变化一周期。在瞄准不同目标的过程中，仪器接收元件可以累计出条纹的移动量，从而测出光栅的移动量，把光信号转换为电信号，统计出角度值输出在屏幕上。光栅度盘测角系统测角精度优于编码度盘测角系统。

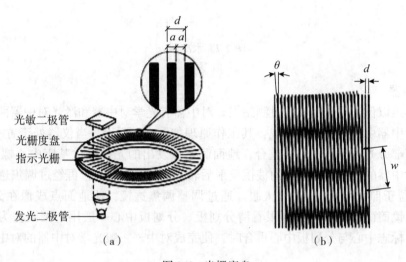

图 2-6　光栅度盘

4. 水准器

水准器用以置平仪器。水准器由封闭的玻璃容器制成，容器顶面为弧面，内置某种液体，留有气泡，由于重力作用气泡始终置于最高点，如果气泡置于弧面中心(零点)位置，仪器置平。水准器有两种，圆水准器和长水准器，下面分别介绍。

如图 2-7(a)所示，圆水准器零点有圆圈作为标志，连接零点与弧面球心的直线为圆水准器轴，当气泡置于圆圈中心时，圆水准器轴与仪器竖轴平行。如图 2-7(b)所示，长水准器顶盖有对称的分划，一般相邻分划间距为 2mm，两侧对称的分划中间为零点，过长水准器零点的切线为长水准器轴，当气泡居中时，长水准器轴与竖轴垂直。

水准器精度用分划值定义，顶盖弧面上 2mm 弧长所对应的圆心角值称为水准器的分划值，分划值越小，水准器越灵敏，置平精度越高。测量仪器圆水准器的分划值一般为 $5' \sim 10'$，长水准器分划值一般为 $6'' \sim 30''$。圆水准器用于仪器粗略置平，长水准器用于仪器精确置平。

电子经纬仪具有竖轴倾斜传感器，用以补偿竖轴倾斜误差给度盘读数带来的影响。竖轴倾斜传感器以水准器的气泡或容器内的液面作为传感源，提供纵轴倾斜情况，这样，如果仪器没有严格精平，水准器居中状态会通过传感器显示在仪器屏幕上。

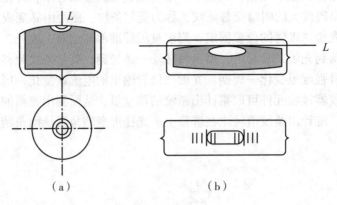

图 2-7　水准器

5. 对中器

对中器用以保证仪器竖轴通过测站点。对中器有光学对中器和激光对中器两种。

光学对中器由一系列透镜组成，其工作原理如图 2-8 所示，当仪器处于置平状态时，对中器竖直部分光路与竖轴中心重合，地面测站点发出的光线经过基座中心螺旋（通透）向上通过对中器的物镜，经过直角棱镜反射后转 90° 成水平光线，再经过调焦透镜、分划板、目镜（位于照准部上），进入人眼。通过调整调焦透镜，使地面点成像在分划板上，通过拉动目镜筒（目镜调焦）使人眼看清分划板。分划板中心一般用小圆圈作为标志，当地面点位的标志中心与分划板中心重合时，便完成对中。一般光学对中器的对中误差可以小于 1mm。

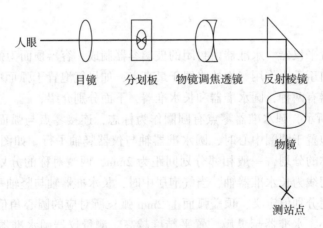

图 2-8　光学对中器光路图

激光对中器内置于仪器中，将仪器从基座上取下，露出安置在竖轴底端的激光对中器，通过键盘控制激光发射。激光具有极强的方向性，对中器沿竖轴方向发射激光，根据激光指向进行对中。

6. 操作面板

电子经纬仪操作面板包括显示屏和操作键两部分，以 DT 系列电子经纬仪操作面板为例进行说明。如图 2-9 所示，测角状态显示屏显示三行数字，最上面一行为测量时间，另外两行为垂直角观测值和水平角观测值。

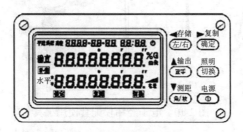

图 2-9　DT 系列电子经纬仪操作面板

通过模式切换操作键分别对应不同的功能。左/右键：水平角左旋增量或右旋增量。"左"为度盘读数左旋（逆时针）方向增大，"右"为度盘读数右旋（顺时针）方向增大，一般观测时设置为"右"状态。锁定键：水平角锁定，用于度盘读数配置，按下锁定键，水平度盘与照准部一起旋转，配置度盘读数；松开锁定键，水平度盘与照准部脱离，继续观测。坡度键：进行竖直角和坡度百分比转换。置零键：水平角清零，配置度盘。斜距键：启动斜距测量。平距键：启动平距测量。高差键：启动高差测量。跟踪键：启动跟踪测量。电源键：电源开关键，按键开机、关机。照明键：启动仪器照明和分划板照明。确定键：回车键。复测键、测距键、测角键：测量状态转换。各种电子经纬仪操作面板按键的基本功能都相近。

2.2.2　电子经纬仪配套使用的工具

电子经纬仪配套使用的工具有三脚架、花杆、测钎、觇板，如图 2-10 所示。图 2-10（a）所示三脚架，几乎所有测量仪器都要使用，是测量仪器重要的配套工具。三脚架主要用于仪器和目标的安置，有辅助对中和整平的作用。三脚架有木制和合金制两种，架头有中心螺旋，用来与仪器连接，三脚架架腿下部有金属制的尖头，有助于踩到地下（疏松土质），稳定脚架。三脚架的架腿可以伸缩，使仪器能够架设不同的高度，方便不同身高的观测者使用。在使用过程中，架腿的螺丝不能有松动，架腿之间角度不能过大或者过小，以免摔倒。花杆、测钎、觇板作为观测目标。图 2-10(b)所示花杆为木制或合金制，表面涂有红白（或黑白）相间油漆，易于瞄准，花杆底部有金属制的尖头以便插入地下（疏松土质）。花杆用于远距离测角，或者近距离测角但精度要求不高的情况。图 2-10(c)所示测钎用钢丝制作，上面有拉环方便携带，下面有尖头便于插入地下（疏松土质），测钎比花杆细得多，多为近距离测角目标。在高精度控制测量中，角度测量的目标采用觇板，如图 2-10(d)所示，觇板要安置在基座上，基座需要对中、整平。当测距与测角同时进行时，觇板与棱镜配合使用，单棱镜用于中短程测距，三棱镜用于远程测距，如图 2-10(e)所示。

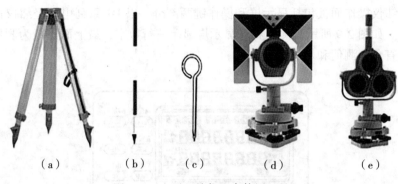

（a） （b） （c） （d） （e）

图 2-10 电子经纬仪配套使用工具

2.2.3 电子经纬仪的功能与使用

电子经纬仪可以进行数据采集(水平角、竖直角)、数据存储、数据传输等，也可以与光电测距仪组合使用，进行测距。以 DT 系列电子经纬仪为例进行简单介绍，详细内容参考仪器使用手册。

1. 开机设置

开机之后，进行设置，一般设置内容有：

①SET-0：自动关机(ON，30 分钟不进行操作，仪器自动关机；OFF，不自动关机)；

②SET-1：竖直角倾斜补偿(ON，开启补偿器；OFF，关闭补偿器)；

③SET-2：竖直角水平为 0°(ON，天顶为 0°，盘左水平为 90°，盘右水平为 270°；OFF，天顶为 90°，盘左水平为 0°)；

④SET-3：最小角度显示(1，最小角度为 1″；5，最小角度为 5″；10，最小角度为 10″；20，最小角度为 20″)；

⑤SET-4：以度为单位(1，360°角度制；2，6400mil 密位制；3，400gon 百分度制)；

⑥SET-5~SET-9：时间设置。

2. 安置仪器

外业测量是以水准面、铅垂线为基准，所以仪器安置主要是对中、整平。对中的目的在于使仪器的竖轴通过测站点；整平的目的在于使仪器竖轴处于铅垂方向，水平度盘水平，竖直度盘竖直。

首先，将三脚架的架腿伸长至合适的长度后固定，平坦地区架腿大致等长，打开合适角度，架头尽量水平，且中心大致对准测站点位中心，软质地面要踩实(沿架腿方向)脚架，将电子经纬仪放在架头上，中心螺旋旋紧，然后进行对中、整平。

(1)对中与粗平

对于使用光学对中器的仪器，首先，进行对中器调焦，目镜调焦使人眼能够看清分划板的中心标志，物镜调焦使人眼能够看清地面，并移动脚架使地面测站点进入视场，尽量靠近分划板中心。然后，调整脚螺旋使测站点标志中心与对中器的分划板中心重合，伸缩脚架腿，使圆水准器气泡居中。最后，检查对中情况，如果移开较远，平移脚架，如果移开少许，重复上述操作，直至对中且圆水准器气泡居中。

对于使用激光对中器的仪器，开机后按下功能键并激活"对中/整平"功能，打开激光对中器开关，便有激光束从基座下发射出来。然后，移动脚架，使激光尽量指向地面点位，调整脚螺旋，使激光束精确对准地面点，伸缩脚架腿，使圆水准器气泡居中。反复上述操作，直至对中且圆水准器气泡居中，关闭激光对中器。

（2）精平

观察长水准器气泡偏移情况，如果不居中，转动照准部，使长水准器平行于任意两个脚螺旋的连线，两手分别握住两个脚螺旋，做相对转动，并使左手大拇指运动方向与气泡居中方向一致，如图 2-11（a）所示，使气泡居中。然后，照准部旋转 90°，观察长水准器的气泡是否居中，若不居中，转动另一个脚螺旋使气泡居中，气泡移动规律相同，如图 2-11（b）所示，反复几次，直至在互相垂直的两个方向上，长水准器的气泡都居中。检查对中是否偏离，如果偏离很多，重复进行对中粗平，如果偏离少许，可以松开中心螺旋，在脚架架头上移动仪器对中。

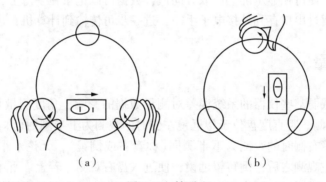

图 2-11　精平

3. 瞄准目标

取下镜头盖，松开水平制动螺旋和竖直制动螺旋。首先，将望远镜对准天空，旋转目镜调焦螺旋，使观测者清楚地看清十字丝分划板，如图 2-12（a）所示。然后，用瞄准器瞄准目标，旋转物镜调焦螺旋，使目标通过物镜成像在十字丝分划板上，旋紧水平制动螺旋与垂直制动螺旋。最后，转动水平微动螺旋和竖直微动螺旋，用十字丝分划板上的十字丝精确瞄准目标。水平角观测用十字丝的竖丝，尽量瞄准目标底部，如图 2-12（b）所示；垂直角观测使用十字丝横丝，瞄准目标顶部，如图 2-12（c）所示；无论水平角观测还是垂直角观测，尽量使用靠近分划板中心部位的十字丝。另外，根据望远镜结构，对于较近的目标，顺时针转动物镜调焦螺旋，对于较远的目标，逆时针方向转动物镜调焦螺旋；用微动螺旋精确瞄准目标时，应保持顺时针方向旋转（螺旋旋进方向），如果已经转过，最好返回重新按顺时针方向旋转进行瞄准。这样可以减弱仪器某些误差。

在观测时，当眼睛相对目镜做少许运动，发现十字丝与观测目标的像有相对运动，这种现象称为视差，其原因在于物像平面与十字丝平面不重合，结果会产生读数误差。消除

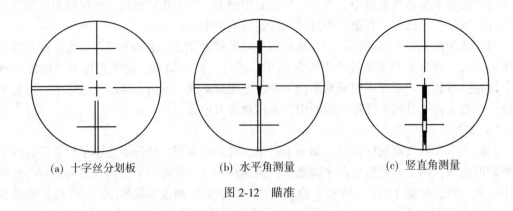

|(a) 十字丝分划板|(b) 水平角测量|(c) 竖直角测量|

图 2-12　瞄准

视差的办法就是目镜精确调焦，看清十字丝分划板，物镜精确调焦，清楚看见观测目标的像，直至目标的像与十字丝相对静止。

4. 读数

瞄准目标后，便可在显示屏上读取方向值，数据可以记录在手簿上，也可以存储在仪器内存中，或者通过串口存到外接电子手簿，进一步可传输到计算机，进行数据处理。

2.3　角度测量

为了消除或减弱某些仪器的系统误差对测量数据的影响，角度测量采用两个盘位(盘左、盘右)进行观测。竖直度盘位于望远镜左侧时的观测为上半测回(称盘左或正镜)，竖直度盘位于望远镜右侧时的观测为下半测回(称盘右或倒镜)，无论水平角观测还是竖直角观测，完成盘左观测之后，倒转望远镜，便进入盘右观测。若上、下半测回观测数据符合限差要求，取上半测回与下半测回观测值的平均值作为一测回的观测值。

为了提高角度观测精度，可能在一个测站上要测多个测回，取平均值作为最后观测值。这时，为了消除度盘分划误差对测量数据的影响，每个测回需要对测站的起始方向(零方向)进行读数配置，其方法如下：若一测站观测 n 个测回，第 i 个测回零方向度盘读数配置为 $180° \cdot (i-1)/n$。

为了避免测量数据出现大的错误，测量外业观测有限差要求，各项观测限差的具体要求根据观测方案确定，在限差许可范围内认为观测数据满足精度要求，超过限差时要求重新观测。本章角度测量限差参考《工程测量规范》(GB 50026—2007)有关规定。

2.3.1　水平角测量

水平角测量方法有两种：测回法与方向(全圆)观测法，单角观测采用测回法，一测站需要观测三个及以上方向时采用方向观测法。

1. 测回法

如图 2-13 所示，欲在测站点 O，观测方向 OA 与 OB 之间的水平角 β。首先，盘左位置用十字丝竖丝瞄准 A 目标，配置度盘，读数 $a_左$；顺时针转动照准部，瞄准 B 目标，读

数 $b_左$，上半测回观测结束。然后，倒转望远镜，顺时针旋转照准部，盘右位置瞄准 B 目标，读数 $b_右$，逆时针旋转照准部，瞄准 A 目标，读数 $a_右$，下半测回观测结束，一测回观测结束。表 2-2 为测回法水平角观测记录、检核与计算，具体步骤如下：

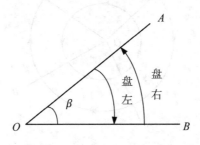

图 2-13　测回法水平角观测

表 2-2 测回法水平角观测手簿

测站	测回	目标	竖盘位置	水平度盘读数 (°　′　″)	半测回角值 (°　′　″)	一测回平均角值 (°　′　″)	各测回平均角值 (°　′　″)
O	1	A	左	0　00　00	45　23　46	45　23　47	45　23　46
		B		45　23　46			
		A	右	180　00　06	45　23　48		
		B		225　23　54			
O	2	A	左	90　00　00	45　23　36	45　23　45	
		B		135　23　36			
		A	右	269　59　54	45　23　54		
		B		315　23　48			

①分别计算上、下半测回角值 $\beta_左 = b_左 - a_左$，$\beta_右 = b_右 - a_右$；

②检查半测回角值互差是否超限（对于 2″仪器，限差为 12″；对于 6″仪器，限差为 40″），若不超限，计算半测回观测角值的平均值 $\beta = (\beta_左 + \beta_右)/2$；

③如果观测多个测回，检查各测回观测角值互差是否超限，若不超限，计算各测回观测角值的平均值，作为最后观测值。

2. 方向（全圆）观测法

如图 2-14 所示，欲在测站点 O，观测 OA、OB、OC、OD 方向之间的水平角。首先，选择与测站点 O 距离适中的方向为零方向（如 A 方向），盘左位置瞄准目标 A，配置度盘，读数 $a_{左1}$，顺时针转动照准部，分别瞄准目标 B、C、D，读数 $b_左$、$c_左$、$d_左$，归零瞄准 A

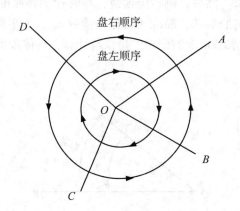

图 2-14 方向观测法水平角观测

目标，读数 $a_{左2}$，检查归零差是否超限，超限重测，不超限，上半测回观测结束。倒转望远镜，顺时针转动照准部，瞄准 A 目标，读数 $a_{右1}$，逆时针旋转照准部，分别瞄准 D、C、B，读数 $d_{右}$、$c_{右}$、$b_{右}$，归零瞄准 A 目标，读数 $a_{右2}$，检查归零差是否超限，不超限，下半测回观测结束，一测回观测结束，观测限差要求见表 2-3。表 2-4 为 6″仪器方向观测法水平角观测记录、检核与计算，步骤如下：

①计算 $2C$($2C$ 含义见 2.4 节)值：左-(右±180°)，检查一测回 $2C$ 值互差是否超限，超限重测；

②计算盘左、盘右平均方向值：[左+(右±180°)]/2，并计算零方向平均方向值；

③计算各方向归零方向值：各方向盘左、盘右平均方向值分别减去零方向平均方向值，检查同一方向各测回方向值的互差是否超限，超限重测；

④计算同一方向各测回平均方向值。

表 2-3　　　　　　　　　　　　方向观测法技术要求

等级	仪器标称精度 (″)	半测回归零差 (″)	一测回内 $2C$ 互差 (″)	同一方向各测回互差 (″)
四等 及以上	1 2	6 8	9 13	6 9
一级 及以下	2 6	12 18	18 —	12 24

2.3.2　垂直角测量

有些测角仪器可直接测得垂直角，有些测角仪器需要根据竖盘读数计算垂直角，下面对第二种情况进行说明。

表2-4 方向观测法水平角观测手簿

测站	测回数	目标	水平度盘观测值		2C (")	盘左盘右平均方向值 (° ′ ″)	归零方向值 (° ′ ″)	各测回归零方向平均值 (° ′ ″)
			盘　左 (° ′ ″)	盘　右 (° ′ ″)				
O	1	A	0　00　00	180　00　16	−16	15 0　00　08	0　00　00	0　00　00
		B	13　52　14	193　52　36	−22	13　52　25	13　52　10	13　52　20
		C	22　55　34	202　55　56	−22	22　55　45	22　55　30	22　55　37
		D	78　45　26	258　45　44	−18	78　45　35	78　45　20	78　45　24
		A	0　00　10	180　00　34	−24	0　00　22		
O	2	A	60　00　00	240　00　22	−22	17 60　00　11	0　00　00	
		B	73　52　36	253　52　54	−18	73　52　45	13　52　28	
		C	82　55　54	262　56　06	−12	82　56　00	22　55　43	
		D	138　45　40	318　45　56	−16	138　45　48	78　45　31	
		A	60　00　12	240　00　34	−22	60　00　23		
O	3	A	120　00　00	300　00　22	−22	14 120　00　11	0　00　00	
		B	133　52　30	313　52　40	−10	133　52　35	13　52　21	
		C	142　55　48	322　55　58	−10	142　55　53	22　55　39	
		D	198　45　30	18　45　40	−10	198　45　35	78　45　21	
		A	120　00　04	300　00　28	−24	120　00　16		

1. 垂直角与竖盘读数关系

竖直度盘注记方式有两种，一种顺时针方向，一种逆时针方向，根据具体情况进行计算。首先，弄清楚竖直度盘注记方式，如图2-15所示，如果视线水平时，盘左读数90°，盘右读数为270°，望远镜仰起，盘左读数减小，盘右读数增大，则竖直度盘为顺时针方向注记。否则，望远镜仰起，盘左读数增大，盘右读数减小，竖直度盘为逆时针方向注记。

若度盘顺时针注记，且盘左读数为L，盘右读数为R，则盘左、盘右垂直角分别为：

$$\begin{cases} \alpha_{左} = 90° - L \\ \alpha_{右} = R - 270° \end{cases}$$ (2-5)

同理，若度盘逆时针注记，垂直角分别为：

$$\begin{cases} \alpha_{左} = L - 90° \\ \alpha_{右} = 270° - R \end{cases}$$ (2-6)

垂直角为俯角时，计算公式一致。

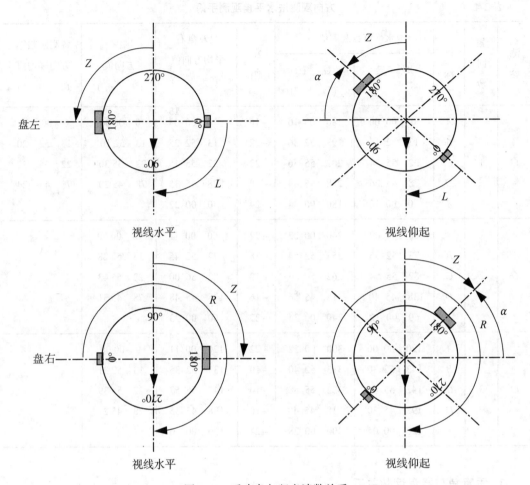

图 2-15　垂直角与竖盘读数关系

2. 竖直度盘指标差

竖直度盘指标线与铅垂线方向有一微小角度，称为竖直度盘指标差。电子经纬仪有竖轴补偿装置，可以补偿竖轴倾斜在视准轴方向对竖直角的影响，但是如果补偿不到位，指标差仍然存在。

指标差导致读数有一微小误差，如图 2-16 所示，度盘顺时针注记，设指标差为 x，则盘左正确读数为 $L - x$，盘右正确读数为 $R - x$，则垂直角

$$\begin{cases} \alpha_{左} = 90° - (L - x) \\ \alpha_{右} = (R - x) - 270° \end{cases} \tag{2-7}$$

两式相减，得指标差计算公式

$$x = \frac{1}{2}(R + L - 360°) \tag{2-8}$$

采用式(2-7)计算指标差，若 $x > 0$，说明指标线偏移方向与竖盘注记方向一致；若

$x < 0$，说明指标线偏移方向与竖盘注记方向相反。

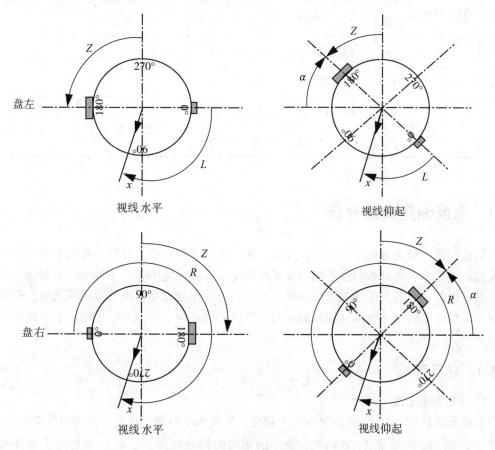

图 2-16　竖盘指标差与读数关系

若度盘逆时针注记，指标差计算公式相同。如果采用半测回观测垂直角，指标差要有限制。如果采用测回法观测垂直角，规定同一测回各方向指标差互差不许超过一定范围，如果超限，需要重测。

3. 垂直角观测、记录、检核

垂直角观测采用测回法。首先，盘左位置用十字丝中横丝瞄准目标，读数 L，上半测回观测结束；倒转望远镜，顺时针旋转照准部，盘右位置瞄准目标，读数 R，下半测回观测结束，一测回观测结束。

表 2-5 为垂直角观测记录、检核与计算手簿，度盘注记方式为顺时针方向。

①计算半测回垂直角：$\alpha_左 = 90° - L$，$\alpha_右 = R - 270°$。

②计算一测回垂直角：$\alpha = (\alpha_左 + \alpha_右)/2$

③如果观测多个测回，检查各测回同一方向垂直角互差是否超限（对于 $6''$ 仪器指标差变化容许值为 $25''$），若不超限，各测回同一方向垂直角取平均数，作为最后观测值。

表 2-5 测回法垂直角记录手簿

测站	测回	目标	竖盘位置	竖盘读数 (° ′ ″)	半测回垂直角 (° ′ ″)	一测回垂直角 (° ′ ″)	各测回平均值 (° ′ ″)
A	1	B	左	89 12 42	0 47 18	0 47 21	0 47 22
			右	270 47 24	0 47 24		
A	2	B	左	89 12 24	0 47 36	0 47 24	
			右	270 47 12	0 47 12		

2.4 角度测量误差分析

测量误差一般来源有三个方面，仪器、观测者和外界环境。仪器本身精度的局限性和检验校正不完善、观测者的业务能力及工作态度、外界环境的各种不确定因素都会给观测数据带来误差，有的测量误差可以通过一定的观测手段或计算方法来减弱或消除，有的测量误差只能通过后续的数据处理减弱其对计算成果的影响。本节对角度测量主要几项误差进行分析。

2.4.1 仪器误差

1. 照准部偏心差

照准部旋转中心 O_1 与度盘中心 O 不重合，导致水平角测量误差，称为照准部偏心差。如图 2-17 所示，若瞄准 A、B 两点，盘左的正确读数分别为 a_1、b_1，盘右的正确读数分别为 a_2、b_2。若 A、B 两点读数误差分别为 Δa、Δb，则盘左实际读数分别为 $a_1 - \Delta a$、$b_1 - \Delta b$，盘右实际读数分别为 $a_2 + \Delta a$、$b_2 + \Delta b$，盘左、盘右实际的观测角值分别为：

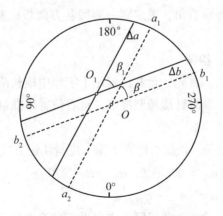

图 2-17 照准部偏心对水平角测量影响

$$\begin{cases} \beta'_1 = (b_1 - \Delta b) - (a_1 - \Delta a) \\ \beta''_1 = (b_2 + \Delta b) - (a_2 + \Delta a) \end{cases} \tag{2-9}$$

取平均数

$$\beta_1 = \frac{[(b_2 - a_2) + (b_1 - a_1)]}{2} = \beta \tag{2-10}$$

由此可见，测回法观测水平角，可以消除照准部偏心误差的影响。

2. 视准轴误差

视准轴不垂直横轴导致水平角测量误差，称为视准轴误差（常称 $2C$ 误差）。如图 2-18 所示，H 为横轴，OP 为视准轴正确位置，由于横轴误差 C 存在，使视准轴不垂直横轴，当瞄准 P 点时，正确读数应该在度盘 p 点，由于盘左瞄到 P' 点，盘右瞄到 P'' 点，导致盘左读数在 p' 点，盘右读数在 p'' 点，分别带来读数误差 ΔC。

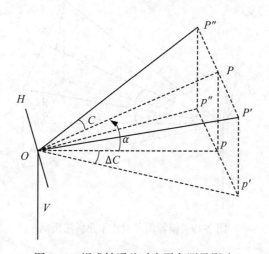

图 2-18 视准轴误差对水平角测量影响

由于 C 和 ΔC 都为小角度，所以

$$C = \frac{PP'}{OP} \quad \Delta C = \frac{pp'}{Op} \tag{2-11}$$

或者

$$C = \frac{PP''}{OP} \quad \Delta C = \frac{pp''}{Op} \tag{2-12}$$

由于 $PP' = pp'$，$PP'' = pp''$，且当垂直角为 α 时，$Op = OP\cos\alpha$，综合式 (2-11) 或式 (2-12) 有

$$\Delta C = \frac{C}{\cos\alpha} \tag{2-13}$$

分析式 (2-13)，可知垂直角 α 越大，视准轴误差 C 对水平方向读数影响越大。水平角为两个方向读数之差，分别设观测角 β 两个方向的垂直角为 α_1、α_2，则视准轴误差 C 给半测回水平角带来的误差

$$\Delta\beta = \frac{C}{\cos\alpha_2} - \frac{C}{\cos\alpha_1} \tag{2-14}$$

分析式 (2-14)，可知当两个方向垂直角相等时，视准轴误差 C 对半测回水平角值没有影响。因为在盘左盘右观测过程中，视准轴误差 C 带来的读数误差 ΔC 大小相等，符号相反，所以，盘左角值与盘右角值取平均数时，视准轴误差 C 影响相互抵消。

3. 横轴误差

竖轴 V 竖直，横轴 H 不水平，导致视准面为倾斜面，产生读数误差称为横轴误差。如图 2-19 所示，若横轴位置正确，瞄准某点 P 点，正确读数应该在度盘 p 点，若横轴误差为 i，盘左横轴在 H' 位置，实际瞄准到 P' 点，读数在 p' 点，产生读数误差 Δi；盘右横轴在 H'' 位置，实际瞄准到 P'' 点，读数在 p'' 点位置，产生读数误差 Δi。

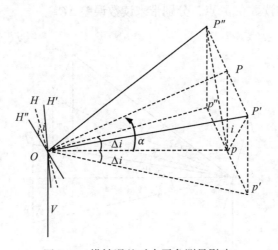

图 2-19　横轴误差对水平角测量影响

由于 i 和 Δi 都为小角度，所以

$$\begin{cases} i = \dfrac{PP'}{Pp} \\[2mm] \Delta i = \dfrac{pp'}{Op} \end{cases} \tag{2-15}$$

或者

$$\begin{cases} i = \dfrac{PP''}{Pp} \\[2mm] \Delta i = \dfrac{pp''}{Op} \end{cases} \tag{2-16}$$

由于 $PP' = pp'$，$PP'' = pp''$，且垂直角为 α 时，$Pp = Op \cdot \tan\alpha$，综合式 (2-15) 或式 (2-16) 有

$$\Delta i = i \cdot \tan\alpha \tag{2-17}$$

分析式 (2-17)，可知垂直角 α 越大，横轴误差 i 对水平方向读数影响越大。水平角为

两个方向读数之差，分别设观测角 β 的两个方向的垂直角分别为 α_1、α_2，则横轴误差给半测回水平角带来的误差为：

$$\Delta\beta = i \cdot (\tan\alpha_1 - \tan\alpha_2) \tag{2-18}$$

分析式(2-18)，可知当两个方向垂直角相等时，横轴误差对半测回水平角值没有影响。因为在盘左盘右观测过程中，横轴误差带来的读数误差 Δi 大小相等，符号相反，所以，盘左角值与盘右角值取平均数时，横轴误差 i 给水平角带来的误差相互抵消。

4. 竖轴误差

若长水准器轴与竖轴 V 不垂直或长水准器没有严格整平，导致仪器安置好后竖轴仍然不竖直，虽然视准轴与横轴垂直，但竖轴倾斜导致横轴不水平，视准面为倾斜面，产生的读数误差称竖轴误差。

竖轴误差不是仪器误差，对水平方向的影响也随方向改变而改变，不会因盘左、盘右而改变其正负号，因而竖轴误差对水平方向的影响无法用盘左盘右观测的操作方法消除，对垂直角影响可通过补偿器减弱或消除。

2.4.2 观测误差

1. 仪器对中误差

仪器竖轴没有通过测站点，给水平角测量带来的误差，称为对中误差。如图 2-20 所示，在测站点 O 测量 OA 与 OB 水平角 β，由于存在对中误差，仪器竖轴通过 O' 点，实测角度为 β' 点，产生测角误差 $\varepsilon_A + \varepsilon_B$。若测站偏心距离为 e，偏心角为 θ，则

$$\varepsilon_A + \varepsilon_B = e\left(\frac{\sin\theta}{S_{OA}} + \frac{\sin(\beta - \theta)}{S_{OB}}\right)\rho'' \tag{2-19}$$

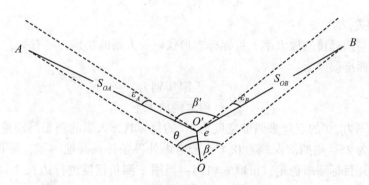

图 2-20 对中误差对水平角测量影响

分析式(2-19)，可知对中误差对水平角的影响与偏心距成正比，与边长成反比，水平角接近 180° 且偏心角接近 90° 时，影响最大。实际工作中，对于短边相接水平角要严格对中。

根据仪器对中偏心方向不同，对中误差情况不同。

2. 目标偏心误差

目标中心没有与观测点在同一铅垂线上，给水平角测量带来的误差，称为目标偏心误

差。如图 2-21 所示，在测站点 O 测量 OC 与 OD 的水平角 β，由于目标偏心，实测角度是 β'，目标偏心误差包括两部分，即 C 点目标偏心误差 δ_C 和 D 点目标偏心误差 δ_D。若 C、D 点偏心距分别为 e_C、e_D，偏心角分别为 θ_C、θ_D，则 C、D 方向观测误差分别为：

$$\begin{cases} \delta_C = e_C \cdot \dfrac{\sin \theta_C}{S_{OC}} \cdot \rho'' \\ \delta_D = e_D \cdot \dfrac{\sin \theta_D}{S_{OD}} \cdot \rho'' \end{cases} \tag{2-20}$$

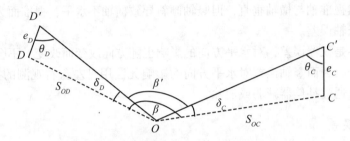

图 2-21　目标偏心误差对水平角测量的影响

分析式（2-20），可知目标偏心误差对水平角的影响与偏心距成正比，与边长成反比，偏心角接近 $90°$ 时，影响最大。对于测量短边相接的水平角时目标要严格对中。目标偏心误差对水平角测量影响根据两点偏心方向决定，图 2-21 目标偏心误差为：

$$\delta_C + \delta_D = \left(e_C \cdot \frac{\sin \theta_C}{S_{OC}} + e_D \cdot \frac{\sin \theta_D}{S_{OD}} \right) \rho'' \tag{2-21}$$

3. 照准误差

照准精度与望远镜的放大率、目标标志形状以及人眼的辨别力等有关，如果只考虑望远镜放大率，照准误差为：

$$\Delta \beta = \frac{人眼辨别力}{望远镜放大率} \tag{2-22}$$

若用视间隔为 $20''$ 的双丝来照准宽度为 $10''$ 的目标时，人眼的理想判别角是 $p = 10''$，若望远镜放大率为 25，则照准误差为 $0.4''$。若考虑外界条件及其他因素，需再乘以系数 k，根据经验，野外目标清晰稳定，可取 $k = 1.5$；当用 $2''$ 测角仪器进行边长 $2 \sim 8\text{km}$ 的水平角观测时，可取 $k = 3$。

2.4.3　外界环境影响

外界环境的影响因素有很多，气候、工作场所等都有很多不确定因素，气候会带来很多影响，大气透明度会影响目标清晰度，温度会影响仪器的性能，风力会影响仪器的稳定，等等；工作场所会有许多干扰，车辆通行会影响仪器稳定，建筑物反光会影响目标清晰度，地面坚实与否会影响仪器的稳定等，这些影响没有办法完全避免，只能选择有利的观测时间，使外界条件的影响程度降低。

2.5 电子经纬仪的检验与校正

根据角度测量要求，电子经纬仪的几何结构必须满足一定的精度要求，所以，在使用之前需要对仪器进行检验与校正。对于操作人员，可以进行各项检验，但是，有些校正工作需要专业技术人员进行。

2.5.1 水准器的检验与校正

1. 长水准器轴垂直于竖轴的检验与校正

检验：仪器粗略置平，使长水准器平行于任意两个脚螺旋连线，调整脚螺旋，使长水准器的气泡居中，照准部旋转180°，如果气泡有偏移，需要校正；如果气泡居中，照准部再转动90°，使用第三个脚螺旋使气泡居中，照准部旋转180°再检查。

校正：气泡在一个方向居中后，仪器旋转180°有偏移，根据气泡偏移量，调整脚螺旋使气泡回移一半，拨动长水准器校正螺钉使气泡居中。然后，照准部旋转180°再检查，若气泡仍有偏移，再校正。长水准器需要在互相垂直的两个方向上分别进行检验校正。

2. 圆水准器轴平行于竖轴的检验与校正

检验：长水准器检验校正之后，将仪器整平，若圆水准器的气泡居中，不需校正，若气泡有偏移，进行校正。

校正：用校正针调整圆水准器校正螺丝，使气泡居中。校正时，应先松开气泡偏移方向对面的校正螺丝，然后拧紧偏移方向的校正螺丝使气泡居中。气泡居中时，三个校正螺丝的紧固力应一致。

2.5.2 十字丝分划板的检验与校正

检验：整平仪器，在望远镜视场内选定目标点P，用分划板十字丝中心照准P点，旋紧水平制动螺旋和竖直制动螺旋，旋转望远镜竖直微动螺旋，可见P点在视场内移动，若P点沿分划板的竖丝移动，则十字丝分划板不倾斜。若P点逐渐偏离分划板的竖丝，如图2-22(a)所示，偏移至P′点，则十字丝分划板倾斜，需要校正。

校正：取下望远镜十字丝分划板护盖，看见四个固定螺丝，如图2-22(b)所示，用螺丝刀分别松开四个固定螺丝，根据倾斜方向，绕视准轴旋转十字丝分划板底座，反复检测与校正，直到P点在移动过程中不脱离十字丝竖丝。旋紧固定螺丝，将护盖安装回原位。

2.5.3 视准轴的检验与校正

检验：距离仪器同高的远处设置目标P，精确整平仪器并打开电源。在盘左位置用望远镜十字丝中心瞄准P点，获取水平度盘读数L。倒转望远镜，在盘右位置同样瞄准P点，获取水平度盘读数R，则

$$2C = L - (R \pm 180°) \tag{2-23}$$

若 $|2C| \geqslant 20''$，需要校正。

校正：在盘右位置，转动水平微动螺旋，使水平角读数为R-C。取下十字丝分划板

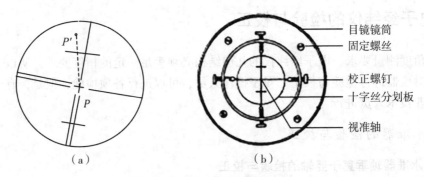

图 2-22　十字丝分划板检验校正

护盖，调整分划板左右两个校正螺丝，如图 2-22(b)所示，一侧松，另一侧紧，改变十字丝中心位置，使之照准目标 P 点。重复检验与校正，直到 $|2C| < 20''$ 为止，将护盖安装回原位。

2.5.4　竖盘指标差的检验与校正

1. 竖盘指标零点自动补偿有效性检验

整平仪器，使望远镜的视准轴指向任一脚螺旋(X)，旋紧水平制动旋钮。开机后显示竖盘指标零点，旋紧竖直制动旋钮，仪器显示当前望远镜指向的垂直角角值。向一个方向慢慢转动脚螺旋(X)至 10mm(圆周距)左右时，显示的垂直角随着变化到消失，出现不补偿信息提示，表示仪器竖轴倾斜已超出设计补偿范围(一般为 3′)。当反向旋转脚螺旋复原时，仪器又出现垂直角，表示竖盘补偿器工作正常。当发现仪器补偿失灵或异常时，应送厂检修。

2. 竖盘指标差检验与校正(竖盘指标零点设置)

检验：整平仪器后开机，盘左瞄准目标 A，读数为 L。倒转望远镜，盘右瞄准目标 A，读数为 R。计算指标差 $x = (L + R - 360°)/2$，若 $|x| \geq 16''$，则需对竖盘指标零点重新设置。

校正：整平仪器后开机，盘左精确瞄准与仪器同高的远处任一清晰稳定目标 A，指标线置零；倒转望远镜，盘右精确瞄准同一目标 A，指标线置零，设置完成。重复检验与校正，直到指标差符合要求。经反复操作仍不符合要求时，应送厂检修。

2.5.5　对中器的检验与校正

1. 光学对中器的检验与校正

检验：仪器安置在三脚架上，严格整平仪器，在白纸上画一个十字交叉点，将白纸放在仪器下方地面上，光学对中器物镜调焦，眼睛看清地面，移动白纸使十字交叉点尽量靠近视场中心，转动脚螺旋，使对中器的分划板中心与十字交叉点重合。然后，一边旋转照准部，一边观察分划板中心与十字交叉点重合情况，如果在照准部旋转过程中，光学对中器分划板中心一直与十字交叉点重合，则不必校正，否则需要校正。

校正：将光学对中器校正螺丝护盖取下，固定好白纸位置，照准部每转90°，在纸上标记出光学对中器分划板中心瞄准的点位，然后，用直线连接对角点，得交点 O。调整对中器的四个校正螺丝，使对中器的分划板中心与 O 点重合，重复检验与校正，直至符合要求，将护盖安装回原位。

2. 激光对中器的检验与更换

检验：仪器安置到三脚架上，严格整平仪器，在白纸上画一个十字交叉点，放在仪器下方地面上，启动激光对中器，移动白纸使十字交叉点与激光对中器的光点中心重合。转动照准部，如果在照准部旋转过程中，激光点一直与十字交叉点重合，则不必更换激光对中器。否则需要更换。

更换：将仪器从基座上取下，松开激光对中器护盖，露出竖轴底部的激光对中器，再松开固定对中器的螺钉，将激光对中器取下，拔下电线插头，换上新的激光对中器，将护盖安装回原位。

2.5.6 横轴的检验与校正

1. 检验

面对较高墙壁安置仪器，盘左瞄准墙壁上一点 P（仰角在30°左右），旋紧水平制动螺旋，望远镜放平，在墙上定出一点 P'，倒转望远镜，盘右再瞄准 P 点，旋紧水平制动螺旋，望远镜放平，在墙上定出另一点 P''；如果 P' 与 P'' 重合，则横轴与竖轴垂直，否则横轴与竖轴不垂直，需要校正。

如图2-23所示，通过前面各项校正，保证仪器整平后竖轴 V 竖直，且视准轴 C 垂直于横轴 H，所以，若横轴不垂直于竖轴，倾斜 i 角，上下转动望远镜时，视准面将是一个倾斜平面，与竖直面的倾斜角为 i。由于盘左与盘右的视准面向着相反方向倾斜 i 角，所以 P' 和 P'' 的中点 P_0 与 P 点的连线必为铅垂线，过 P_0P 的视准面必为一竖直面。可计算 i

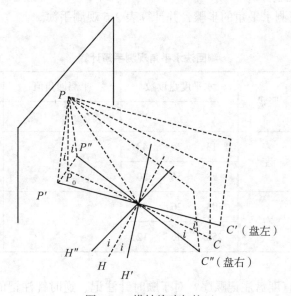

图 2-23　横轴检验与校正

角角值：

$$i = \frac{1}{2} \cdot \frac{P'P''}{P_0P} \cdot \rho'' \tag{2-24}$$

横轴倾斜对水平位置的目标不产生影响，目标越高，影响越大。对 2″仪器，i 角不超过 15″，对 6″仪器，i 角不超过 20″，可不校正，否则进行校正。

2. 校正

瞄准 P_0 点，旋紧水平制动螺旋，抬起望远镜，十字丝交点将不能瞄准 P 点，抬高或降低横轴的一端，使十字丝的交点瞄准 P 点。反复检验校正，直至条件满足为止。仪器的横轴是密封的，一般能保证横轴与竖轴的垂直关系，测量人员只要进行检验，如果需要校正，由专业的仪器检修人员进行。

复习思考题

1. 何谓水平角？计算水平角为什么用右方向观测值减左方向观测值？左方向观测值减右方向观测值是什么？
2. 何谓垂直角？取值范围是什么？何谓天顶距？取值范围是什么？
3. 电子经纬仪有哪些轴线？各轴线之间应满足怎样的几何关系？
4. 电子经纬仪由哪些主要部件组成？各部件作用是什么？
5. 电子经纬仪对中整平的目的是什么？如何进行对中整平？
6. 何谓视差？如何消除？
7. 角度测量为什么要采用两个盘位进行观测？何谓上半测回？何谓下半测回？
8. 多测回水平角观测，为什么要配置零方向度盘读数？观测 3 测回时，各测回零方向度盘读数应如何配置？
9. 说明测回法观测水平角的步骤，并计算表 2-6 观测手簿。

表 2-6　　　　　　　　　　　　**测回法水平角观测手簿计算**

测站	目标	竖盘	水平度盘读数			半测回角值			一测回平均角值		
			(°	′	″)	(°	′	″)	(°	′	″)
O	*A*	左	13	26	42						
	B		78	56	30						
	A	右	193	26	24						
	B		258	56	12						

10. 如何判断竖直度盘注记顺序？对于顺时针注记、逆时针注记的竖直度盘，分别说明如何根据竖盘读数计算垂直角？计算表 2-7 观测手簿，度盘顺时针注记。

表 2-7   垂直角观测手簿计算

测站	目标	竖盘位置	竖盘读数 (° ′ ″)	半测回角值 (° ′ ″)	一测回平均角值 (° ′ ″)
O	A	左	95 36 24		
		右	264 23 48		
	B	左	82 39 42		
		右	277 20 54		

11. 电子经纬仪常规检验与校正内容有哪些？

12. 在水平角测量过程中，仪器带来的误差有哪些？如何减弱或消除？

13. 在水平角测量过程中，观测带来的误差有哪些？应注意哪些问题？

14. 在水平角测量过程中，外界环境有什么影响？

15. 说明方向观测法观测水平角的步骤，计算表 2-8 观测手簿。

表 2-8   方向观测法水平角观测手簿计算

测站	测回数	目标	水平度盘观测值		2C (″)	盘左盘右平均方向值 (° ′ ″)	归零方向值 (° ′ ″)	各测回归零方向平均值 (° ′ ″)
			盘左 (° ′ ″)	盘右 (° ′ ″)				
P	1	1	0 00 00	180 00 06				
		2	36 21 36	216 21 36				
		3	108 25 48	288 25 54				
		4	235 54 54	55 54 48				
		1	359 59 54	180 00 06				
P	2	1	60 00 00	239 59 54				
		2	96 21 30	276 21 42				
		3	168 25 36	348 25 54				
		4	295 54 42	15 54 42				
		1	59 59 54	240 00 06				

第 3 章 距 离 测 量

距离测量是基本测量工作，目的是获得两点沿铅垂线投影在大地水准面上的弧长，如果测区面积较小，可以认为是两点沿铅垂线在水平面上投影的直线距离（水平距离），如果直接测量值是倾斜距离要换算为水平距离。钢尺量距、视距测量和电磁波测距是距离测量的基本方法，本章分别介绍三种方法的测量原理、测量方法及误差分析。

3.1 钢尺量距

3.1.1 钢尺

钢尺是直接测距的工具，原理简单，操作方便。

测量工作中常用的钢尺由带状钢片制成，安装在尺架上，有的钢尺装有外盒，钢尺变形小，但受外力作用易折断。测量距离用 50m 或 30m 钢尺，如图 3-1(a)所示；测量仪器高度、目标高度用 5m、2m 等小钢尺，如图 3-1(b)所示。钢尺最小分划为毫米，注记有米、分米、厘米。按尺上零点位置的不同，钢尺分为端点尺和刻线尺，端点尺是以拉环的最外边缘作为读数零点，刻线尺是以尺前端零点刻线作为读数零点。配合钢尺量距的工具有测钎、垂球等，测钎用来标定尺段的起点和终点位置，垂球用于倾斜地面测量水平距离时指示投点位置。

在测量工作中，除钢尺以外，有时也会用到皮尺，如图 3-1(c)所示，皮尺由皮革制作，韧性比较好，使用方便，但容易变形，测量精度较低。另外，有时还会用到测绳，如图 3-1(d)所示，测绳最小刻度为分米，测量精度最低。

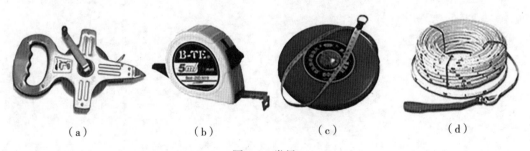

（a）　　　　　　　（b）　　　　　　　（c）　　　　　　　（d）

图 3-1　卷尺

3.1.2 钢尺量距

1. 直线定线

使用钢尺量距，当待测距离超过一个尺段时，为了保证所测距离为直线距离，需要进行直线定线，如图 3-2 所示，AB 大于一个尺段，需要在 AB 之间确定若干个点，使相邻两点间直线距离小于一尺段，称为直线定线。直线定线的方法有目视定线和仪器定线，目视定线精度低，仪器定线精度高。

（1）目视定线

如图 3-2 所示，测量员分别在 A、B 两点上立花杆，在 A 点（或 B 点）的测量员目视 B（或 A 点），指挥另一个测量员在 AB 之间合适位置左右移动花杆，当三根花杆在一条直线上，标记点位，即为定线点，根据待测距离大小设定定线点的数量。

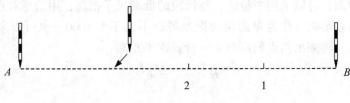

图 3-2　目视定线

（2）仪器定线

仪器定线使用电子经纬仪进行，采用盘左、盘右两个盘位定线（正倒镜分中法），精度高于一个盘位（盘左或盘右）定线。如图 3-3(a) 所示，若在 AB 之间确定定线点 2，A 点安置仪器并对中、整平，B 点设置测钎，盘左位置瞄准测钎，俯下望远镜，指挥测量员在合适的位置左右移动测钎，当测钎与仪器十字丝的竖丝重合时，标记点位 2′；盘右位置同样操作，标记点位 2″，取 2′2″ 连线中点为 2 点。有时需要在延长线上确定定线点，如图 3-3(b) 所示，若在 AB 延长线上确定定线点 2，望远镜瞄准 B 点测钎后，需要抬高望远镜，分别在盘左、盘右两个位置确定定线点 2′ 和 2″，取连线中点 2 为定线点。

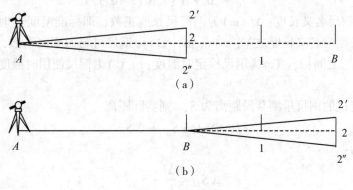

图 3-3　仪器定线

2. 一般量距

对于平坦地面，一段距离的测量值可表示为：

$$D = n \cdot l + \Delta l \tag{3-1}$$

其中，l 为钢尺长度，n 为整尺段数，Δl 为不足一尺段的测量值。

为检查测量错误和提高测量精度，可以往、返各量测一次，并计算往测与返测的相对误差：

$$\frac{1}{T} = \frac{\left| D_{往测} - D_{返测} \right|}{\overline{D}} \tag{3-2}$$

式中，$\overline{D}$ 为往测距离 $D_{往测}$ 与返测距离 $D_{返测}$ 的平均值。计算结果化成分子为 1 的形式，一般要求相对误差不大于 1/3000，困难地区不大于 1/2000，如果相对误差满足要求，则取往测与返测平均值作为最后的量距结果。

对于倾斜地面，可以采用平量法，每尺段的低端尺子抬高，用垂球对点，由于钢尺垂曲和垂球对点误差影响，往返量测相对误差可以不大于 1/1000。也可以采用斜量法，即测量倾斜距离 S，再测出两点间高差 h，计算水平距离：

$$D = \sqrt{S^2 - h^2} \tag{3-3}$$

改正数

$$\Delta D_h = D - S = \sqrt{S^2 - h^2} - S \approx -\frac{h^2}{2S} \tag{3-4}$$

3. 精密量距

精密量距要使用检定后的钢尺，采用仪器定线。

精密钢尺标有如"50m、25℃、100N"的字样，其含义是钢尺在 25℃ 时，用 100N 力，钢尺的尺长为 50m。50m 为钢尺的名义长度（出厂标注），严格地说，由于材料有变形，即使拉力相同，不同温度下钢尺的实际长度也是不同的，当测量精度要求高时，测得的距离要进行尺长误差改正和温度误差改正。

一般钢尺出厂后，需要经过专业技术部门的检定，并给出在规定拉力下的尺长方程式：

$$l = l_0 + \Delta l + \alpha \cdot l_0 \cdot (t - t_0) \tag{3-5}$$

式中：l_0（m）为钢尺名义长度；Δl（m）为钢尺尺长改正数，即标准温度 t_0 时，在规定拉力下，钢尺实际长度与名义长度之差；α（m/m·℃）为钢尺材料的膨胀系数，其值在 $1.15 \times 10^{-5} \sim 1.25 \times 10^{-5}$ 之间；t_0（℃）为钢尺检定时温度；t（℃）为钢尺使用时温度；l（m）为钢尺改正后长度。

若使用检定过的钢尺量测某段距离为 S，则实际距离

$$D = S + \Delta S_{\Delta l} + \Delta S_t \tag{3-6}$$

尺长误差改正为：

$$\Delta S_{\Delta l} = \frac{\Delta l}{l_0} \cdot S \tag{3-7}$$

温度误差改正为：

$$\Delta S_t = \alpha \cdot S \cdot (t - t_0) \tag{3-8}$$

若 S 为地面倾斜距离，还要用式(3-4)计算倾斜改正。

算例 3-1：采用尺长方程式为 $l = 50\text{m} + 0.008\text{m} + 1.23 \times 10^{-5}\text{m/m} \cdot \text{℃} \times 50\text{m} \times (t - 25\text{℃})$ 的钢尺，在 30℃ 时测得某段距离为 62m，高差为 0.3m，计算实际测得的水平距离。

解算：

(1)根据式(3-7)，尺长误差改正为：

$$\Delta S_{\Delta l} = \frac{\Delta l}{l_0} \cdot S = \frac{0.008}{50} \times 62 = 0.0099 \, (\text{m})$$

(2)根据式(3-8)，温度误差改正为：

$$\Delta S_t = \alpha \cdot S \cdot (t - t_0) = 1.23 \times 10^{-5} \times 62 \times (30 - 25) = 0.0038 \, (\text{m})$$

(3)根据式(3-4)，地面倾斜改正为：

$$\Delta S_h \approx -\frac{h^2}{2S} = -\frac{0.3^2}{2 \times 62} = -0.0007 \, (\text{m})$$

所测水平距离的实际长度为：

$$D = S + \Delta S_{\Delta l} + \Delta S_t + \Delta S_h = 62.013 \, \text{m}$$

水平距离的相对误差为：

$$\frac{1}{T} = \frac{0.013}{62} = \frac{1}{4769}$$

3.1.3 钢尺量距误差分析

1. 定线误差

对于一般量距，定线偏差应不大于 0.1m，目视定线可满足要求。精密量距或所测距离较大，应用仪器定线。

2. 钢尺垂曲误差

倾斜地面，平量法会产生垂曲误差，所量距离大于实际长度。实践证明，当距离长度为 30m，尺两端高差为 0.4m 时，量距的相对误差仅 1/11250，此项影响不大。

3. 温度变化引起的误差

温度每变化 1℃，对测距影响约为 1/80000，温度变化小于 10℃ 时，可不加改正，但在精密量距中，要加温度改正，而且要直接测量钢尺本身的温度，而不是测量大气温度。

4. 地面倾斜产生的误差

如果量距精度要求高于 1/3000，地面坡度大于 1% 时，应加倾斜改正。

5. 尺长误差

尺长误差属于系统误差，具有积累作用，对距离测量影响很大，必须使用检定过的钢尺，一般要求尺长改正值大于尺长 1/10000 时，应加尺长改正。

6. 丈量误差

在量距过程中，会产生许多随机误差，如读数误差、对点误差、拉力误差、尺段相接不准等，工作中要尽量克服，必要时进行往返测量或多次测量，取平均值作为测量结果，可以提高测量精度，同时避免大误差出现。

3.2　视距测量

电子经纬仪、水准仪、全站仪等测绘仪器都有视距测量的装置，可以进行距离测量。但是视距测量精度不高，低于钢尺量距。

3.2.1　视距测量原理

目前，视距测量只用于水准测量中的前、后视距离测量，故只介绍视线水平情况。

在望远镜的十字丝分划板上，有上、下两根平行于中丝的短丝，称为视距丝，配合带有刻度的视距尺(如水准尺)使用，便可进行视距测量。

视距测量原理如图 3-4(a)所示，视线水平时，仪器瞄准目标视距尺，分别获取下丝读数 a，上丝读数 b，设水平距离为 D，则

$$D = \frac{\frac{1}{2}(b-a)}{\tan\frac{\varphi}{2}} = \frac{1}{2\tan\frac{\varphi}{2}}(b-a) = k \cdot l \qquad (3\text{-}9)$$

式中，φ 为望远镜视角。

令 $k = \dfrac{1}{2\tan\dfrac{\varphi}{2}} = 100$，则 $\varphi \approx 34'23''$。在仪器制造过程中，望远镜视角设置为 $34'23''$，使得 $k = 100$，方便计算。所以，只要读取上丝读数和下丝读数，便可快速计算出测站点到目标点之间水平距离。在图 3-4(b)中，$a = 1930\text{mm}$，$b = 2070\text{mm}$，则 $D = 100\times(2070 - 1930) = 14.0\text{m}$。

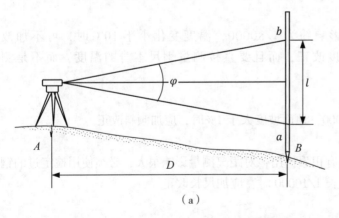
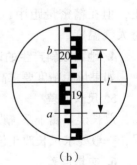

图 3-4　视距测量原理

3.2.2 视距测量误差分析

视距测量精度比较低，一般相对误差不高于 1/300，其主要误差来源：

①读数误差：读数到 cm，测距精确到 m，读数到 mm，测距精确到 dm。

②标尺倾斜误差：视距尺要尽量立直，可以采用带有水准器的视距尺。

③大气折光误差：减少垂直折光的影响，观测时应尽可能使视线离地面 1m 以上。

④视距乘常数误差：在仪器使用过程中，视距乘常数会有变化，要尽量准确测定乘常数，一般乘常数在 100±0.1 之内，对于水准测量前后视距离测量不会有太大影响。

3.3 电磁波测距

电磁波测距是以电磁波为测距信号的载波，进行距离测量。相对钢尺量距和视距测量，电磁波测距精度高、速度快、测程长、作业方便，是现代测绘中主要测距手段。

3.3.1 电磁波测距原理

电磁波测距仪以速度 c 发射电磁波，记录电磁波在测站点与目标点之间的往返时间 t，计算两点间距离：

$$S = \frac{1}{2} c \cdot t \tag{3-10}$$

电磁波测距直接观测量为斜距，通过测量垂直角，计算水平距离。电磁波在空气中传播速度会受温度和气压影响，所以，在电磁波测距的同时，要进行温度测量和气压测量，对所测距离进行改正。

根据记录往返传播时间方法不同，电磁波测距分为脉冲测距法和相位测距法，下面简单介绍两种测距仪工作原理。

1. 脉冲测距法

脉冲式测距仪将发射光波调制成高频脉冲光，经发射器发出，同时开始记录脉冲信号，经目标反射后的脉冲信号被接收器接收，记录脉冲总数，计算待测距离。若脉冲光周期为 t_0，往返脉冲数为 n，则往返时间为 $n \cdot t_0$，所测距离为：

$$S = \frac{1}{2} c \cdot t = \frac{1}{2} c \cdot n \cdot t_0 \tag{3-11}$$

2. 相位测距法

相位式测距仪利用高频率电震荡将发射光源进行振幅调制，使光强随电震荡的频率而周期性地明暗变化，通过测定调制光在测线上往返传播的相位差来获取时间，再计算距离。若调制光频率为 f，在待测距离上往返传播经过 N 个整周期，产生相位差为 $\Delta\varphi$，则所测距离为：

$$S = \frac{1}{2} c \cdot t = \frac{1}{2} \frac{c}{f} \left(N + \frac{\Delta\varphi}{2\pi} \right) \tag{3-12}$$

相位测距法精度一般高于脉冲测距法。

3.3.2　全 站 仪

全站仪集电子经纬仪、电磁波测距仪于一体,实现测角、测距一体化。全站仪内置微处理器和系统软件,实现数据采集、存储、输入、输出、管理、处理及传输功能,通过操作面板进行人机交互,实现系统控制、工作设置及各种测量功能。全站仪配置多种测量程序模块,可以进行三维坐标测量、导线测量、对边测量、悬高测量、偏心测量、后方交会、放样测量等工作,在需要的情况下,还可以基于系统软件进行程序开发。全站仪发展方向追求高度自动化、智能化,如日本拓普康公司 GTS-600 全站仪,具有电脑一样操作系统、大屏幕显示、大容量内存、国际计算机通用磁卡、自动补偿功能、测距快耗电少等特点;徕卡公司 TPS1100 系列全站仪已发展为测量机器人,主要特点有马达驱动、自动目标识别、自动跟踪、镜站遥控测量、无反射棱镜测量、支持用户自编应用程序、数据自动传输等特点。目前,全站仪被广泛用于控制测量、地形测量、施工放样等测量工作中。

1. 全站仪的轴系结构与主要组成部件

全站仪的轴系结构与电子经纬仪一样,组成部件有所不同。图 3-5 为徕卡 TS02 型全站仪(外观示意图),以此为例介绍全站仪区别于电子经纬仪的组成部件及其工作原理。

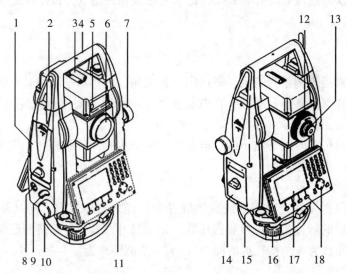

1. USB 存储卡和 USB 电缆接口槽；2. 蓝牙天线；3. 粗瞄器；4. 提手；5. 电子导向光；
6. 物镜(激光出口)；7. 竖直微动螺旋；8. 开关键；9. 触发键；10. 水平微动螺旋；11. 第二面键盘；
12. 物镜调焦螺旋；13. 目镜；14. 电池盖；15. 串口；16. 脚螺旋；17. 显示屏；18. 键盘

图 3-5　TS02 型全站仪组成部件

(1)望远镜

全站仪望远镜视准轴和测距主光轴完全同轴,一次照准可以同时测量距离和角度。在望远镜中,将电磁波发射与接收系统的主光轴与视准轴集成在一起,瞄准与测距同轴。自动全站仪由伺服马达驱动照准部和望远镜的转动和定位,在望远镜中有同轴自动识别装置，能自动照准棱镜进行测量。

（2）自动补偿器

在测量过程中，水准器若没有严格整平，将导致竖轴误差。由于竖轴误差对水平角和垂直角测量的影响不能通过测回法消除，高精度的仪器安装竖轴倾斜自动补偿器。单轴补偿可以自动改正竖轴倾斜对竖直度盘读数影响，双轴补偿可以同时自动改正竖轴倾斜对水平度盘读数影响，三轴补偿在双轴补偿基础上，用机内计算软件改正横轴误差和视准轴误差对水平度盘读数影响。自动补偿器补偿范围一般在$-3' \sim +3'$之间，打开仪器电源，如果有倾斜补偿装置，激光对中器自动激活，"整平/对中"界面显示电子气泡居中情况，如图3-6所示，并指示脚螺旋旋转方向，提示对中、整平操作。

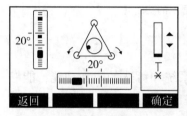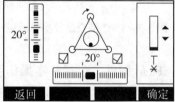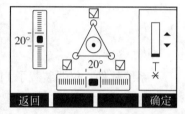

图 3-6　电子水准器

（3）操作面板

全站仪操作面板包括显示屏和操作键，不同型号全站仪形式不一样，TS02型全站仪操作面板如图3-7所示，显示屏以菜单形式分层显示可供选择的各种功能菜单。操作键分别对应不同的功能：

功能键：$F_1 \sim F_4$对应于屏幕底部显示的功能键，不同模式下对应不同的功能；

ESC键：退出前屏或编辑模式，回到高层菜单；

回车键：确定输入或进入下一操作域；

导航键：在屏幕上移动光标进入特定操作域；

翻页键：翻页显示下一屏；

FNC键：进入测量辅助功能，如对中、整平等；

自定义键：在FNC目录下定义功能。

各种全站仪操作面板按键的基本功能都相近，通过功能键可以进行不同测量模式、各种参数、作业信息等设置，有些全站仪有具体英文键盘和数字键盘。

（4）微处理器、系统软件及存储器

微处理器：微处理器是全站仪的核心装置，置于仪器内部，由一系列应用程序模块和存储单元构成，根据控制面板的指令控制系统进行工作，包括逻辑和数值运算、信息存储、处理、管理、传输、显示等。全站仪也可以进行一些近似计算，得到直接观测值（角度、倾斜距离）的函数值，如平距、高差、坐标、高程等，但是没有经过平差，若需要严密平差计算结果，必须将数据传输到计算机，应用相关软件进行数据处理，也可以基于全站仪微处理器，开发相关软件，进行数据处理。

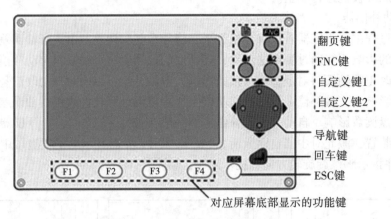

图 3-7 TS02 型全站仪操作面板

系统软件：仪器装载了 FlexField 固件，包括基本操作系统和可选的附加功能，能够完成数据采集、存储、处理及输出等操作。如果电脑装载 Flexoffice 软件，包括一套标准程序和扩展程序，数据传输电脑后，可以对数据进行查看、交换、管理和后处理。

存储器：全站仪内存储器以文件为单元，FlexField 固件将所有作业数据都存入到内存数据库中，可以从串口通过 LEMO 电缆将数据传输到电脑或其他设备来进行后处理。装有通信侧盖的仪器，内存数据也可以通过 USB 存储卡或蓝牙将数据传输到电脑或电子手簿等。

2. 全站仪配套使用的工具

全站仪配套使用的工具有三脚架、反射器等。三脚架与电子经纬仪脚架的功能与使用方法相同。反射器有两类，全反射棱镜和反射片。全反射棱镜包括单棱镜和三棱镜，单棱镜用于中短程测距，三棱镜用于远程测距。精度要求不高的细部点测量时，棱镜可以直接安置在对中杆上；精度要求高的控制测量时，棱镜安置在基座上，基座安置在脚架上，要严格对中、整平。反射片一般为塑料制造，如图 3-8 所示，具有反射功能，用于近距离测距。如果使用高频激光测距仪，近距离能够接收目标产生的激光漫反射，可以不使用棱镜或反射片，称为"免棱镜测距"，可用于人不易到达的地区。

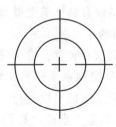

图 3-8 反射片

3. 全站仪的功能与使用

全站仪使用方法与电子经纬仪大致相同，在测站上进行脚架安置、对中整平、开机设置、数据采集、数据存储、数据输出，等等，以 TS 系列全站仪为例进行简单介绍，详细内容参考仪器使用手册。

（1）开机设置

仪器对中、整平后开机，进入如图 3-9 所示主菜单，选择"配置"，进入如图 3-10 所示开机设置界面，进行有关设置。

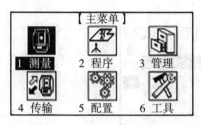

图 3-9　主菜单

图 3-10　开机设置

1）常规设置

对比度：从 0 到 1 以 10% 的步长调节屏幕显示的对比度。

用户自定义 1/2：配置 FNC 菜单中自定义 1 或自定义 2 的功能。

倾斜补偿：关闭，未激活；单轴，垂直角补偿；双轴，垂直角和水平角同时补偿。

水平角<=>：右，顺时针方向测量；左，逆时针方向测量。

垂直角：天顶距，天顶为 0 度；水平，水平为 0 度。

角度单位：° ′ ″，六十进制；度，十进制；gon，400 进制；Mil，6400 进制。

距离单位：米；US-ft，美制英尺；INT-ft，英制英尺；ft-in/16，美制 1/16 英寸。

数据输出：内存，存储到内存；接口，通过接口输出到外部设备。

2）EDM 设置

P-标准：使用棱镜精测模式；

NP-标准：无棱镜测距模式；

NP-跟踪：无棱镜连续测距模式；

带棱镜：使用棱镜进行长距离测距模式；

P-快速：使用棱镜快速测距模式，速度提高，精度降低；

P-跟踪：使用棱镜连续测距模式；

反射片：使用反射片测距模式；

FlexPoint：30 米以内不使用棱镜测距。

3）通信参数设置

端口：RS232 串口、USB、蓝牙、自动可选。

蓝牙：激活、未激活可选。

波特率：1200、2400、4800…115200 可选。

数据位：7位、8位可选。

奇偶位：偶校验(7位用)、奇校验(8位用)、无奇偶校验可选。

行标志：回车换行、回车可选。

(2)数据采集

开机并正确设置后，可以进入测量状态。在主菜单下，选择"测量"，进入如图3-11测量界面，直接测量数据有水平角、垂直角、倾斜距离，通过计算得到水平距离；输入仪器高、棱镜高，可以计算高差；输入测站点高程，可以计算观测点高程；输入测站点坐标，可以计算待测点坐标。

图 3-11 测量界面

(3)应用程序

预置应用程序涵盖广泛测量任务，使日常测量工作变得快捷方便。不同型号仪器预置程序略有差别，表3-1为TS系列全站仪预置应用程序。

应用程序使用步骤：

启动程序：在主界面选择"程序"，按FNC键进行切换，按功能键F_1~F_4选择程序；

预设置：如图3-12所示，F_1设置作业，定义数据存储的作业；F_2设置测站，定义当前仪器架设点位；F_3定向，定义仪器后视方向；F_4开始，启动应用程序。

作业设置：如图3-13所示，全部数据都存储在作业里，作业里包含不同类别的数据，如测量数据、已知数据、测站编码等，可以单独管理、编辑或删除。

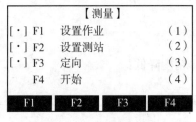

图 3-12 预设置界面图

图 3-13 设置作业界面

测站设置：包括测站点名称(或点号)、坐标及仪器高。测站点名称可以在使用过的测站点名中选择，坐标可人工输入，也可从内存中读取，仪器高通过人工输入。

定向设置：包括定向点名称(或点号)、坐标及棱镜高。定向点可在使用过的测站点名中选择，坐标可人工输入，也可从内存中读取，棱镜高人工输入。

开始测量。

表 3-1   **TS 系列全站仪预置应用程序**

应用程序	TSO2	TS06	TS09
测量	✓	✓	✓
放样	✓	✓	✓
自由设站	✓	✓	✓
参考线	✓	✓	✓
参考弧	可选	✓	✓
对边测量	✓	✓	✓
面积 k 体积测量	✓	✓	✓
悬高测量	✓	✓	✓
建筑轴线法	✓	✓	✓
COGO	可选		✓
参考平面	可选		✓
2D 道路(欧美版)	可选		✓

（4）数据管理

进入主菜单，选择"管理"，进入如图 3-14 所示文件管理界面，可实现外业输入、编辑、检查及删除所有功能，可编辑内容包括作业、已知点、测量点、编码、格式、删除作业内存、内存统计、USB 文件等。

（5）数据输出

通过 RS232 串口，连接一台电脑(已安装 Flexoffice 软件)，或者使用 USB 设备(也需要安装 Flexoffice 软件)，或者 USB 存储卡(无须软件)。如图 3-15 所示，数据输出设置内容包括输出串口、数据类型(测量点、已知点、编码、格式、配置或备份)、作业(选择输出所有作业文件还是输出单一作业文件)、选择作业(显示所选的作业文件)、格式(选择输出所有格式文件还是单一格式文件)、格式名等。

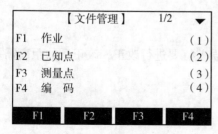

图 3-14   文件管理界面图

图 3-15   数据输出界面

3.3.3　电磁波测距

电磁波测距有两种模式：一种是有棱镜测距，一种是无棱镜测距。

1. 有棱镜测距

如图 3-16 所示，A 点安置仪器，B 点安置反射棱镜，对中、整平之后，接通测距仪电源，用十字丝分划板中心瞄准目标反射棱镜中心，按下测距功能键，屏幕显示测距状态（搜索符号），并把所测 AB 之间距离显示在屏幕上，根据需要可以测斜距、平距或者铅垂（仪器中心与棱镜中心）距离，若测量高差，需要输入仪器高和目标高。在测距时，若有物体穿过光束，测量数据会受到严重影响。

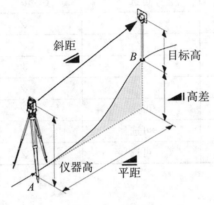

图 3-16　有棱镜测距

2. 无棱镜测距

无棱镜测距可以无反射器配合，装有激光器的 TCR 全站仪可以进行无反射器测距。如果测距过程中，有行人、车辆等通过测距光路，会有部分光束间接返回，导致距离结果不正确。在测量较远的距离时，由于激光扩散，也会导致测量精度下降。为了保证精度，激光束应该是垂直打在反射面上，仪器必须经过很好的校正。无棱镜测距主要用于人不宜接近的目标。

电磁波测距应避免各种干扰因素影响，测距场所要避开电磁场、高压线，视线要避开发热物体上空，目标背景不能有反光物体等。

3.3.4　电磁波测距改正与归算

测距仪、反射器及外界环境影响带来的系统误差，要进行改正，改正后的距离需要进一步归算到投影面上。

1. 测距改正

（1）加常数改正

由于测距仪的测距起算中心与安置中心不一致或反射器的等效反射面与安置中心不一致，使测量距离与实际距离不等，产生的误差与测距的长短无关，是仪器本身的误差，基于这项误差对测距结果的改正数称为测距仪的加常数：

$$\Delta S_a = C \tag{3-13}$$

对于测距仪及其配套棱镜，加常数为一定值，单位取 mm，通过检验可以获得，在测距仪检验校正中会进一步说明。实际工作中，可以将加常数预置在仪器中，在观测过程中对观测值进行自动改正。

（2）乘常数改正

由于测距仪使用时的调制光频率与设计的标准频率之间有偏差，产生的误差与测距长度成比例，基于这项误差对测距结果的改正，称为乘常数改正。若测量斜距为 S，改正数为：

$$\Delta S_b = k \cdot S \tag{3-14}$$

式中，k 为测距仪乘常数，单位取 mm/km，乘常数可以通过检验获得，在测距仪检验校正中会进一步说明。在实际工作中，可以将乘常数预置在仪器中，观测过程中自动对观测值进行改正。

（3）气象改正

电磁波的传播速度受大气状态（主要是温度、气压）影响，仪器制造时根据某种大气状态定出调制光的波长，在不同的大气状态下使用，就会产生测距误差，对这项误差的改正称为气象改正，若在温度 T、压强 P 状态下测距，某种测距仪气象改正公式：

$$\Delta S_{TP} = \left(279 - \frac{0.29P}{1 + 0.0037t} \right) S \tag{3-15}$$

式中，S 为观测斜距。气象改正相当于另一个乘常数，其单位为 mm/km，可以与仪器乘常数放在一起改正，不同型号的测距仪的气象改正数计算方法不同，根据仪器使用手册内给出的气象改正公式计算。

2. 测距归算

电磁波测距的结果一般为斜距，需要归算为水平距离，较长的距离测量值要归算到大地水准面上。

（1）距离归算

在 1.4.2 节中讨论过距离测量受地球曲率的影响，结论是半径为 10km 范围内，可以不考虑地球曲率的影响，投影面作为水平面进行处理，若测得垂直角 α，根据三角函数，把斜距 S 化算为平距为：

$$D = S\cos\alpha \tag{3-16}$$

当待测距离比较大，按照 1.4.2 节中的方法进行归算。

（2）高程归算

如图 3-17 所示，设 A 点高程、B 点高程、AB 之间视线平均高程分别为 H_A、H_B、H_m，设实测距离 S 在大地水准面投影为 D_0，在测区平均高程面上投影为 D，则有

$$\frac{D}{D_0} = \frac{R + H_m}{R} \tag{3-17}$$

R 为地球半径。距离改正数为：

$$\Delta D = D - D_0 = \frac{H_m}{R} D_0 \approx \frac{H_m}{R} D \tag{3-18}$$

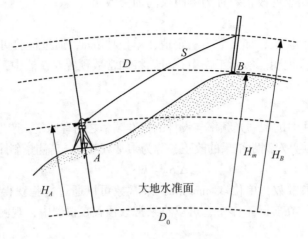

图 3-17 距离测量高程归算

通过计算可知，当 $D = 100\text{m}$ 时，相对误差为 1/64000，当 $D = 500\text{m}$ 时，相对误差为 1/13000，根据精度要求，选择是否进行改正。

3.3.5 电磁波测距误差分析

电磁波测距误差可以分成两部分，一部分误差与距离 D 成比例，称为比例误差；另一部分误差与距离无关，称为固定误差。另外，虽然周期误差与距离有关，但不成比例，仪器设计和调试时已严格控制。所以，电磁波测距仪的"标称精度"一般表示为：

$$m_D = a + b \cdot D \tag{3-19}$$

式中，a 为固定误差，单位为 mm；b 为比例误差系数，单位为 mm/km；D 为距离测量值，单位为 km。一般来说，测程较长时，比例误差占主要地位，而测程较短时，固定误差处于突出地位。按标称精度，全站仪可以划分为四个等级，见表 3-2。

表 3-2 　　　　　　　　　　　　　　**全站仪精度及等级划分**

等级	I		II		III			IV
标称测角标准偏差(″)	0.5	1.0	1.5	2.0	3.0	5.0	6.0	10.0
标准差范围(″)	0~1.0		1.0~3.0		2.0~6.0			6.0~10.0
标称测距标准偏差(mm)	$m_d \leqslant$ $(1 + 1 \times 10^{-6}D)$		$(1 + 1 \times 10^{-6}D)$ $< m_d \leqslant$ $(3 + 2 \times 10^{-6}D)$		$(3 + 2 \times 10^{-6}D)$ $< m_d \leqslant$ $(5 + 5 \times 10^{-6}D)$			$m_d >$ $(5 + 5 \times 10^{-6}D)$

1. 比例误差

(1)真空中光速 c 的误差

1975 年国际大地测量及地球物理协会联合采用 $c = 299792458 \pm 1.2 (\mathrm{m/s})$，这是目前国际上通用的数值，这项误差对测距的影响很小，可以忽略不计。

（2）大气折射率 n 的误差

大气折射率的变化影响电磁波传播速度，从而影响测距精度。大气折射率是气温 t、气压 p 及湿度 e 的函数，在一般气象条件下，对于 1km 的距离，温度变化 1℃所产生的测距误差为 0.95mm，气压变化 1hPa 所产生的测距误差为 0.27mm，湿度变化 1hPa 所产生的测距误差为 0.04mm。对于实际气象条件与仪器设计时气象参数不同，可加气象误差改正数，不过温度、压强和湿度测量值要尽量准确。

（3）调制频率 f 的误差

调制频率是由仪器的主控振荡器产生的，仪器在使用过程中，电子元件会不断老化，实际调制频率会与设计频率有误差，进一步影响测距精度。根据测距仪测距原理：

$$S = \frac{1}{2} \frac{c}{f} \left(N + \frac{\Delta\varphi}{2\pi} \right) \tag{3-20}$$

当频率 f 存在误差 $\mathrm{d}f$，给距离 S 带来误差：

$$\frac{\mathrm{d}S}{S} = -\frac{\mathrm{d}f}{f} \tag{3-21}$$

可以发现，在调制频率误差影响下，测距误差与距离成正比，通过检验，测定测距仪乘常数，对距离测量进行改正。

2. 固定误差

（1）相位差 $\Delta\varphi$ 的测定误差

相位差的测定误差简称为测相误差，测相误差是仪器误差，包括测相设备本身误差、幅相误差、发射光束相位不均匀引起的误差。测相设备本身的误差与电路的稳定性和测相器的时间分辨率有关；对于幅相误差，有的测距仪有幅度控制系统，能够使测量的信号强度控制在固定的幅值上；对于发射光束相位不均匀引起的误差，直接影响读数，通过测定几组读数取其平均值，就可以减小影响。

（2）仪器加常数误差

多数仪器的加常数在出厂时已经预置，但在使用过程中，由于振动或不配套的反射器，会使仪器加常数发生变化，仪器加常数误差可以通过检测得到，对观测结果进行改正。

3. 周期误差

周期误差是由测距仪内部的光电信号串扰引起的以一定距离（精测尺长度）为周期重复出现的误差。串扰信号使得相位计测得的相位与测距信号的相位不一致，形成串扰信号与测距信号合成矢量的相位，导致测距误差。所以，要减小周期误差，尽量减小仪器内部的信号串扰，在制造仪器时应加强屏蔽，另外，仪器使用时，尽量避免其他信号干扰。

3.3.6 电磁波测距仪的检验与校正

1. 发射、接收、照准三轴关系正确性的检验与校正

检验：在距测距仪 200~300m 处安置反射棱镜，用望远镜十字丝瞄准棱镜中心，接通测距仪电源，记录返回信号强度（用电表指针读取光强值），然后，转动水平微动螺旋和垂直微动螺旋，观察信号强度变化，如果光强值没有明显增加，那么视准轴和光轴之间是平行的，而且，当返回信号最大的位置，望远镜仍然瞄准棱镜中心。反之，需要校正。

校正：首先将望远镜十字丝中心照准棱镜中心，然后用扳手谨慎地调整照准头上的水平和垂直校正螺丝，直到电流计指示出最强的回波信号为止，反复进行，直到满足要求。

2. 测距常数的检验

测距常数检验可以用比较法，在基线场上进行，用待检验仪器测量已知基线，已知基线值尽量选择与仪器最佳测程一致，测量结果与已知基线值进行比较，列出方程组，解算加常数 a 和乘常数 b。一般用"六段比较法"，也可以有更多的多余观测，提高解算精度。

"六段比较法"点号一般取 0，1，2，3，4，5，6，测定距离分别为：

$$D_{01} \quad D_{02} \quad D_{03} \quad D_{04} \quad D_{05} \quad D_{06}$$
$$D_{12} \quad D_{13} \quad D_{14} \quad D_{15} \quad D_{16}$$
$$D_{23} \quad D_{24} \quad D_{25} \quad D_{26}$$
$$D_{34} \quad D_{35} \quad D_{36}$$
$$D_{45} \quad D_{46}$$
$$D_{56}$$

设观测值为 $D_{ij}(i = 0, 1, 2, 3, 4, 5; j = 1, 2, 3, 4, 5, 6)$，观测值改正数为 V_{ij}，加常数 a，乘常数 b，已知基线值为 A_{ij}，则有观测方程 21 个

$$D_{ij} + V_{ij} + a + b \cdot D_{ij} = A_{ij} \tag{3-22}$$

误差方程

$$V_{ij} = - a - b \cdot D_{ij} - l_{ij} \tag{3-23}$$
$$l_{ij} = A_{ij} - D_{ij}$$

方程没有唯一解，在一定准则下，求取加常数 a 和乘常数 b。

3. 周期误差的检验

检验周期误差一般采用"平台法"，如图 3-18 所示，在室外选择平坦场地，设置一平台。平台的长度比被测仪器的精测尺略长，平台上设置高精度基线尺和反射器，距平台一端（距仪器远的一端）50~100m 处与反射器等高度安置仪器。反射器首先对准基线尺零点，开始测距，然后由近及远依次移动反射器，每次移动距离为检测尺的 1/40（或 1/20），移动一次观测一次距离，为了减小外界条件的影响，尽量缩短观测时间。

设距离近似值为 D_0，其改正数为 V_0，观测值为 $D_i(i = 1, 2, \cdots, 40)$，改正数为 V_i，加常数为 a，周期误差幅值为 A，初相角为 φ_0，θ_i 为相位角，则观测方程 40 个

$$D_0 + V_0 + i \cdot d = D_i + V_i + a + A\sin(\varphi_0 + \theta_i) \tag{3-24}$$

误差方程

$$V_i = V_0 - a - A\sin(\varphi_0 + \theta_i) - l_i \tag{3-25}$$
$$l_i = D_i - D_0 - i \cdot d$$

设 $\Delta\theta$ 为对应距离 d 的相位差，则有

$$\theta_i = \theta_1 + (i - 1)\Delta\theta \tag{3-26}$$

令 $\varphi_1 = \varphi_0 + \theta_1$，考虑到观测时间较短，认为观测值等权，误差方程式组成法方程式，

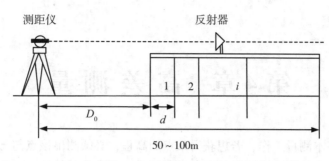

图 3-18 周期误差检验

可解算求 A 和 φ_1，再计算周期误差的改正数：

$$V_i = A\sin[\varphi_1 + (i - 1)\Delta\theta] \tag{3-27}$$

复习思考题

1. 常规测距方法有几种？分别说明其原理。

2. 直线定线方法有几种？如何操作？

3. 用钢尺进行精密测距要进行哪几项改正？

4. 采用名义长度为 50m 的钢尺测量某段距离，观测值为 126. 310m，钢尺检定方程式为 $l=50\text{m}+0.006\text{m}+1.21\times10^{-5}\text{m/m}\cdot\text{℃}\times50\text{m}\times(t-24\text{℃})$，坡度为 10%，测距温度为 26℃，计算改正后的水平距离。

5. 钢尺测距的误差来自哪些方面？如何处理？

6. 视距测量的原理是什么？画图说明。

7. 视距测量的误差来自哪些方面？如何处理？

8. 电磁波测距的原理是什么？

9. 全站仪有哪些特点？

10. 电磁波测距有哪些改正计算和归化计算？

11. 电磁波测距误差来自哪些方面？如何处理？

12. 电磁波测距仪检验校正的内容有哪些？

第4章 高差测量

高差测量是基本测量工作，若想获得某点的高程，必须测出该点与已知高程点之间的高差。高差测量的方法有水准测量、三角高程测量，水准测量精度高，多用于高程控制测量，三角高程测量精度较低，多用于地形测量。本章主要介绍水准测量原理、水准测量的仪器、水准测量的方法、水准测量误差分析及水准测量仪器的检测与校正。对于三角高程测量，主要介绍测量原理及误差分析。

4.1 水准测量原理

水准测量是通过水准仪提供一条水平视线实现高差测量，如图4-1所示，已知点A、B高程分别是H_A、H_B，若想测出两点高差，只要在两点之间安置水准仪，在两点上立水准尺(带有刻度，零点在下)，调整水准仪使视线水平，分别在A尺上获取读数a，在B尺上获取读数b，便可计算A、B两点高差。

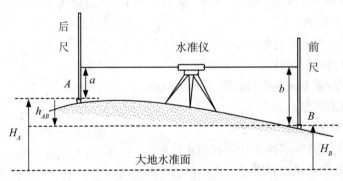

图4-1　水准测量原理

高差有方向性，A点到B点的高差：

$$h_{AB} = a - b \tag{4-1}$$

式中，a为后视读数，b为前视读数。B点到A点的高差：

$$h_{BA} = b - a \tag{4-2}$$

式中，b为后视读数，a为前视读数。

若A点低，B点高，则h_{AB}为正值，h_{BA}为负值，反之h_{AB}为负值，h_{BA}为正值。当A点高程H_A已知时，可计算B点高程：

$$H_B = H_A + h_{AB} = H_A - h_{BA} \tag{4-3}$$

4.2 水准仪

水准测量的仪器有光学水准仪与电子水准仪，光学水准仪包括微倾水准仪和自动安平水准仪，目前，经常使用自动安平水准仪和电子水准仪，本节分别对自动安平水准仪和电子水准仪进行介绍。另外，按观测精度分，水准仪有 0.5mm、1mm、3mm、10mm 等系列，0.5mm、1mm、3mm、10mm 的含义是每公里往返观测高差中误差，水准仪以此作为标称精度。

4.2.1 自动安平水准仪

1. 自动安平水准仪的轴系结构与主要组成部件

为了实现高差测量，水准仪必须满足一定的几何结构，图 4-2 为 DSZ1 型自动安平水准仪，以此为例介绍自动安平水准仪轴系结构、主要组成部件及工作原理。水准仪竖轴插在基座的轴套中，支架嵌套在竖轴上，望远镜安装在支架上，支架可以绕竖轴旋转，带动望远镜瞄准不同的方向。圆水准器安置在支架上，气泡居中，支架大致水平，使望远镜视准轴倾斜在一定范围内，通过自动安平装置使视准轴自动水平，提供一条水平视线，进行高差测量。

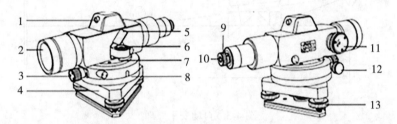

1. 瞄准器；2. 物镜；3. 制动螺旋；4. 基座；5. 水准器反光镜；6. 圆水准器；7. 圆水准器校正螺钉；
8. 支架；9. 目镜调焦螺旋；10. 目镜；11. 物镜调焦螺旋；12. 微动螺旋；13. 脚螺旋

图 4-2 自动安平水准仪主要组成部件

不同型号的自动安平水准仪主要组成部件及工作原理相似，下面分别介绍一下望远镜、水准器、基座、支架、自动安平装置等部件及工作原理。

（1）基座

基座与电子经纬仪相似，底板中心有螺孔，可以连接脚架中心螺旋，进行仪器安置。基座上安置三个脚螺旋，用于仪器整平。

（2）支架

支架上安置圆水准器，在脚架架头大致水平的情况下，调整脚螺旋可以使圆水准器气泡居中，支架粗略水平。支架上安置制动螺旋和微动螺旋，用于控制支架围绕竖轴旋转，带动望远镜瞄准不同方向。

（3）望远镜

望远镜主要由目镜、目镜调焦螺旋、物镜、物镜调焦螺旋、瞄准器组成，从外观看与电子经纬仪一样，但是由于望远镜光路系统安置了自动安平补偿装置，使用原理有区别。

（4）自动安平装置

自动安平装置由一个屋脊棱镜 m 和两个直角棱镜 n 构成，屋脊棱镜与望远镜固连在一起，随望远镜一起转动，直角棱镜与自由重锤相连，在重力作用下自然下垂，随着视线改变不断地调整与屋脊棱镜的相对位置，保证视准轴倾斜时能够读取水平视线的读数。如图 4-3(a) 所示，视准轴水平时，来自 p 点的水平光线经过补偿器方向不变，分划板接收的是水平视线读数。若视准轴倾斜时，如图 4-3(b) 所示，望远镜视准轴（虚线）倾角为 α，来自 p 点的水平光线经过补偿器方向发生改变，倾角为 β，使分划板仍然获得水平视线的读数。

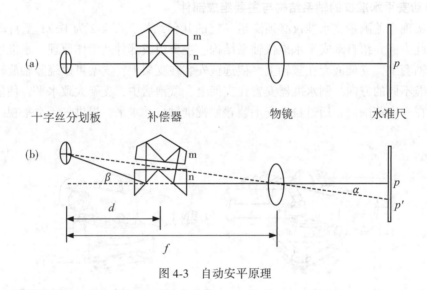

图 4-3　自动安平原理

补偿器应该满足的几何条件是

$$f \cdot \alpha = d \cdot \beta \tag{4-4}$$

式中，f 为物镜焦距，d 为补偿器中心至十字丝分划板距离。

2. 自动安平水准仪配套使用的工具

水准仪配套使用的工具有三脚架、水准尺、尺垫，三脚架与电子经纬仪脚架相似，功能与使用方法相同，下面分别说明一下水准尺和尺垫。

水准尺作为水准测量的目标，自动安平水准仪配套使用的水准尺一般为双面水准尺，如图 4-4(a) 所示，由干燥木材或合金制成，长为 3m，一面是黑色分划，零起点，一面红色分划，常数起点。水准尺最小分划为厘米，有米、分米注记，厘米不注记。水准尺一般成对使用，一尺立于后视点，一尺立于前视点，两根水准尺红面起点常数不同，一尺是 4687mm，一尺是 4787mm，用于双面读数检核。图 4-4(b) 是因瓦合金水准尺，用于精密水准测量，一般为单面分划，两侧分别为基本分划和辅助分划，基辅分划起点不同，存在一个常数差，用于读数检核。

尺垫用于连续水准测量转点定位，可以防止水准尺下沉。如图 4-4(c)所示，尺垫由金属制作，三角形或圆形，下面一般有三个脚尖，有助于踩入地下(疏松土质)，稳定点位，上面有半球凸起，用于准确确定点位，同时方便尺面转换。

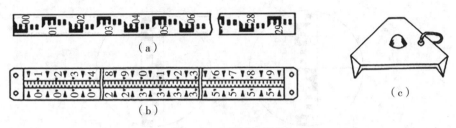

图 4-4 水准尺与尺垫

3. 自动安平水准仪的功能与使用

使用自动安平水准仪进行高差测量，要经过仪器安置、粗平、瞄准、读数过程。

①安置：将三脚架的架腿伸长固定，平坦地区架腿大致等长，打开合适角度，放置待测高差的两点之间，使前、后视距大致相等(消除 i 角误差，见 4.4.1)，软质地面踩实脚架。然后，将水准仪安置在架头上，中心螺旋旋紧。

②粗平：调整脚螺旋，粗略置平仪器。如图 4-5 所示，观察圆水准器气泡偏移情况，如果不居中，双手握住其中两个脚螺旋，做相对运动，并使左手大拇指运动方向与气泡居中方向一致，当气泡移动到第三个脚螺旋方向，用第三个脚螺旋使气泡居中，气泡移动规律相同。反复操作，直到气泡完全居中。一般自动安平水准仪补偿范围为±15′，仪器粗平需要满足补偿范围的要求。

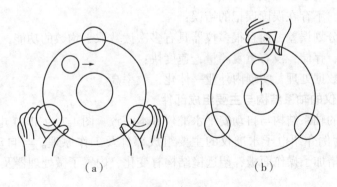

图 4-5 粗平

③瞄准：望远镜目镜调焦，使十字丝分划板清晰，转动望远镜，用准星瞄准目标，使目标进入视场，旋紧制动螺旋。旋转物镜调焦螺旋，使目标清晰，注意消除视差，转动水平微动螺旋，用十字丝精确瞄准目标，尽量使十字丝竖丝瞄准水准尺中间部位，注意水准尺是否有倾斜，并提示扶尺员将水准尺扶正。

④读数：用分划板上的视距丝读数，用以计算前后视距离，用分划板上长横丝读数，

用以计算高差。如果使用黑、红双面尺，直接读取米、分米、厘米，估读毫米，四位读数，不带小数点。图 4-6 所示，瞄准同一点，黑面读数为 2000，红面读数为 6687，水准尺黑、红面零点差为 6687－2000＝4687，用以检核。

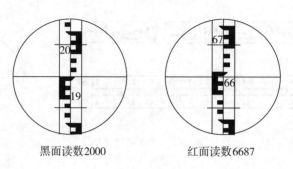

黑面读数2000　　　　　红面读数6687

图 4-6　读数

4.2.2　电子水准仪

电子水准仪也称数字水准仪，具有自动安平功能，区别于自动安平水准仪的主要方面是读数系统，电子水准仪在望远镜中安置了光敏二极管构成的线阵探测器，采用数字图像自动识别处理系统进行读数，并配有条码水准标尺。另外，电子水准仪内置微处理器，可以自动记录、存储、传输及数据处理，测量速度快、精度高，能够实现水准测量内、外业一体化。第一台电子水准仪 NA2000 由徕卡公司生产，首次采用图像处理技术自动识别测量信号，推动水准测量的自动化。之后，拓普康、索佳及我国南方测绘公司等相继生产出系列电子水准仪。电子水准仪的特点：

①读数客观，不存在误读误记的错误；

②消除标尺分划误差，而且很多仪器具有多次读数取平均数的功能，精度高；

③自动记录、存储，没有重复测量，速度快；

④可以进行数据处理，实现内外业一体化，效率高。

1. 电子水准仪的轴系结构与主要组成部件

电子水准仪的轴系结构与自动安平水准仪基本一致，图 4-7 为 SDL1 电子水准仪(外观示意图)，以此为例介绍电子水准仪的主要组成部件及工作原理。与自动安平水准仪比较，电子水准仪增加了操作面板，望远镜结构有变化，内置了微处理器及存储设备。

(1)望远镜

电子水准仪望远镜中安装了 CCD 线阵传感器的数字图像自动识别处理系统，瞄准目标水准尺(条码水准尺)后，反射光线经过分光镜分离后，一部分光束直接成像在望远镜分划板上，供目视观测，另一部分光束通过分光镜被转折到线阵 CCD 传感器的像平面上，经光电转换、整形后再经过模数转换，数字信号被送到微处理器，存储并与仪器内存的标准码进行比较，获取目标读数。

(2)操作面板

数字水准仪操作面板包括显示屏和键盘，不同型号电子水准仪面板形式不一样，

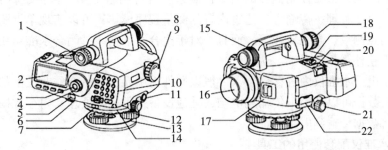

1. 瞄准镜目镜；2. 显示屏；3. 目镜；4. 目镜调焦螺旋；5. 遥控探测窗；6. 防水多用端口；
7. 水平度盘；8. 提柄；9. 物镜调焦螺旋；10. 键盘；11. 测量键；12. 脚螺旋；13. 底板；
14. 水平度盘设置环；15. 瞄准镜轴调整旋钮；16. 物镜；17. 电池盒护盖；18. 瞄准镜轴调整旋钮；
19. 圆水准器；20. 圆水准器观察镜；21. 水平微动螺旋；22. SD 卡槽和 USB 端口护盖

图 4-7 电子水准仪组成部件

SDL1 型电子水准仪操作面板如图 4-8 所示，显示屏以菜单形式分层显示，内容包括可供选择的各种功能菜单。操作键分别对应不同功能：

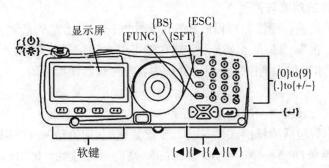

图 4-8 SDL1 型电子水准仪操作面板

开关键：开机、关机；

功能键：软键F_1～F_4，在不同状态下对应不同的功能；

导航键：移动光标或改变设置选项；

回车键：确认输入文字或数值；

数字与字母键：在数字模式下输入数字，在字母模式下输入字母；

SFT：数字和字母大写、小写切换模式；

FUNC：菜单翻页；

BS：删除左侧字符；

ESC：取消数据输入。

各种电子水准仪操作面板按键基本功能都相近。

(3)微处理器及存储器

微处理器：微处理器是电子水准仪的核心装置，置于仪器内部，由一系列应用程序模块和存储单元构成，根据控制面板的指令控制系统进行测量工作，包括逻辑和数值运算、信息存储、计算、管理、传输等。通过内置的测量程序模块，可以实现单点测量、水准路线测量、中间点测量、高程放样等，而且，对于附合水准路线、闭合水准路线及往返测路线能够进行平差计算。

存储器：电子水准仪内置存储器，一般以文件为单元，将所有作业数据都存入内存数据库中，然后数据可以从串口传输到电脑或其他设备来进行后处理。内存数据也可以通过USB 存储卡将数据传输到电脑。

2. 电子水准仪配套使用的工具

电子水准仪配套使用的工具是条码水准尺和尺垫。如图 4-9 所示，条码水准尺由宽度相等或不等的黑黄(白)条码按照某种规则有序排列，用以表征尺面的不同高度的位置，各种品牌电子水准仪配套的条码尺有自己的排列规则，属于自己的知识产权。

图 4-9　条码水准尺

3. 电子水准仪的功能与使用

电子水准仪可以进行测量和高程放样等许多功能，与自动安平光学水准仪一样，使用方法也分为安置、粗平、瞄准、读数，区别在于可以自动记录、存储、传输与数据处理。下面以 SDL1 电子水准仪为例简单介绍，详细内容参考仪器使用手册。

(1)开机设置

开机之后，进行设置，一般设置内容有：

观测条件：内容包括测量模式(单次精测/重复精测/均值精测/连续速测)、平均次数(默认 5 次)、记录条件(Yes/No)、SD 镜像(开/关)、高程显示(0.01mm/0.1mm/1mm)、距离显示(0.001m/0.01m/0.1m)、两差改正(No/K = 0.142/K = 0.20)、自动调焦(Yes/No)、倾斜警示(Yes/No)；

仪器设置：关机方式(30 分钟/手工)、对比度(1、2……15)；

通信参数：波特率(1200/2400/4800/9600/19200/38400/57600bps)、奇偶校验(No/Yes)、流控制(No/Yes)、STX/ETX(CSV)(No/Yes)、均值输出模式(1/2)；

零点校正：当前值 X(410)、Y(425)；

日期时间：日期(如 20100826)、时间(如 17：16：40)。

(2)内存管理

文件管理：包括文件选取、文件删除、通信输出、文件备份、文件恢复、备份文件删除等；

路线管理：包括路线设置、路线删除、通信输出、数据查阅、中视点删除、路线重测设置等；

已知数据：包括键入、导入、查阅、删除、初始化等；

简易测量数据：包括数据查阅、数据删除、初始化等。

（3）简易高差测量

简易高差测量功能用于不设置路线情况下的高差或高程测量，测量过程中可对多个前视点实施观测并记录，但不进行任何限差检核，转站时可对转点进行指定。

在测站上架设 SDL1 仪器，并选取好保存数据的文件，如图 4-10 所示，在【主菜单】界面下选择"测量菜单"，在【测量菜单】界面下选择"简易测量"，在【简易测量菜单】界面下选择"高差测量"，然后按照一定顺序进行观测。

图 4-10　简易高差测量菜单

（4）等级水准路线测量

等级水准路线测量用于符合国家测量规范的一、二、三、四等水准测量。测量作业中的测站观测程序及其限差检核符合国家一、二等水准测量规范和国家三、四等水准测量规范的要求，也可以对测站观测程序及其限差进行自定义。

①选取文件：选取记录测量数据的文件。仪器内存共有 20 个文件供记录数据时选用，出厂时的默认当前文件为 JOB1。一个文件可保存多达 100 条水准路线的数据。如图 4-11 所示，在【主菜单】界面下选择"内存管理"，在【管理菜单】界面下选择"文件管理"，在【文件菜单】界面下选择"文件读取"。

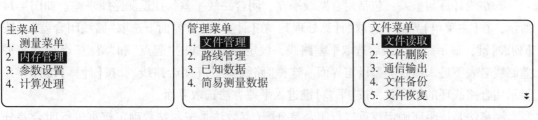

图 4-11　选取文件菜单

②路线设置：选取或新建一条水准路线。设置待测水准路线的等级，并对水准路线的观测程序、限差等进行自定义。如图 4-12 所示，在【主菜单】界面下选择"测量菜单"，在【测量菜单】界面下选择"路线测量"，在【路线测量菜单】界面下选择"路线设置"。

路线设置内容包括路线名，起点点名，起点高程，终点点名，终点高程，往、返测设定，测量等级设定，标尺读数均值读数次数，观测顺序，高程显示位数，距离显示位数，高差之差限值，视距长上限值，视距长下限值，视距高上限值，视距高下限值，前后视距差限值，视距差累积限值。

③路线测量：对设置好的水准路线实施测量。水准路线中的每一测站均采用"观测顺

```
┌─────────────────────┐    ┌─────────────────────┐    ┌─────────────────────┐
│ 主菜单              │    │ 测量菜单            │    │ 路线测量菜单        │
│ 1. 测量菜单         │    │ 1. 路线测量         │    │ 1. 路线设置         │
│ 2. 内存管理         │    │ 2. 十字丝检校       │    │ 2. 路线测量         │
│ 3. 参数设置         │    │ 3. 简易测量         │    │                     │
│ 4. 计算处理         │    │                     │    │                     │
└─────────────────────┘    └─────────────────────┘    └─────────────────────┘
```

图 4-12 路线设置菜单

序"中所设定的顺序对标尺进行观测,完成读数后仪器自动对各项限差进行检核,如有超限将给出相应提示。迁站关闭仪器电源后重新开机时,仪器的恢复功能将恢复关机前的测量界面。"记录条件"设为"Yes"时,开始新路线测量前,必须记录气象条件数据。

④查阅路线数据:对自动保存的水准路线数据可以查阅,如图 4-13 所示,在【主菜单】界面下选择"内存管理",在【管理菜单】界面下选择"路线管理",在【路线菜单】界面下选择"数据查阅"。

```
┌─────────────────────┐    ┌─────────────────────┐    ┌─────────────────────┐
│ 主菜单              │    │ 管理菜单            │    │ 路线菜单            │
│ 1. 测量菜单         │    │ 1. 文件管理         │    │ 1. 路线设置         │
│ 2. 内存管理         │    │ 2. 路线管理         │    │ 2. 路线删除         │
│ 3. 参数设置         │    │                     │    │ 3. 通信输出         │
│ 4. 计算处理         │    │                     │    │ 4. 数据查阅         │
│                     │    │                     │    │ 5. 中视点删除       │
└─────────────────────┘    └─────────────────────┘    └─────────────────────┘
```

图 4-13 查阅路线数据菜单

⑤路线计算与平差:包括附合路线平差、闭合路线平差、往返测路线平差。如图 4-14 所示,在【主菜单】界面下选取"计算处理",在【计算菜单】界面下选取"路线闭合差",按【列表】键,显示路线名表后选取平差路线,设定平差路线的"起点"和"终点"名后,在平差路线名表下进入路线类型设定界面。选择"路线类型"(闭合路线),按【计算】键计算并显示闭合路线环的闭合差,按【平差】键进入平差方法选取界面。

距离法是按距离确定权重进行闭合差分配(点数法是按测站数确定权重进行闭合差分配),先将闭合差平均分配到由固定点构成的各测段上,然后再将各测段的分配值平均分配给该测段的测量点之间。固定点设为"Yes",将产生平差后固定点数据记录,测量点设为"Yes",将产生平差后测量点数据记录,中视点设为"Yes",将产生平差后中视点数据记录。

选取好平差方法后按【OK】键进入【输入高程】界面,输入起点高程后按【OK】键,开始平差计算,计算结束后显示平差结果界面,按【往下】或【往上】键可切换显示点的平差结果,按【记录】键后,按【YES】键确认,平差计算结果将作为已知点保存在名为"原路线名"+"序号"的路线下,平差结果见表 4-1。

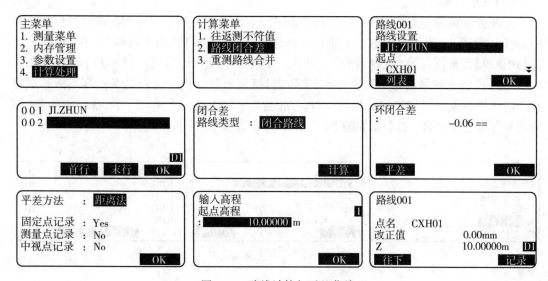

图 4-14　路线计算与平差菜单

表 4-1　　　　　　　　　　　　　水准路线平差计算结果

	A	B	C	D	E	F	G	H	I	J
1	A01	1	SDL1X Adv	1056-31-25						
2	A20	JOB1	0		0					
3	A10									
4	B01	5	1	1	SDL1X Adv	100009				
5	B02	JI_ZHUN	1	S	10	E	10	2		原始文件数据
6	B20	1	1	1	9	15	9:17:49	2011-6-3		
7	B21	1	CXH01	视距 7.094	读数1 0.49897	读数2 0.49898	高差1	高差2	高程 10	观测值记录
8	B21	2	CXH02	4.496	0.57692	0.57693	-0.07795	-0.07795	9.92205	
9	B21	1	CXH02	4.497	0.57693	0.57693			9.92205	
10	B21	2	CXH03	3.466	0.57694	0.57694	-0.00001	-0.00001	9.92204	
11	B05	1	CXH03	温度 15	时间 9:20:01	日期 2011-6-3				固定点记录
12	B21	1	CXH03	3.466	0.57693	0.57694			9.92204	
13	B21	2	CXH04	2.834	0.45468	0.45468	0.12226	0.12226	10.0443	
14	B21	1	CXH04	2.834	0.45467	0.45468			10.0443	
15	B21	2	CXH05	3.465	0.57685	0.57684	-0.12218	-0.12216	9.92213	
16	B05	1	CXH05	15	9:21:46	2011-6-3				固定点记录
17	B21	1	CXH05	3.466	0.57685	0.57685			9.92213	
18	B21	2	CXH06	4.501	0.57678	0.57678	0.00008	0.0007	9.92221	
19	B23	CXH05	0	视距 3.466	读数 0.57685	10.49898	视线高程同单点后视高程1			中视测量后视点记录
20	B24	IS01	0	视距 7.095	读数 0.49898	10			2	中视点记录
21	B21	1	CXH06	4.5	0.57671	0.57671			9.92221	
22	B21	2	CXH07	7.092	0.49898	0.49897	0.07773	0.07774	9.99994	
23	B05	1	CXH07	15	9:25:09	2011-6-3				
24	A10									
44	B01	5	1	1	SDL1X Adv	100009				距高法平差结果
45	B02	JI_ZHUN_03	1	S	10	E	10	2		固定点记录: YES
46	B30	CXH01			10			2	1	测量点记录: YES
47	B30	CXH02			9.92206			1	1	中视点记录: YES
48	B30	CXH03			9.92206			2	1	
49	B30	CXH04			10.04433			1	1	
50	B30	CXH05			9.92217			2	1	
51	B30	CXH06			9.92226			1	1	
52	B30	IS01			10.00004			3	1	
53	B30	CXH07			10			2	1	
54	A99									

（5）文件备份

文件备份功能用于将内存中的文件备份到外存设备上，需要时可以再恢复到仪器内存中。将 U 盘或 SD 卡插入仪器相应插口，首先，在【主菜单】界面下选取"内存管理"，在【管理菜单】界面下选取"文件管理"。然后，如图 4-15 所示，在【文件菜单】界面下选取"文件备份"将光标移至源文件名上后按【列表】键显示仪器内存文件名表，将光标移至需备份的文件名上按⌇键选取。将外存"保存位置"设为"USB"或"SD"。在"备份文件名"处输入外存备份文件名，按【OK】键确认，开始向 U 盘或 SD 卡备份文件。

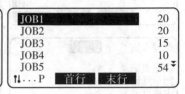

图 4-15　文件备份菜单

4.3　水准测量

4.3.1　单站水准测量

如果一测站可以得到待测高差，采用单站水准测量，方法有双面尺法和两次仪器高法。

1. 双面尺法

如图 4-16（a）所示，在待测高差的两点上立水准尺，在前、后视距离大致相等的位置安置水准仪，先读取后尺、前尺黑面中丝读数 a_1、b_1，再读取后尺、前尺红面中丝读数 a_2、b_2，计算高差 $h_1 = a_1 - b_1$，$h_2 = a_2 - b_2$。若两次观测高差之差符合限差要求，取平均值作为观测高差。

2. 两次仪器高法

如图 4-16（b）所示，可以用单面水准尺，分别以不同的仪器高安置仪器两次，分别读取后视、前视中丝读数 a_1、b_1 和 a_2、b_2，计算两次观测高差 $h_1 = a_1 - b_1$，$h_2 = a_2 - b_2$。若两次观测高差之差符合限差要求，取平均值作为观测高差。

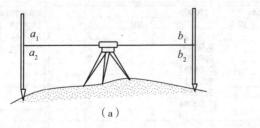
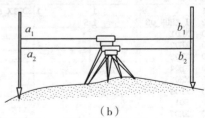

（a）　　　　　　　　　　　（b）

图 4-16　单站水准测量

4.3.2　连续水准测量

若待测高差两点之间距离比较远，或高差比较大，或无法通视，一测站无法测出两点间高差，需要进行连续水准测量。如图 4-17 所示，若 A 点为已知高程点，B 点为待测高程点，连续设置若干测站，完成各测站高差测量，计算各站高差之和作为两点间观测高差。

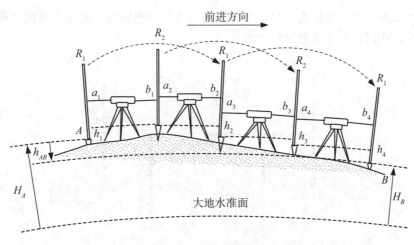

图 4-17　连续水准测量

观测及计算：

①已知点 A 上立水准尺 R_1（注意已知点不放尺垫），选择合适的位置立水准尺 R_2，尺垫踩实，尺子立于尺垫凸起处，扶直。水准仪安置在前、后视距大致等距的位置，粗平、瞄准、读数，分别测得后视读数 a_1 和前视读数 b_1，进行记录，若限差合格，第一站测完；

②水准尺 R_2 不动，水准尺 R_1 移向前，选择合适位置，同时将仪器搬往第二站，分别测得后视读数 a_2 和前视读数 b_2，第二站测完。依次向前，直到 R_1 或 R_2 放在 B 点上（不放尺垫），全部测完。一般要求整条路线测站总数为偶数。

③若整条路线有 n 测站，计算 A 点到 B 点高差：

$$h_{AB} = (a_1 - b_1) + (a_2 - b_2) + \cdots + (a_n - b_n) = \sum_1^n a_i - \sum_1^n b_i \tag{4-5}$$

式中，n 为测站数，图 4-17 中 $n = 4$。

④为了检核及提高观测高差精度，进行往返测量，往返观测高差符合限差要求，取高差平均数。

在连续水准测量中，中间的立尺点称为转点，其作用是传递高程，一定不要移动相邻两站之间的尺垫，各站测量数据才能保持连续。

4.3.3　面水准测量

如场地平整，需要测出同一后视点与多个前视点的高差，可以进行面水准测量。如图

4-18 所示，A 点高程已知，需要测出地表面上若干点的高程，即以 A 为后视点，把所有待测点作为前视点，安置好水准仪，瞄准 A 尺，获取后视读数 a，然后，依次瞄准前视点，分别获取读数 b_1，b_2，$\cdots$，b_n(图 4-18 中 $n=6$)。

首先计算视线高程：

$$H = H_A + a \tag{4-6}$$

然后计算各点前视高程：

$$H_i = H - b_i \tag{4-7}$$

在面水准测量中，仪器安置尽量照顾到所有点的前视距离，但是不可能严格按照前后视距离相等，所以，面水准测量精度较低。

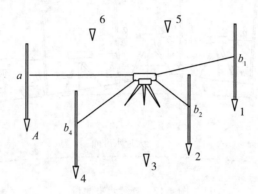

图 4-18　面水准测量

4.4　水准测量误差分析

4.4.1　水准仪与水准尺的误差

1. 仪器视准轴误差

在高差观测时，如果视准轴不严格水平，视线与水平线有一小角度，该角在竖直面上投影称为 i 角，带来读数误差。

如图 4-19 所示，受 i 角影响，A 尺读数误差为 x_1，B 尺读数误差为 x_2，若 A 尺视距为 s_1，B 尺视距为 s_2，则

$$\begin{cases} x_1 = \dfrac{i}{\rho} s_1 \\ x_2 = \dfrac{i}{\rho} s_2 \end{cases} \tag{4-8}$$

i 角带来的读数误差与视距成正比，视距越长，读数误差越大。两点实测高差

$$h'_{AB} = (a + x_1) - (b + x_2) = (a - b) + (x_1 - x_2) = h_{AB} + \Delta h_{AB}$$

顾及式(4-8)，高差测量误差

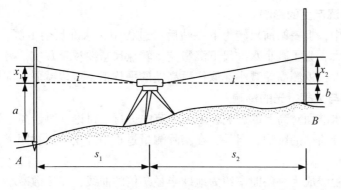

图 4-19 i 角误差对高差测量的影响

$$\Delta h_{AB} = \frac{i}{\rho}(s_1 - s_2) \tag{4-9}$$

高差测量误差与视距差成正比，对于一测站，若前后视距相等，可以消除 i 角误差对高差测量的影响，若连续水准测量，可以通过前、后视距和相等来消除 i 角误差影响。

自动安平水准仪通过补偿器使视线水平，补偿器误差会带来视准轴误差，需要对补偿器误差进行检验校正。

2. 水准尺误差

水准尺误差主要包含尺长误差、刻划误差和零点差，精密的水准测量要采用精密水准尺，各项误差比较小。另外，可以通过在同一测段内，两根水准尺交替使用，且把每测段测站数控制为偶数，能够减弱或抵消水准尺误差的影响。

4.4.2 观测误差

1. 调焦产生的误差

物镜调焦会使调焦透镜产生非直线移动而改变视线位置，产生调焦误差，这项误差可以通过前、后视距相等减弱或消除，一般后视调焦之后前视不必重新调焦。

2. 读数误差

读数误差主要与十字丝横丝的粗细、望远镜放大率及视线长度等因素有关，作业时应认真执行有关规范对不同等级水准测量仪器的规定。

3. 水准尺倾斜产生的误差

水准尺倾斜，读数增大，视线越高，倾角越大，影响越大。所以，水准尺要尽量扶直，若尺上有水准器，气泡必须居中，必要时可用摇尺法读取最小的读数。

4.4.3 外界环境影响

1. 仪器下沉产生的影响

如仪器安置在比较松软的土质中而脚架没有踩实，在观测过程中仪器会下沉，使读数偏小，解决的办法是按照一定顺序进行读数，如"后、前、前、后"的观测程序，取两次高差的平均值作为最后观测值，可消除或减弱仪器下沉的影响。

2. 水准尺下沉产生的影响

在转站过程中，上一站前尺转为下一站后尺过程中，水准尺会下沉，后视读数增大，计算的高差也增大，为了减小水准尺下沉影响，转点尺垫要尽量踩实。另外，采取往返观测，往测高差增大，返测高差减小，取往返高差的平均值，可以减弱水准尺下沉的影响。

3. 地球曲率与大气折光的影响

水平面代替水准面对高差的影响在 1.4.3 节中进行了讨论，对于高程测量而言，任何时候都要考虑地球曲率的影响，但是，在实际测量过程中采用前后视距离大致相等予以减弱或消除。

大气折光使视线成为一条曲率约为地球半径 7 倍的曲线，使读数减小，视线离地面越近，折射越大，因此，视线距离地面的高度不应小于 0.3m，此外，应选择有利的时间，上午 10 时至下午 4 时这段时间大气比较稳定，便于消除大气折光的影响，但要避开中午，因为尺像会有跳动，影响读数。大气折光的影响可以通过前后视距离相等予以减弱或消除。

4.5 水准仪的检验与校正

根据高差测量要求，水准仪必须提供一条水平视线，要求几何结构必须满足一定的精度要求，所以在使用之前需要进行检验与校正。

4.5.1 圆水准器轴检验校正

检验：安置水准仪，转动脚螺旋，使圆水准器气泡居中，将仪器绕竖轴旋转 180°，如果气泡居中，说明圆水准器轴平行于仪器竖轴，如果气泡偏移，说明圆水准器轴不平行于仪器竖轴，需要校正。

校正：气泡在一个方向居中后，仪器旋转 180° 有偏移，根据气泡偏移量，调整脚螺旋使气泡回移一半，拨动圆水准器校正螺钉使气泡居中。然后，重新用脚螺旋整平圆水准器，再将仪器绕竖轴旋转 180°，反复进行检验校正，直到完全满足要求，旋紧水准器固定螺钉。

4.5.2 十字丝横丝检验校正

检验：安置水准仪，调整圆水准气泡居中，用望远镜十字丝横丝一端瞄准远处某点（背景反差清晰），制动螺旋旋紧，转动微动螺旋，随着望远镜左右转动，如果十字丝横丝离开目标点，如图 4-20(a)所示 P 点，说明十字丝横丝不垂直仪器纵轴，需要校正。

校正：打开十字丝分划板，如图 4-20(b)所示，松开固定螺丝，调整十字丝位置，使横丝水平，竖丝垂直，固定好螺丝，旋紧目镜盖。

4.5.3 自动安平补偿器的检查

如果补偿器的补偿性能正常，在补偿范围内，无论视线上、下、左、右倾斜都可获得

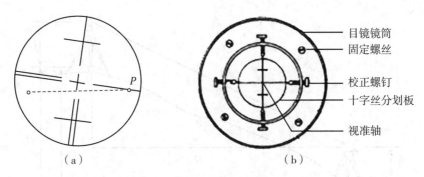

（a）

（b）

图 4-20 十字丝横丝检验校正

水平视线读数，测得的高差为正确高差；如果补偿器性能不正常，视线倾斜测得的高差将与正确的高差有明显的差异。

①在较平坦的地面上，将仪器安置在 A、B 两点连线中点上，并使 AB 连线与脚螺旋 1 和脚螺旋 2 连线垂直，用圆水准器将仪器置平，测出 A、B 两点间的高差 h_{AB}，此值作为正确高差；

②升高第 3 个脚螺旋，测出 A、B 两点间的高差 h_{AB1}；降低第 3 个脚螺旋，测出 A、B 两点间的高差 h_{AB2}；

③升高第 3 个脚螺旋，使圆水准器气泡居中，升高第 1 个脚螺旋，测出 A、B 两点间的高差 h_{AB3}；降低第 1 个脚螺旋，测出 A、B 两点间的高差 h_{AB4}；

④比较 4 个高差观测值，对于普通水准测量，其互差应小于 5mm。若经反复检验发现补偿器失灵，则应送工厂或检修车间修理。

注意，无论上、下、左、右倾斜，四次倾斜的角度尽量相同，一般取补偿器所能补偿的最大角度。

4.6 三角高程测量

4.6.1 三角高程测量原理

若测量地球表面上两点 A、B 间的高差，如图 4-21 所示，在 A 点安置全站仪，B 点安置棱镜，测得两点间倾斜距离 S，垂直角 α，A 点仪器高度 i，B 点目标高 l，则 A、B 两点间水平距离 $D = S\cos\alpha$，A 点到 B 点高差 h_{AB}：

$$h_{AB} = D\tan\alpha + i - l \tag{4-10}$$

若 A 点高程已知，则可计算 B 点高程。

4.6.2 三角高程测量误差分析

三角高程测量的主要误差来源为地球曲率与大气折光的影响。

水准测量时，前、后视距相等可以抵消地球曲率对高差测量的影响，三角高程测量

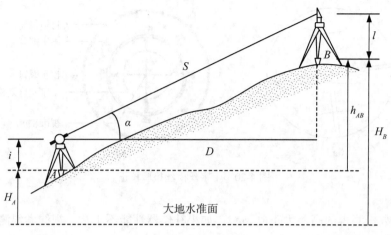

图 4-21 三角高程测量原理

时，将仪器安置在两点等距处分别观测前后视高差，也可消除地球曲率的影响，但三角高程测量不易实现双向观测，一般是单向观测，必须考虑地球曲率对高差的影响。

视线从高密度向低密度穿过空气介质，折射角总是大于入射角，使视线成为一条向上凸起的曲线，使得所测高差偏大，视线从低密度向高密度穿过大气层时，影响正好相反，使得所测高差偏小，所以，采用往返观测高差，取平均值可以抵消大气折光的影响。但是，单向观测必须对观测高差进行大气折光改正，由于大气折光对高差测量的影响无法用精准的函数模型描述，实践中采用经验值进行改正。

如图 4-22 所示，A 点设站，观测 B 点，地球曲率对观测高差的影响为 C_1，大气折光对观测高差的影响为 C_2，则高差

$$h_{AB} = D\tan\alpha + i - l + C_1 - C_2 \qquad (4\text{-}11)$$

根据 1.4 节，地球曲率影响的改正

$$C_1 = \frac{D^2}{2R} \qquad (4\text{-}12)$$

设大气折光导致视线的曲率是地球曲率的 k 倍，则大气折光影响的改正

$$C_2 = -k\frac{D^2}{2R} \qquad (4\text{-}13)$$

式中，k 为大气折光系数，受温度、植被等很多自然因素影响，变化范围在 $0.08 \sim 0.20$ 之间，一般近似地取 0.14。在三角高程测量中，将上述两项影响称为"球气差"，两项改正称为"两差改正"，计算公式

$$C = (1 - k)\frac{D^2}{2R} \qquad (4\text{-}14)$$

如果在短时间内进行对向观测，则可认为 C 值相同，取平均数，抵消球气差的影响。如果远距离三角高程测量，要顾及距离归算至参考椭球面。

根据分析，边长在 400m 以内，大气折光影响不是主要的，只要在最佳时刻测距和观

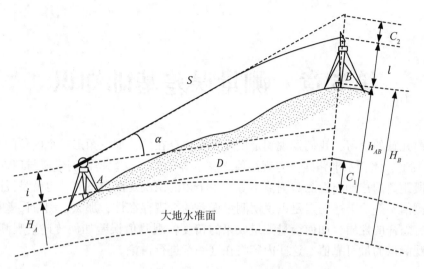

图 4-22　地球曲率与大气折光对高差测量影响

测垂直角，采用合适的照准标志，精确地量取仪器高和目标高，达到毫米级的精度是可能的。实践证明，如测角中误差 $m_\alpha \leq \pm 2.0''$，边长在 2km 范围内，光电测距三角高程测量完全可以替代四等水准测量。

复习思考题

1. 高差测量的方法有哪几种？各适合什么情况？
2. 水准测量的原理是什么？画图说明。
3. 若 $h_{AB} > 0$，后视读数大还是前视读数大？哪点高？
4. 水准仪主要组成部件有哪些？
5. 自动安平水准仪的工作原理是什么？
6. 尺垫的作用是什么？
7. 一测站水准测量操作步骤是怎样的？
8. 双面水准尺可以直接读取几位数？同一测站黑面高差和红面高差相等吗？
9. 电子水准仪与自动安平光学水准仪比较，有什么特点？
10. 何为转点？转点作用是什么？
11. 水准测量误差的来源主要有哪些方面？如何减弱或消除？
12. 水准仪检验校正内容主要有哪些？如何进行？
13. 三角高程测量的原理是什么？画图说明。
14. 三角高程测量的主要误差来源是什么？如何减弱或消除？

第5章 测量误差基础知识

通过前几章的学习，我们发现测量误差是客观存在的，如三角形三个内角的观测值之和不等于180°，闭合水准路线高差观测值之和不等于零，也就是说测量值与理论值不等；另外，一段距离的往测与返测观测值不等，一个角的两次观测值不等，也就是说同一量的不同次观测值不等。上述两点足以说明测量误差的客观存在性，那么，测量误差是如何产生的？具有怎样的性质？如何衡量测量成果的精度？观测值误差如何传递给观测值函数？如何计算观测量的最可靠值？这些内容将在这一章进行讨论。

5.1 测量误差

5.1.1 测量误差来源

分析测量数据的获取过程，误差主要来源三方面。

1. 仪器方面

测量数据必须凭借仪器及配套的工具获取，由于任何测量仪器和工具都不尽完善，观测值的精度会受到一定程度限制。目前，精度比较好的全站仪一测回方向观测中误差为0.5″，每公里距离观测中误差为1.0mm；精度比较好水准仪每公里往返观测高差中误差为0.5mm。虽然随着科学技术发展，测量仪器与工具会不断地趋于完善，但是总会存在一定的误差。

2. 观测者方面

人的视觉识别能力有限，人眼能分辨最小距离是0.1mm，仪器安置、瞄准、读数等操作都会带来一定的误差，影响观测数据的精度。另外，观测者对业务是否熟练、能否按规范操作仪器、能否以认真的态度对待工作，都不可避免地影响观测精度，给观测成果带来一定程度的影响。

3. 外界环境方面

观测工作是在一定的外界环境下完成的，日照、折光、气压、风力等气象因素都会影响到观测精度，例如，大气折光会影响瞄准视线的方向，气压、温度会影响测距过程中电磁波的传播速度等。另外，GPS测量信号会受到电磁场干扰、建筑物的遮挡等。

在测量工作中，把仪器、观测者、外界环境三方面称为观测条件，并认为观测条件相同情况下获取的观测数据是等精度观测数据，否则，认为是不等精度观测数据。

5.1.2 测量误差分类

根据误差的性质，测量误差分为系统误差和偶然误差两类。

1. 系统误差

在相同的观测条件下，对某一个量进行一系列观测，观测值的误差在大小、符号上都相同或呈现出一定的变化规律，这种误差称为系统误差。例如，水平角测量的 $2C$ 误差、电磁波测距固定误差和比例误差、钢尺量距的尺长误差、高差测量的 i 角误差、三角高程测量中地球曲率与大气折光带来的误差等，系统误差主要由于测量仪器或工具的限制、外界环境中客观因素的影响所产生。系统误差对观测成果影响很大，但是系统误差规律性很强。

2. 偶然误差

在相同的观测条件下，对某一个量进行一系列观测，观测值的误差在大小、符号上没有什么规律性，具有偶然性，这种误差称为偶然误差。例如，瞄准误差、读数误差、对中误差等，偶然误差主要因为观测者的主观因素和外界环境不确定因素影响所产生。偶然误差表面上看没有什么规律性，但是大量偶然误差具有统计规律性。

3. 粗差

在测量工作中，由于观测员的粗心大意或意外重大因素干扰，会导致观测成果含有远大于测量误差的错误，即粗差，如瞄错目标、读错数等。系统误差、偶然误差都是不可避免的，但是，粗差必须尽量避免。

5.1.3 测量误差处理

观测数据可能同时含有系统误差、偶然误差及粗差，也可能只含有其中一种或两种，当某种误差的影响占主导，观测误差总体呈现某种误差性质。在测量工作中，根据测量误差性质，分别采用不同的处理方法。

多余观测是提高测量成果质量和可靠性的必要手段。在测量工作中，为了获取某量必须进行的观测称为必要观测，多于必要观测的观测称为多余观测，如一段待测距离，测1次可以得到其长度，必要观测数是1，观测2次，多余观测数是1，观测4次，多余观测数是3。通过多余观测可以发现系统误差规律性和粗差，还可以通过多余观测计算只含有偶然误差观测值的最可靠值。

1. 粗差处理

多余观测可以发现大的粗差，直接剔除。另外，在测量工作中，无论外业和内业都要遵守行业规范，规范对不同的作业方案有限差要求，各项限差都是依据误差理论确定的（见5.3.3节），超过限差的观测值认为含有粗差。对于上述方法未被发现的较小的粗差，可以根据粗差探测理论，通过假设检验，在一定的置信度下，把含有粗差的观测值剔除掉。随着测量数据的多元化，研究粗差识别和剔除理论也在不断深化。

2. 系统误差处理

通过多余观测及长期工作经验，可以发现系统误差的规律性，然后采用科学的方法进行处理，包括观测手段和计算方法等。例如，角度测量中的视准轴误差可以通过测回法观测予以消除，水准测量中的 i 角误差可以通过前、后视距相等的手段予以消除；尺长误差可以通过加尺长改正数方法予以消除，电磁波测距误差可以通过设置加常数、乘常数、温度、气压等参数进行改正。对于无法控制的系统误差，可以通过建立数学模型，将系统误差设为参数，将其解算出来。

3. 偶然误差处理

经过粗差和系统误差处理的观测值，偶然误差占主导，观测误差整体呈现出偶然性。偶然误差是离散型随机变量，在相同的观测条件下，大量偶然误差近似地服从标准正态分布，在足够的多余观测条件下，根据几何条件建立函数模型，根据观测条件建立随机模型，在一定准则下，通过优化理论计算待求量的最可靠值。对于单一变量，在相同的观测条件下，算术平均值为最可靠值，在不同观测条件下，加权平均值为最可靠值，对于多观测量的复杂测量模型，在最小二乘准则下，能够获得观测量和未知参数的最优无偏估计量。

偶然误差是测量误差理论研究的重点，本章主要讨论只含有偶然误差的独立观测值的统计特性、精度衡量、传播规律及最可靠值的计算。其他有关内容可参考测量平差与数据处理有关书籍。

5.2　偶然误差特性

5.2.1　偶然误差分布的统计规律性

被观测量客观上存在一个真值，观测值与真值之差为测量误差，一般设某量的真值为 $\tilde{x}$，对该量进行 n 次观测，得观测值 x_1, x_2, $\cdots$, x_n，测量误差分别为：

$$\Delta_i = \tilde{x} - x_i \qquad\qquad (5\text{-}1)$$

测量误差 Δ_i 也称为"真误差"。

观测值的真误差一般无法求得，只能间接获取。例如，三角形内角和理论值为 $180°$，通过观测三个内角，能够计算内角和的真误差，下面通过一组实验数据分析只含有偶然误差真误差的特性。

在相同的观测条件下，对 358 个三角形全部内角（α_i, β_i, γ_i）进行了观测，实验数据（来自文献[1]）见表 5-1，计算三角形内角和真误差，即三角形闭合差

$$\Delta_i = 180° - (\alpha_i + \beta_i + \gamma_i) \qquad\qquad (5\text{-}2)$$

根据误差情况，以 $3''$ 为真误差 Δ 的采样间隔，按照正误差、负误差、误差绝对值分别统计不同误差区间内观测误差分布的频数、频率，进一步分析，得出在该观测条件下三角形闭合差分布规律：

①绝对值大于一定数值（$24''$）的误差出现频率为 0；

②在绝对值相等的正负误差区间，正误差与负误差出现的频率接近；

③绝对值小的误差出现频率大，绝对值大的误差出现频率小；

④当 $n \to \infty$ 时，误差之和趋近于 0，即

$$\lim_{n\to\infty} \frac{\Delta_1 + \Delta_2 + \cdots + \Delta_n}{n} = \lim_{n\to\infty} \frac{[\Delta]}{n} = 0 \qquad (5-3)$$

表 5-1   偶然误差统计表

误差区间	负误差		正误差		误差绝对值	
$d\Delta''$	k	k/n	k	k/n	k	k/n
0~3	45	0.126	46	0.128	91	0.254
3~6	40	0.112	41	0.115	81	0.226
6~9	33	0.092	33	0.092	66	0.184
9~12	23	0.064	21	0.059	44	0.123
12~15	17	0.047	16	0.045	33	0.092
15~18	13	0.036	13	0.036	26	0.073
18~21	6	0.017	5	0.014	11	0.031
21~24	4	0.011	2	0.006	6	0.017
24 以上	0	0	0	0	0	0
$\sum$	181	0.505	177	0.495	358	1.000

  为了直观形象地表达误差分布情况，以误差为横轴，以误差相对频数与误差区间间隔的比值为纵轴绘出直方图，如图 5-1 所示，每个误差区间所在的矩形面积为出现在该区间误差的相对频数（频率），所有矩形面积之和为 1。若误差区间 Δ 逐渐缩小，直方图边缘趋近于一条曲线，称为误差分布曲线，实践证明，如观测值数量无限增大，误差区间逐渐减小，误差分布曲线趋于正态分布曲线。

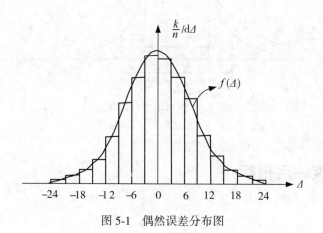

图 5-1 偶然误差分布图

5.2.2 偶然误差分布的数量特征

  理论上，在相同观测条件下，当观测次数无限增多（$n\to\infty$），偶然误差服从正态分

布。正态分布概率密度函数为:

$$f(\Delta) = \frac{1}{\sqrt{2\pi}\,\sigma} e^{-\frac{\Delta^2}{2\sigma^2}} \tag{5-4}$$

式中, σ 为"标准差", σ^2 为"方差"。

由于偶然误差为离散型随机变量, 方差计算公式为:

$$\sigma^2 = \lim_{n \to \infty} \frac{\Delta_1^2 + \Delta_2^2 + \cdots + \Delta_n^2}{n} = \lim_{n \to \infty} \frac{[\Delta^2]}{n} \tag{5-5}$$

标准差计算公式

$$\sigma = \lim_{n \to \infty} \sqrt{\frac{[\Delta^2]}{n}} = \lim_{n \to \infty} \sqrt{\frac{[\Delta\Delta]}{n}} \tag{5-6}$$

正态分布曲线拐点横坐标为 $\pm\sigma$, σ 决定误差分布曲线的形状, 表征误差分布的离散程度。如图 5-2 所示, 分别绘出标准差为 σ_1、σ_2 两条误差分布曲线($\sigma_1 > \sigma_2$), 不难发现: 标准差越小, 误差分布曲线越陡峭, 误差分布越集中, 小误差比较多, 观测值精度比较好; 标准差越大, 误差分布曲线越平缓, 误差分布越离散, 大误差比较多, 观测值精度比较差。所以, 一组只含有偶然误差的观测值精度可以通过误差分布曲线定性地描述, 标准差可以作为衡量观测值精度的定量指标。

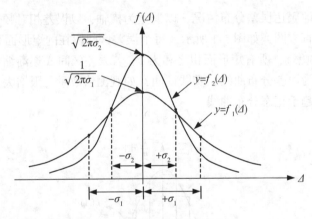

图 5-2　偶然误差分布曲线

5.3　测量精度评定指标

5.3.1　中误差

根据统计学原理, 采用标准差作为评定只含有偶然误差观测值精度的指标。标准差 σ 具有 $n \to \infty$ 时的理论意义, 而测量工作中观测次数总是有限的, 计算结果都是估值 $\hat{\sigma}$, 根据测绘工作习惯, 称标准差 σ 为中误差, 作为精度评定指标, 估算公式

$$\hat{\sigma} = \sqrt{\frac{\Delta_1^2 + \Delta_2^2 + \cdots + \Delta_n^2}{n}} = \sqrt{\frac{[\Delta\Delta]}{n}} \tag{5-7}$$

式中，$[\Delta\Delta]$ 为真误差自乘求和。

中误差是衡量观测值整体(母体)的精度指标，不是某个观测值的精度指标，是观测条件的表征。中误差比较小，观测条件比较好，观测精度比较高；反之，中误差比较大，观测条件比较差，观测精度比较低。

5.3.2 相对中误差

相对中误差(简称相对误差)是观测值的中误差(绝对值)与观测值的比值，化成分子为 1 的形式。

$$\frac{\sigma_X}{X} = \frac{1}{T} \tag{5-8}$$

在测量工作中，对于某些量，只用中误差不足以反映观测精度高低，需要采用相对中误差作为评定指标。例如，100m 的测距中误差为 ±1cm，500m 的测距中误差为 ±2cm，哪个观测精度高？我们知道，距离测量的误差与距离正相关，中误差不足以衡量相对精度高低，采用相对误差作为评定指标。上例中前者测距的相对误差为 1∶10000，后者测距的相对误差为 1∶25000，后者精度高于前者。如果用中误差评定测距精度，前者高于后者，不符合实际。另外，相对中误差也适合面积测量的精度评定。

5.3.3 极限误差

为了控制含有粗差的观测值对计算成果的影响，以极限误差作为指标衡量观测误差是否超限。根据统计学原理，正态分布的概率分布为：

$$p(|\Delta| < k\sigma) = \int_{-\infty}^{+\infty} \frac{1}{\sqrt{2\pi}\,\sigma} e^{-\frac{\Delta^2}{2\sigma^2}} d\Delta \tag{5-9}$$

不难得到下面结论：

$$p(|\Delta| < \sigma) = 0.6826 = 68.26\%$$
$$p(|\Delta| < 2\sigma) = 0.9545 = 95.45\%$$
$$p(|\Delta| < 3\sigma) = 0.9973 = 99.73\%$$

由此看出，大于 2 倍标准差的误差出现的概率只有 4.5%，大于 3 倍标准差的误差出现的概率只有 0.3%，实际工作中，一般以 2 倍或 3 倍中误差作为极限误差，也称为允许误差。大于极限误差的误差认为是粗差。

5.4 偶然误差传播律

实际工作中，直接观测值(角度、距离、高差等)往往并不是实际需要的数据，测量的目的在于取得点位坐标、高程、面积等，这些量都是直接观测值的函数，那么，直接观测值的误差如何传递给观测值函数？这就是偶然误差传播律要研究的内容。在本书中，我们只讨论观测量相互独立情况，若观测量统计相关，就要应用到协方差传播律，需参考误差理论与测量平差有关书籍。

5.4.1　倍数函数的中误差

设倍数函数

$$z = k \cdot x \tag{5-10}$$

式中，x 为观测量，z 为观测量函数，k 为常数。由于观测量含有真误差 Δx，导致观测量函数含有真误差 Δz，即

$$z + \Delta z = k(x + \Delta x)$$

展开，整理

$$\Delta z = k \cdot \Delta x$$

若对观测量进行 n 次观测，设观测向量 $\boldsymbol{x} = (x_1, x_2, \cdots, x_n)^{\mathrm{T}}$，则有

$$\Delta z_i = k \cdot \Delta x_i$$

根据方差定义，两边自乘求和，并除以 n，即

$$\frac{[\Delta z \Delta z]}{n} = k^2 \frac{[\Delta x \Delta x]}{n}$$

顾及式(5-7)，方差

$$\sigma_z^2 = k^2 \sigma_x^2 \tag{5-11}$$

中误差

$$\hat{\sigma}_z = k \sigma_x \tag{5-12}$$

算例 5-1：在比例尺为 1∶1000 的地形图上量取两点间距离 $d = 57.4$mm，图上量距中误差为±0.2mm，计算实地水平距离 D 及其中误差。

解算：实地水平距离 D 是图上观测值 d 的倍数函数

$$D = 1000d$$

水平距离

$$D = 1000 \times 57.4\text{mm} = 57.4\text{m}$$

中误差

$$\hat{\sigma}_D = 1000 \times 0.2\text{mm} = 0.2\text{m}$$

5.4.2　和或差函数的中误差

设和或差函数为：

$$z = k_1 x \pm k_2 y \tag{5-13}$$

式中，x、y 为观测量，z 为观测量函数，k_1、k_2 为常数。观测量真误差 Δx、Δy 导致观测量函数真误差 Δz，即

$$z + \Delta z = k_1(x + \Delta x) \pm k_2(y + \Delta y)$$

展开，整理

$$\Delta z = k_1 \Delta x \pm k_2 \Delta y$$

若 $\boldsymbol{x} = (x_1, x_2, \cdots, x_n)^T$，$\boldsymbol{y} = (y_1, y_2, \cdots, y_n)^T$，则有

$$\Delta z_i = k_1 \Delta x_i \pm k_2 \Delta y_i$$

两边自乘求和，并除以 n，即

$$\frac{[\Delta z \Delta z]}{n} = k_1^2 \frac{[\Delta x \Delta x]}{n} \pm 2 k_1 k_2 \frac{[\Delta x \Delta y]}{n} + k_2^2 \frac{[\Delta y \Delta y]}{n}$$

根据偶然误差性质

$$\frac{[\Delta x \Delta y]}{n} \approx 0$$

方差

$$\sigma_z^2 = k_1^2 \sigma_x^2 + k_2^2 \sigma_y^2 \tag{5-14}$$

中误差

$$\hat{\sigma}_z = \sqrt{k_1^2 \sigma_x^2 + k_2^2 \sigma_y^2} \tag{5-15}$$

算例 5-2：长方形边长测量值及其中误差 $a = 50\text{m} \pm 2\text{cm}$，$b = 26\text{m} \pm 1\text{cm}$，计算长方形周长 l 及中误差。

解算：长方形周长 l 是观测边长 a、b 的和函数

$$l = 2a + 2b$$

周长

$$l = 2 \times (50 + 26) = 152\text{m}$$

中误差

$$\hat{\sigma}_l = \sqrt{2^2 \times 2^2 + 2^2 \times 1^2} = 4.5(\text{cm})$$

5.4.3 线性函数的中误差

设线性函数

$$z = k_1 x_1 \pm k_2 x_2 \pm \cdots \pm k_n x_n \tag{5-16}$$

式中，x_1，x_2，$\cdots$，x_n 为观测量，z 为观测量函数，k_1，k_2，$\cdots$，k_n 为常数。观测量真误差分别为 Δx_1，Δx_2，$\cdots$，Δx_n，导致观测量函数真误差 Δz，即

$$z + \Delta z = k_1(x_1 + \Delta x_1) \pm k_2(x_2 + \Delta x_2) \pm \cdots \pm k_n(x_n + \Delta x_n)$$

展开，整理

$$\Delta z = k_1 \Delta x_1 \pm k_2 \Delta x_2 \pm \cdots \pm k_n \Delta x_n$$

若观测向量 $x_i = (x_{i1}, x_{i2}, \cdots x_{in})^{\mathrm{T}}$，则有

$$\Delta z_i = k_1 \Delta x_{i1} \pm k_2 \Delta x_{i2} \pm \cdots \pm k_n \Delta x_{in}$$

两边自乘求和，并除以 n，约掉互乘项，即

$$\frac{[\Delta z \Delta z]}{n} = k_1^2 \frac{[\Delta x_1 \Delta x_1]}{n} + k_2^2 \frac{[\Delta x_2 \Delta x_2]}{n} + \cdots + k_n^2 \frac{[\Delta x_n \Delta x_n]}{n}$$

顾及式(5-7)，方差

$$\sigma_z^2 = k_1^2 \sigma_{x_1}^2 + k_2^2 \sigma_{x_2}^2 + \cdots + k_n^2 \sigma_{x_n}^2 \tag{5-17}$$

中误差，

$$\hat{\sigma}_Z = \sqrt{k_1^2 \sigma_{x_1}^2 + k_2^2 \sigma_{x_2}^2 + \cdots + k_n^2 \sigma_{x_n}^2} \tag{5-18}$$

算例 5-3：闭合水准路线观测高差分别为 h_1，h_2，$\cdots$，h_n，其中误差分别为 σ_{h_1}，σ_{h_2}，$\cdots$，σ_{h_n}，计算高差闭合差 w 中误差。

解算：高差闭合差 w 是高差观测量线性函数

$$w = h_1 + h_2 + \cdots + h_n$$

高差闭合差 w 中误差

$$\sigma_w = \sqrt{\sigma_{h_1}^2 + \sigma_{h_2}^2 + \cdots + \sigma_{h_n}^2}$$

5.4.4　一般函数的中误差

若待求量为观测量的非线性函数

$$z = f(x) = f(x_1, x_2, \cdots, x_n) \tag{5-19}$$

函数线性化，两边微分，取一次项

$$\mathrm{d}z = \frac{\partial f}{\partial x_1}\mathrm{d}x_1 + \frac{\partial f}{\partial x_2}\mathrm{d}x_2 + \cdots + \frac{\partial f}{\partial x_n}\mathrm{d}x_n$$

代入观测值，得

$$\Delta z = \frac{\partial f}{\partial x_1}\Delta x_1 + \frac{\partial f}{\partial x_2}\Delta x_2 + \cdots + \frac{\partial f}{\partial x_n}\Delta x_n$$

根据线性函数传播规律，方差

$$\sigma_z^2 = \left(\frac{\partial f}{\partial x_1}\right)^2 \sigma_{x_1}^2 + \left(\frac{\partial f}{\partial x_2}\right)^2 \sigma_{x_2}^2 + \cdots + \left(\frac{\partial f}{\partial x_n}\right)^2 \sigma_{x_n}^2 \tag{5-20}$$

中误差

$$\hat{\sigma}_z = \sqrt{\left(\frac{\partial f}{\partial x_1}\right)^2 \sigma_{x_1}^2 + \left(\frac{\partial f}{\partial x_2}\right)^2 \sigma_{x_2}^2 + \cdots + \left(\frac{\partial f}{\partial x_n}\right)^2 \sigma_{x_n}^2} \tag{5-21}$$

任何函数都可作为一般函数，根据偶然误差传播律，中误差的计算步骤如下：

①根据题意列出待求量与观测量的函数关系式；

②函数线性化；

③按线性函数误差传播律计算待求量中误差。

算例 5-4：求算例 5-2 中长方形面积 S 的中误差。

解算：长方形面积 S 是观测边长 a、b 非线性函数

$$S = a \cdot b$$

线性化，得

$$\mathrm{d}S = a \cdot \mathrm{d}b + b \cdot \mathrm{d}a$$

计算面积中误差，

$$\hat{\sigma}_S = \sqrt{(50\times100)^2\times1^2 + (26\times100)^2\times2^2} = 7214(\mathrm{cm}^2) = 0.7214(\mathrm{m}^2)$$

算例 5-5：扇形半径测量值及中误差 $R = 20\mathrm{m} \pm 2\mathrm{cm}$，圆心角测量值及中误差 $\theta = 45° \pm 5''$，计算扇形面积 P 的中误差。

解算：扇形面积 P 是观测边长 R 和圆心角 θ 的非线性函数

$$P = \frac{1}{2}R^2 \cdot \theta$$

线性化，得

$$dP = \frac{1}{2} R^2 \cdot d\theta + R \cdot \theta \cdot dR$$

式中，θ 取弧度单位。则面积中误差为：

$$\hat{\sigma}_P = \sqrt{\left(\frac{1}{2} \times 20^2 \times \frac{5''}{180 \times 60 \times 60''} \times \pi\right)^2 + \left(20 \times \frac{45°}{180°} \times \pi \times \frac{2}{100}\right)^2} = 0.3140(\mathrm{m}^2)$$

算例 5-6：如图 5-3 所示，A、B 两点之间水平距离 D 和方位角 α 的观测中误差分别为 σ_D 和 σ_α，推导坐标增量中误差计算公式。

解算：坐标增量为观测值非线性函数

$$\begin{cases} \Delta x = D \cdot \cos\alpha \\ \Delta y = D \cdot \sin\alpha \end{cases}$$

线性化，得

$$\begin{cases} d\Delta x = \cos\alpha dD - D\sin\alpha \dfrac{d\alpha}{\rho} \\[2mm] d\Delta y = \sin\alpha dD + D\cos\alpha \dfrac{d\alpha}{\rho} \end{cases}$$

根据误差传播定律，

$$\begin{cases} \sigma_{\Delta x} = \sqrt{(\cos\alpha \cdot \sigma_D)^2 + \left(D \cdot \sin\alpha \cdot \dfrac{\sigma_\alpha}{\rho}\right)^2} = \sqrt{(\cos\alpha \cdot \sigma_D)^2 + \left(\Delta y \cdot \dfrac{\sigma_\alpha}{\rho}\right)^2} \\[4mm] \sigma_{\Delta y} = \sqrt{(\sin\alpha \cdot \sigma_D)^2 + \left(D \cdot \cos\alpha \cdot \dfrac{\sigma_\alpha}{\rho}\right)^2} = \sqrt{(\sin\alpha \cdot \sigma_D)^2 + \left(\Delta x \cdot \dfrac{\sigma_\alpha}{\rho}\right)^2} \end{cases}$$

令

$$f = \sqrt{\sigma_{\Delta x}^2 + \sigma_{\Delta y}^2}$$

则

$$f = \sqrt{\sigma_D^2 + \left(D \cdot \dfrac{\sigma_\alpha}{\rho}\right)^2} \tag{5-22}$$

一般称 f 为两点间相对点位误差，几何理解：由于存在距离测量误差 σ_D 和方位角测量误差 σ_α，导致 B 点相对 A 点存在相对误差 f，f 可以沿坐标轴平行方向分解为纵坐标增量误差 $\sigma_{\Delta x}$ 和横坐标增量误差 $\sigma_{\Delta y}$。

点位相对误差也可以分解为距离方向的纵向误差 σ_t 和垂直距离方向的横向误差 σ_u，纵向误差 σ_t 主要受距离误差 σ_D 影响，横向误差 σ_u 主要受方位角误差 σ_α 影响，点位相对误差还可以表达为：

$$f = \sqrt{\sigma_t^2 + \sigma_u^2} \tag{5-23}$$

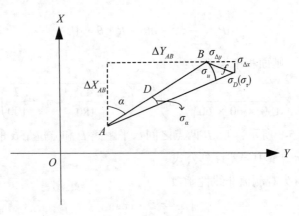

图 5-3　点位相对误差

5.5　观测值的最可靠值及其中误差

5.5.1　等精度观测值的最可靠值及其中误差

1. 算术平均值

在相同的观测条件下，对某一量进行 n 次观测，观测值为 $x_i(i=1,2,\cdots,n)$，其算术平均值为：

$$\bar{x} = \frac{x_1 + x_2 + \cdots + x_n}{n} = \frac{1}{n}x_1 + \frac{1}{n}x_2 + \cdots + \frac{1}{n}x_n \tag{5-24}$$

取其算术平均值作为该量的最可靠值。

2. 算术平均值作为观测量最可靠值的依据

真误差

$$\Delta_i = \tilde{x} - x_i$$

两边求和除以 n，得

$$\frac{[\Delta]}{n} = \tilde{x} - \frac{[x]}{n}$$

当 $n \to \infty$ 时，根据偶然误差特性

$$\lim_{n \to \infty} \frac{[\Delta]}{n} = 0$$

即

$$\tilde{x} = \lim_{n \to \infty} \frac{[x]}{n} \approx \frac{[x]}{n} = \bar{x}$$

3. 算术平均值中误差

算术平均值 $\bar{x}$ 为观测量的线性函数，根据线性函数误差传播规律

$$\sigma_{\bar{x}} = \pm \sqrt{\left(\frac{1}{n}\right)^2 \sigma_{x_1}^2 + \left(\frac{1}{n}\right)^2 \sigma_{x_2}^2 + \cdots + \left(\frac{1}{n}\right)^2 \sigma_{x_n}^2}$$

在相同观测条件下，$\sigma_{x_1} = \sigma_{x_2} = \cdots = \sigma_{x_n} = \sigma_x$，上式简化为：

$$\sigma_{\bar{x}} = \frac{\sigma_x}{\sqrt{n}} \tag{5-25}$$

算例 5-7：等精度观测某段距离，5 次观测值分别为 80.023m、80.019m、80.036m、80.017m、80.030m，一次观测值中误差 $\sigma = 1.2$cm，计算该段距离观测值的算术平均值及相对中误差。

解算：根据式(5-23)，算术平均值为：

$$\bar{x} = \frac{1}{5}(80.023 + 80.019 + 80.036 + 80.017 + 80.030) = 80.025\text{m}$$

根据式(5-25)，算术平均值中误差为：

$$\hat{\sigma}_{\bar{x}} = \frac{1.2}{\sqrt{5}} = 0.53\text{cm}$$

根据式(5-8)，得观测值相对中误差

$$\frac{1}{T} = \frac{0.53}{80.025 \times 100} \approx \frac{1}{15099}$$

5.5.2 不等精度观测值的最可靠值及其中误差

1. 权

在测量工作中，对于不同观测条件下获取的观测量，用"权"作为表征观测值相对精度指标，观测量的精度好，权大，观测量精度差，权小。权(p)的定义式为：

$$p_i = \frac{C}{\sigma_i^2} \tag{5-26}$$

式中，C 为任意正数，σ_i 为观测量中误差。权等于 1 的中误差称为单位权中误差(σ_0)，即 $C = \sigma_0^2$，权等于 1 的观测量称为单位权观测量，所以，权与中误差关系也可以表达为：

$$p_i = \frac{\sigma_0^2}{\sigma_i^2} \tag{5-27}$$

该式为实用定权公式，理论上 σ_0^2 可以任意取值，实际上取值总是与实际观测量相关的精度指标，可以方便计算。当观测值权已知，便可用式(5-28)计算观测值中误差

$$\sigma_i = \sigma_0 \sqrt{\frac{1}{p_i}} \tag{5-28}$$

算例 5-8：设一测站高差观测值为单位权观测值，那么 n 测站高差观测值的权为多少？

解算：由算例 5-3 可知，

$$\sigma_n^2 = \sigma_0^2 + \sigma_0^2 + \cdots + \sigma_0^2 = n\sigma_0^2$$

根据定权公式

$$p_n = \frac{\sigma_0^2}{\sigma_n^2} = \frac{1}{n}$$

一般认为相同观测条件下，每测站高差观测值中误差是相同的，以每测站观测值为单位权观测值。地势平坦地区，每公里测站数大致相等，以每公里观测值为单位权观测值，n 公里观测值的权为 $1/n$。

同理，在钢尺量距中，若设每尺段观测值为单位权观测值，则 n 尺段距离观测值的权为 $1/n$。

算例 5-9：设一测回方向观测值权为 1，则一测回水平角观测值的权是多少？三测回水平角观测值的权是多少？

解算：设方向观测值为 L，一测回水平角观测值

$$\beta = L_{右} - L_{左}$$

根据误差传播定律

$$\sigma_\beta^2 = \sigma_0^2 + \sigma_0^2 = 2\sigma_0^2$$

根据式(5-27)，一测回水平角观测值的权为：

$$p_\beta = \frac{\sigma_0^2}{\sigma_\beta^2} = \frac{1}{2}$$

三测回角度观测值的权为：

$$\bar{p}_\beta = \frac{\sigma_0^2}{\left(\frac{1}{\sqrt{3}}\sigma_\beta\right)^2} = \frac{3}{2}$$

2. 带权平均值

在不同的观测条件下，对某一量进行 n 次观测，观测向量为 $\boldsymbol{x} = (x_1, x_2, \cdots, x_n)^T$，观测向量的权为 $\boldsymbol{p} = (p_1, p_2, \cdots, p_n)^T$，该量的带权平均值

$$\bar{x} = \frac{p_1 x_1 + p_2 x_2 + \cdots + p_n x_n}{p_1 + p_2 + \cdots + p_n} = \frac{p_1}{[p]}x_1 + \frac{p_2}{[p]}x_2 + \cdots + \frac{p_n}{[p]}x_n \tag{5-29}$$

取其带权平均值(也称加权平均值)作为该量的最可靠值。

3. 带权平均值中误差

设中误差为 $\boldsymbol{\sigma} = (\sigma_{x_1}, \sigma_{x_2}, \cdots, \sigma_{x_n})^T$，带权平均值为观测量的线性函数，根据线性函数误差传播律

$$\boldsymbol{\sigma}_{\bar{x}} = \pm \sqrt{\left(\frac{p_1}{[p]}\right)^2 \sigma_{x_1}^2 + \left(\frac{p_2}{[p]}\right)^2 \sigma_{x_2}^2 + \cdots + \left(\frac{p_n}{[p]}\right)^2 \sigma_{x_2}^2}$$

顾及

$$\sigma_{x_i}^2 = \frac{\sigma_0^2}{p_i}$$

整理

$$\sigma_{\bar{x}} = \frac{\sigma_0}{\sqrt{[p]}} \tag{5-30}$$

算例 5-10：如图 5-4 所示，分别从已知点 M、N 测量 O 点高程，已知高程 $H_M = 219.349\mathrm{m}$，$H_N = 220.010\mathrm{m}$；高差观测值 $h_1 = 2.343\mathrm{m}$，$h_2 = 1.676\mathrm{m}$；距离 $S_1 = 2.1\mathrm{km}$，$S_2 = $

1.5km。设每公里观测高差为单位权观测，中误差为$\sigma_0 = 3.0$mm，计算 O 点高程带权平均值及其中误差。

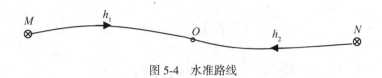

图 5-4 水准路线

解算：测段观测高差 h_1、h_2 为直接观测值的和函数，根据误差传播定律

$$\sigma_{h_1} = \sqrt{S_1}\,\sigma_0 \quad \sigma_{h_2} = \sqrt{S_2}\,\sigma_0$$

根据式(5-27)，h_1、h_2 的权为：

$$P_1 = \frac{\sigma_0^2}{\sigma_{h_1}^2} = \frac{\sigma_0^2}{\left(\sqrt{S_1}\,\sigma_0\right)^2} = \frac{1}{S_1} = 0.48 \quad P_2 = \frac{\sigma_0^2}{\sigma_{h_2}^2} = \frac{\sigma_0^2}{\left(\sqrt{S_2}\,\sigma_0\right)^2} = \frac{1}{S_2} = 0.67$$

根据式(5-29)，O 点高程带权平均值为：

$$H_O = \frac{P_1 \cdot (H_M + h_1) + P_2 \cdot (H_N + h_2)}{P_1 + P_2}$$

$$= \frac{0.48 \times (219.349 + 2.343) + 0.67 \times (220.010 + 1.676)}{0.48 + 0.67} = 221.688(\text{m})$$

根据式(5-30)，O 点高程带权平均值中误差为：

$$\hat{\sigma}_{H_O} = \frac{3.0}{\sqrt{0.48 + 0.67}} = 2.8(\text{mm})$$

5.6 用改正数计算观测值中误差

观测量真误差一般无法获得，用真误差计算观测量中误差无法实现，那么实际工作中如何计算观测值中误差呢？下面给出用改正数计算中误差的公式，并给予证明。

5.6.1 改正数

改正数 v 为观测值最可靠值与观测值之差，即

$$v_i = \hat{x} - x_i \tag{5-31}$$

式中，$\hat{x}$ 为观测值最可靠值，等精度观测为算术平均值，不等精度观测为带权平均值。

5.6.2 用改正数计算等精度观测值的中误差

计算公式

$$\hat{\sigma} = \sqrt{\frac{[vv]}{n-1}} \tag{5-32}$$

证明如下：

观测值真误差

$$\Delta_i = \tilde{x} - x_i$$

顾及

$$v_i = \hat{x} - x_i$$

则

$$\Delta_i = \tilde{x} - (\hat{x} - v_i) = v_i + (\tilde{x} - \bar{x})$$

两边自乘求和，得

$$[\Delta\Delta] = [vv] + n\,(\tilde{x} - \bar{x})^2 + 2(\tilde{x} - \bar{x})[v]$$

由于

$$[v] = [\bar{x} - x_i] = n\bar{x} - [x_i] = 0$$

所以

$$[\Delta\Delta] = [vv] + n\,(\tilde{x} - \bar{x})^2$$

又因为

$$(\tilde{x} - \bar{x})^2 = \left(\tilde{x} - \frac{[x]}{n}\right)^2 = \frac{1}{n^2}\,(n\tilde{x} - [x])^2$$

$$= \frac{1}{n^2}\,((\tilde{x} - x_1) + (\tilde{x} - x_2) + \cdots + (\tilde{x} - x_n))^2$$

$$= \frac{1}{n^2}\,(\Delta_1 + \Delta_2 + \cdots + \Delta_n)^2$$

$$\approx \frac{1}{n^2}[\Delta\Delta]$$

所以

$$[\Delta\Delta] = [vv] + \frac{[\Delta\Delta]}{n}$$

变形，得

$$\frac{[\Delta\Delta]}{n} = \frac{[vv]}{n-1}$$

根据中误差定义

$$\hat{\sigma} = \sqrt{\frac{[\Delta\Delta]}{n}} = \sqrt{\frac{[vv]}{n-1}}$$

算例 5-11：在相同观测条件下，测得某角度观测值分别为 45°00′06″、44°59′55″、44°59′58″、45°00′04″、45°00′03″、45°00′04″、45°00′00″、44°59′58″、44°59′59″、44°59′59″、45°00′06″、45°00′03″，计算该角度的最可靠值、观测值的中误差、最可靠值的中误差。

解算：根据式(5-23)，该角度的最可靠值为：

$$\bar{x} = 45°00′00″ + \frac{6″ - 5″ - 2″ + 4″ + 3″ + 4″ + 0″ - 2″ - 1″ - 1″ + 6″ + 3″}{12}$$

$$= 45°00'01''$$

根据式(5-32)，得观测值中误差

$$\hat{\sigma} = \sqrt{(5)^2 + 6^2 + 3^2 + 3^2 + 2^2 + 3^2 + 1^2 + 3^2 + 2^2 + 2^2 + 5^2 + 2^2)/(12 - 1)}$$

$$= 3.5''$$

根据式(5-25)，得最可靠值中误差

$$\hat{\sigma}_{\bar{x}} = \frac{3.5}{\sqrt{12}} = 1.0''$$

5.6.3 用改正数计算不等精度观测值的中误差

在具有多余观测的情况下，单位权中误差计算公式

$$\hat{\sigma}_0 = \sqrt{\frac{[pvv]}{n - 1}} \tag{5-33}$$

再根据式(5-28)计算观测值中误差。

算例5-12：在算例5-10中，若每公里观测高差中误差 σ_0 未知，其他条件不变，计算 O 点高程的带权平均值中误差。

解算：观测值改正数计算

$$v_{h_1} = H_0 - (H_M + h_1) = 221.688 - (219.349 + 2.343) = -4(\text{mm})$$

$$v_{h_2} = H_0 - (H_N + h_2) = 221.688 - (220.010 + 1.676) = 2(\text{mm})$$

单位权中误差

$$\hat{\sigma}_0 = \sqrt{\frac{[pvv]}{n - 1}} = \sqrt{\frac{0.48 \times (-4)^2 + 0.67 \times 2^2}{2 - 1}} = 3.2(\text{mm})$$

O 点高程带权平均值中误差

$$\hat{\sigma} = \frac{\hat{\sigma}_0}{\sqrt{[p]}} = \frac{3.2}{\sqrt{0.48 + 0.67}} = 3.0(\text{mm})$$

5.7 测量平差准则——最小二乘原理

在具有多余观测的情况下，观测值及其函数值不唯一，通过测量平差计算取得最优值。测量平差就是测量数据调整，依据某种优化准则，求解观测值及其函数的最优估值。当观测量只含有偶然误差的情况下，在最小二乘准则下求得的观测值平差值及其函数值为最优无偏估计，即平差值等于期望，而且方差最小。

设观测值向量为 $\boldsymbol{x} = (x_1, x_2, \cdots, x_n)^T$，权 $\boldsymbol{p} = (p_1, p_2, \cdots, p_n)^T$，改正数 $\boldsymbol{v} = (v_1, v_2 \cdots v_n)^T$，则最小二乘准则表达为：

$$\boldsymbol{v}^T \boldsymbol{P} \boldsymbol{v} = \min \tag{5-34}$$

对于单变量不等精度观测

$$[\boldsymbol{pvv}] = [\boldsymbol{p}(\hat{x} - x_i)^2] = \min$$

为求极值，函数两边微分

$$\frac{\mathrm{d}[\boldsymbol{pvv}]}{\mathrm{d}\hat{x}} = 2[\boldsymbol{p}(\hat{x} - x_i)] = 0$$

即

$$[\boldsymbol{p}(\hat{x} - x_i)] = [\boldsymbol{p}]\hat{x} - [\boldsymbol{px}] = 0$$

$$\hat{x} = \frac{[\boldsymbol{px}]}{[\boldsymbol{p}]} \tag{5-35}$$

观测值的估值为带权平均值。在等精度观测情况下，即 $p_1 = p_2 = \cdots = p_n$，则

$$\hat{x} = \frac{[\boldsymbol{x}]}{n} \tag{5-36}$$

观测量的估值为算术平均值。

无论多变量还是单变量，在最小二乘准则下求得估值都为最优无偏估计。其他更深入的内容参考测绘数据处理有关书籍。

复习思考题

1. 为什么说观测误差是客观存在的？

2. 观测误差的来源有哪几个方面？举例说明。

3. 根据误差性质，观测误差分为哪几类？各有什么特点？在测量工作中如何处理？

4. 什么是多余观测？为什么要进行多余观测？

5. 在相同观测条件下，大量偶然误差具有统计规律性，统计规律性的内容包括哪几个方面？

6. 用中误差评定只含有偶然误差观测值精度的依据是什么？

7. 相对误差是如何定义的？主要用于哪些观测量的精度评定？

8. 定义极限误差的意义是什么？

9. 偶然误差传播定律的研究内容是什么？

10. 圆的半径测量值及其中误差 $r = 20\mathrm{m} \pm 3\mathrm{cm}$，计算圆的周长及其中误差。

11. 三角形两个内角观测值分别为 $\alpha = 56° \pm 5''$，$\beta = 72° \pm 6''$，计算第三个内角 γ 及其中误差。

12. 矩形边长测量值及其中误差 $m = 102.693\mathrm{m} \pm 0.100\mathrm{m}$，$n = 85.270\mathrm{m} \pm 0.050\mathrm{m}$，计算矩形面积及其中误差。

13. 三角形面积公式 $S = \frac{1}{2}ab\sin\theta$，其中 $a = 40.503\mathrm{m} \pm 0.050\mathrm{m}$，$b = 63.250\mathrm{m} \pm 0.080\mathrm{m}$，$\theta = 36° \pm 1'$，计算三角形面积及其中误差。

14. 何谓等精度观测，如何计算等精度观测值的最可靠值？

15. 在相同观测条件下，对某段距离进行 12 次观测，观测值分别为 50.360m、50.361m、50.363m、50.364m、50.359m、50.358m、50.362m、50.360m、50.357m、50.364m、50.356m、50.360m，计算该段距离最可靠值及其中误差。

16. 何谓权？权有何实用意义？

17. 何谓不等精度观测，如何计算不等精度观测值的最可靠值？

18. 分别从三个已知点测量待定高程点 P 的高程，距离分别为 2.5km、3.0km、2km，以每公里高差观测为单位权观测，单位权中误差为 3.0mm，计算 P 点高程中误差。

19. 观测值中误差计算方法有几种？分别在什么情况下使用？

20. 测量平差的准则是什么？算术平均值、带权平均值符合最小二乘准则吗？

第6章　小区域控制测量

6.1　概述

控制测量是在地面上尽量均匀地布设一系列有控制作用的点(控制点),将控制点构成一定的几何网形(控制网),用相应的测量手段测量控制点之间的几何要素(距离、角度、高差),用一定的计算方法计算出控制点的空间位置(坐标、高程)的一系列工作。控制测量的作用是为较低等级测量工作提供测绘基准,控制测量误差累积,其原则是"从整体到局部,从高级到低级,分层控制,逐级加密"。高等级控制点精度高,密度小,控制范围大;低等级控制点精度低,密度大,控制面积小。

控制测量分为国家控制测量和小区域控制测量,国家控制测量在全国范围内进行,其目的是建立国家大地控制网,为全国各级测绘工作提供统一基准。小区域控制测量是针对具体工程建设需要进行的控制测量,为测图或工程施工服务。无论国家控制测量还是小区域控制测量,提供平面控制点的测量工作称为平面控制测量,提供高程控制点的测量工作称为高程控制测量。

6.1.1　控制测量方法

1. 平面控制测量方法

根据控制点构网形式及数据处理方法不同,平面控制测量方法有三角测量、导线测量、交会测量、全球导航卫星定位系统(GNSS)测量。

三角测量是将控制点(三角点)以三角形连接成锁状或网状,对三角形内角或边长进行观测,在起算数据足够的情况下,计算出控制点坐标。三角网的网形结构好,检核条件多,但是要求通视条件多,而且已知点要尽量分布均匀。

导线测量是将相邻控制点(导线点)连接成折线走向的图形(导线),测量所有边长和转折角,在起算数据足够情况下,计算出控制点坐标。为了扩大控制面积,增强控制网强度,可以构建有若干节点的导线网。导线布设形式灵活,只要求相邻点通视,尤其适用建筑物密集、带状地区及视线障碍较多的隐蔽地区,是城市控制测量首选。导线测量有关内容详见6.3节。

交会测量是通过两个已知点交会出一个待定点(交会点),已知点与交会点构成三角形,通过测量三角形的内角或边长,计算出交会点的坐标。若有三个以上已知控制点,可以在未知点设站,观测已知点,获得各方向的方向值,通过一定方法计算交会点坐标。交会测量精度比较低,一般用于隐蔽地区的局部控制点加密。交会测量详见6.4节。

GNSS 控制测量包括绝对定位测量和相对定位测量，相对定位测量是在不同测站采用两台或两台以上接收机同步跟踪相同的卫星信号，以载波相位测量方法确定多台接收机（多个测站点）的相对位置（三维坐标差）。控制网中如有已知控制点，根据测定的三维坐标差，通过平差计算可求得待定控制点的坐标。相对定位测量精度高，主要用于国家大地控制网建立，也可用于地壳运动研究、变形监测及精密工程测量。绝对定位是用一台接收机进行定位的模式，用伪距测量或载波相位测量的方法确定接收机天线的绝对坐标。导航型接收机经校正后精度可达到米级，测量型接收机定位精度可达到厘米级。绝对定位观测速度快、构网简单、检核条件少，主要用于控制网加密及图根控制测量。GNSS 测量详见 6.6 节。

2. 高程控制测量方法

高程控制测量方法主要是水准测量，水准测量是将相邻高程控制点（水准点）连接成线状走向的图形，测量相邻控制点之间的高差，在起算数据足够情况下，计算出所有待定控制点高程，为了扩大控制面积，增强控制网强度，可以使用含有若干节点水准网。

对于地面高低起伏较大的地区，在精度允许的情况下，可以采用三角高程测量方法。三角高程测量的基本思想是根据观测两点间垂直角和水平距离，计算两点之间的高差，这种方法受地形条件的限制较少。高程控制测量详见 6.5 节。

6.1.2 国家控制测量

1. 国家平面控制测量

国家大地控制网目前有天文大地控制网和 GNSS 控制网两种形式。

国家天文大地网根据精度分为一、二、三、四等，如图 6-1 所示，一等控制网精度最高，构网形式主要为三角锁，大致沿经纬线方向布设，形成间距约 200km 的格网，三角形的平均边长约 20km，在青藏高原困难地区，采用一等导线代替，全国一等导线全长 10000km，一等控制网是国家平面控制网的骨干。在一等三角锁的锁环内填充二等三角网，三角形平均边长约 13km，是国家平面控制网的全面基础。在一、二等控制网的控制下，采用三角测量或导线测量加密三、四等控制点，用于小区域首级控制测量的起算数据。

国家基础地理信息中心提供全国天文大地控制点数据，含三角点、导线点共 48000 多个，分别有 1954 年北京坐标系、1980 西安坐标系、2000 国家大地坐标系三套坐标。

GNSS 控制网有 A、B、C、D、E 五个等级，A 级网由 20 多个点组成，主要分布在全国各大城市，为 B 级网布设提供精确的骨干框架，奠定了现代地壳运动及地球动力学研究的基础。B 级网加密到 800 多个，是国家地心坐标全面控制基础。"十二五"期间，国家现代测绘基准体系基础设施建设一期工程建设 360 个 GNSS 连续运行基准站和 4500 个卫星大地控制点，进一步丰富国家大地控制网点。我国从 20 世纪 80 年代开始构建国家 GNSS 控制网，将逐步代替原有的国家天文大地控制网。

2. 国家高程控制测量

国家高程控制测量按精度分一、二、三、四等，一等水准路线沿着国家主要交通干道和河流布设，是国家高程控制网的骨干，为全国高程控制测量提供统一高程基准，也为研

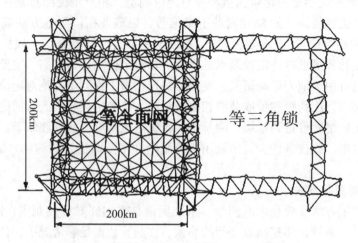

图 6-1　国家天文大地控制网(一、二等网)

究大地水准面及地球的形状和大小提供依据。在一等水准路线控制下加密二等水准网,形成国家高程控制的全面基础,同时用于地面沉降观测及精密工程测量的起算数据。三、四等水准网用于小区域高程测量的首级控制,作为图根高程控制测量的起算数据。目前国家高程控制网成果为"1985 国家高程基准",国家基础地理信息中心提供使用的是 1991 年完成的国家二期一、二级水准网和 1998 年完成的国家二期一等水准网复测水准路线,长度约为 31.5×10^4 km。"十二五"期间,国家现代测绘基准体系基础设施建设一期工程完成 12.2×10^4 km 一等水准观测。

6.1.3　小区域控制测量

　　小区域控制测量的作用是为测图或工程建设提供一定范围内统一控制基准,满足工程建设不同阶段对测绘质量(精度、可靠性)、进度(速度)和费用等方面要求,目的在于控制全局、提供基准和控制测量误差累积。小区域控制网一般在国家控制网下加密,或以国家控制点为起算数据建立控制网,以便统一坐标系统。若测区内无已知控制点可利用,可采用天文测量方法建立起算数据,在个别情况下,也可采用假定的起算数据。

　　测图控制测量包括平面控制测量和高程控制测量,目的在于为细部点测量提供足够的已知点,控制误差累积,保证图面内容的精度和相邻图幅的拼接。对于平面控制测量,首级控制网多采用 GPS 网、导线网,以国家控制点作为已知数据;图根控制网可采用单一导线、RTK,隐蔽地区可采用交会测量。高程控制测量采用水准测量或电磁波测距三角高程测量。

　　施工控制测量根据工程总平面设计和地形条件进行,平面控制测量多采用 GPS 测量,对于精度要求较高的工程,可采用地面边角测量与 GPS 测量混合方式。高程控制测量首级采用二等或三等水准测量,加密采用四等水准测量。地形变化较大地区(如水利枢纽所在地),平面控制测量与高程控制测量分开进行,对于地势平坦地区(如工业场地),平面控制点可以兼做高程控制点。施工控制测量的坐标系一般与施工坐标系一致,投影面一般与测区平均高程面一致，施工控制网要与国家控制点连测。

6.1.4 控制测量数据处理

控制测量的成果是控制点的空间位置(平面坐标和高程)，控制网必须具备足够的起算数据和观测数据，才能计算得到控制点的坐标或高程，因为观测数据确定控制点的相对位置，起算数据确定控制点的绝对位置。

起算数据是控制网中已知高等级控制点的坐标或高程，对于高程网，必要的起算数据是1个点的高程；对于二维平面网，测角网的必要起算数据是4个，即2个已知点的坐标或1个已知点的坐标、1个已知边长和1个已知方位；测边网和边角网必要起算数据是3个，即1个已知点的坐标和1个已知方位。对于三维网，无约束三维网必要起算数3个，即1个点的三维坐标；约束三维网必要的起算数据是7个，即1个点的三维坐标、3个旋转参数和1个尺度参数。

观测数据包括必要观测数据和多余观测数据，必要观测数据是唯一确定控制网几何模型所需的必要元素，但是必要观测数据之间不存在确定函数关系，无法建立数学模型。多余观测数据可以提高测量成果质量和可靠性，是建立数学模型求解最可靠值的必要手段，控制网必须进行多余观测。

在控制网数据处理过程中，首先根据起算数据和观测数据之间的几何关系，列出函数模型，可能是线性方程，也可能是非线性方程，非线性方程要应用泰勒级数线性化。然后根据观测方案列出观测数据的随机模型，随机模型是观测值协方差(或协因数)矩阵。由于多余观测数据的存在，数学模型(函数模型和随机模型)没有唯一解，在一定的准则(如最小二乘准则)下求最优解。有关内容参考测绘专业有关教材，在本教材中只介绍控制网近似平差计算方法。近似平差计算是在满足测量限差的条件下，通过调整控制网的各项闭合差，对观测值进行改正，用改正后的观测值计算未知点的坐标和高程，获得相对优化的计算结果。

6.2 直线定向

确定直线与标准方向之间的相对位置关系，称为直线定向。在控制网数据处理过程中，需要根据已知边的方向确定观测边的方向，才能计算出未知点坐标。

6.2.1 标准方向

测量工作中常用标准方向有：

真北方向：真子午线切线的北方向，过某点真北方向可以通过天文测量方法获取，也可以通过陀螺经纬仪测定或 GNSS 测定。

磁北方向：磁针自由静止时的北方向，过某点磁北方向可以通过罗盘仪测定。

坐标北方向：平行坐标纵轴的北方向，过某点坐标北方向可以通过方向测设方法得到。

在测量工作中，一般称三种标准方向为"三北方向"，在地球表面同一点上，三北方向一般不会重合，而且相对位置关系随着点位不同而变化。如图 6-2 所示，磁北方向与真北方向的夹角为磁偏角（δ），磁北方向东偏为正，西偏为负，我国磁偏角变化范围在 $-10° \sim 6°$ 之间。坐标北方向与真北方向的夹角为子午线收敛角（γ），坐标北方向东偏为正，西偏为负。磁北方向与坐标北方向的夹角为磁坐偏角，磁北方向东偏为正，西偏为负。在梯形分幅地形图上，东西图廓为真子午线；南北图廓分别标有磁南、磁北标志点，连线为磁子午线；图廓内绘有直角坐标网。在矩形分幅地形图上，图廓为直角坐标线，图廓内绘直角坐标网。大于 1∶10 万地形图上，三北方向关系图绘在图廓下，标注的角度为图幅范围内平均值，可用于地形图定向。

6.2.2　方位角

在测量工作中，常用方位角表示直线的方向。

从某直线起点的标准北方向顺时针到该直线的水平角为该直线的方位角，取值范围为 $0° \sim 360°$。对应三种标准北方向便有三种方位角，如图 6-2 所示，直线 MN 的真方位角 A_{MN}、磁方位角 A'_{MN}、坐标方位角 α_{MN}，三种方位角可以互相换算。

在三种方位角中，坐标方位角最常使用。如图 6-3 所示，直线 AB 的方位角 α_{AB}，在 A 点画北方向线，直线 BA 的方位角 α_{BA}，在 B 点画北方向线，换算关系如下：

$$\alpha_{BA} = \alpha_{AB} \pm 180° \tag{6-1}$$

当 α_{AB} 小于 180° 时，取"+"，当 α_{AB} 大于 180° 时，取"−"，若 α_{AB} 称正方位角，则 α_{BA} 称反方位角。注意真方位角、磁方位角不存在如此关系。

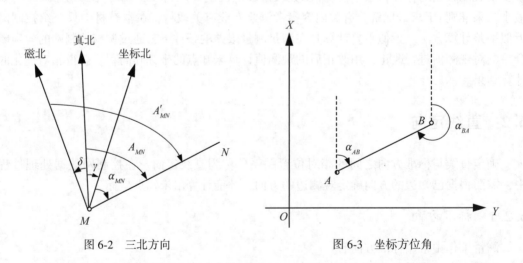

图 6-2　三北方向　　　　　　　　　　图 6-3　坐标方位角

6.2.3　象限角

象限角（R）也可以表示直线的方向，某直线与坐标纵轴（北端或南端）之间小于 90° 的水平角为该直线的象限角，取值范围 $0° \sim 90°$，Ⅰ、Ⅲ象限取正值，Ⅱ、Ⅳ象限取负值，如图 6-4 所示，OA 位于第Ⅰ象限，称为北偏东，R_{OA} 为正；OB 位于第Ⅱ象限，称为南偏东，R_{OB} 为负；OC 位于第Ⅲ象限，称为南偏西，R_{OC} 为正；OD 位于第Ⅳ象限，称为北偏西，R_{OD} 为负。

若 A、B 两点坐标分别为（X_A，Y_A），（X_B，Y_B），象限角计算

$$R_{AB} = \arctan \frac{Y_B - Y_A}{X_B - X_A} \tag{6-2}$$

根据方位角定义，不难得到方位角与象限角换算关系：第Ⅰ象限 $\alpha = R$；第Ⅱ象限 $\alpha = 180° + R$；第Ⅲ象限 $\alpha = 180° + R$；第Ⅳ象限 $\alpha = 360° + R$。

6.2.4 坐标正、反算

在测量数据处理过程中，经常会用到坐标正算和坐标反算。

1. 坐标正算

如图 6-5 所示，已知 A 点坐标（X_A，Y_A）、坐标方位角 α_{AB} 及水平距离 S_{AB}，计算 B 点坐标（X_B，Y_B）。

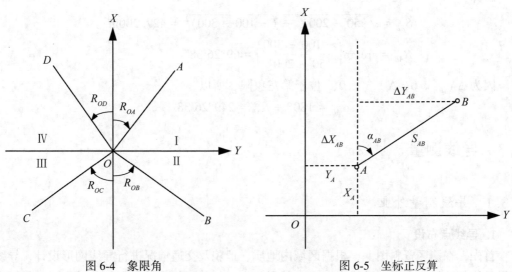

图 6-4 象限角   图 6-5 坐标正反算

计算坐标增量：

$$\begin{cases} \Delta X_{AB} = S_{AB}\cos \alpha_{AB} \\ \Delta Y_{AB} = S_{AB}\sin \alpha_{AB} \end{cases} \tag{6-3}$$

计算 B 点坐标：

$$\begin{cases} X_B = X_A + \Delta X_{AB} \\ Y_B = Y_A + \Delta Y_{AB} \end{cases} \tag{6-4}$$

2. 坐标反算

如图 6-5 所示，已知 A 点坐标（X_A，Y_A）和 B 点坐标（X_B，Y_B），计算坐标方位角 α_{AB} 及水平距离 S_{AB}。

计算距离：

$$S_{AB} = \sqrt{(X_B - X_A)^2 + (Y_B - Y_A)^2}$$

计算象限角：

$$R_{AB} = \arctan\left(\frac{Y_B - Y_A}{X_B - X_A}\right)$$

根据坐标增量判断象限角所在象限：

$\Delta X_{AB} > 0$, $\Delta Y_{AB} > 0$, 第 I 象限;

$\Delta X_{AB} < 0$, $\Delta Y_{AB} > 0$, 第 II 象限;

$\Delta X_{AB} < 0$, $\Delta Y_{AB} < 0$, 第 III 象限;

$\Delta X_{AB} > 0$, $\Delta Y_{AB} < 0$, 第 IV 象限;

然后根据方位角与象限角的关系计算方位角。

算例 6-1：已知 A 点坐标(200m, 300m)和 B 点坐标(50m, -100m)，计算坐标方位角 α_{AB} 及水平距离 S_{AB}。

解算：

$$S_{AB} = \sqrt{(50 - 200)^2 + (-100 - 300)^2} = 427.200\text{m}$$

$$R_{AB} = \arctan\left(\frac{-100 - 300}{50 - 200}\right) = 69°26'38''$$

因为 $\Delta X_{AB} < 0$, $\Delta Y_{AB} < 0$, 位于第三象限，所以

$$\alpha_{AB} = 180° + R_{AB} = 249°26'38''$$

6.3   导线测量

6.3.1   导线测量外业

1. 导线点布设

首先，在测区资料图上，根据区域内地质、地貌及交通情况进行导线网形设计，导线点尽量均匀地控制全区，导线走向以直伸形状为最佳，相邻边长不宜相差过大，而且通视良好。然后，到实地踏勘，考察图上设计网形的可行性，注意与导线点是否通视、地表基质是否坚实、点位是否有利于保存。另外，顾及视线距障碍物的距离不宜过近(三、四等导线不小于 1.5m)，以免受旁折光影响，采用电磁波测距注意视线应避开烟囱、散热塔、散热池等发热体及强电磁场。最后，落实点位，对于需要长期保存的控制点，采用稳固、坚实、耐久的标石，如图 6-6(a)所示，适于地表疏松的土质，埋在地下，常用于农村；如图 6-6(b)所示，适于城市，用水泥浇筑在路边。需要长期保存的高等级控制点要做"点之记"，记录点位的有关信息，包括点名、位置、与附近标志性地物的相对位置等，便于以后寻找使用。临时使用的控制点可以使用木桩，打入地下，桩顶打入钢钉作为具体的点位标志。

导线网形式有单一导线和导线网两种，单一导线有附合导线(图 6-7(a))、闭合导线

（a） （b）

图 6-6 控制点标志

（图 6-7（b））和支导线（图 6-7（c））三种形式，导线网可以是单节点网（图 6-7（d）），也可以组成环形结构。附合导线是从已知点出发，经过一系列的导线点，附合到另一个已知点，其中，两端都具有已知方向的导线为双定向导线，一端有已知方向的导线为单定向导线，两端都无已知方向的导线为无定向导线。附合导线具备足够的起算数据，对观测数据有一定的检核条件，尤其双定向附合导线，检核条件最好，可用于等级控制测量。闭合导线可以理解为双定向附合导线特殊情况，两已知点重合，虽然具备足够的起算数据，但只对观测数据有检核，对起算数据无检核，尽量避免单独使用。支导线从已知点出发，不附合（或闭合）到已知点，只有起算数据，不具有检核条件，所以一般不超过三点，必要时要进行往返测量，支导线主要用于图根控制测量的局部控制点加密。导线网检核条件多，网形结构优于单一导线，一般作为测区的首级控制，布设成环形网或多边形网，至少联测二个已知方向。

2. 外业测量

导线测量一般使用全站仪，为了减弱对中误差和目标偏心误差对测角和测距的影响，全站仪导线测量采用三联脚架法。所谓三联脚架法，就是使用仪器与棱镜通用的三组基座和脚架，分别置于测站和前后两个观测点上，一测站观测结束后，测站和前视点的脚架和基座不动，仪器与棱镜对换位置，后视点脚架、基座及棱镜整体移到下一站的前视点，开始下一站测量。图根导线测量可以用花杆安上单棱镜作为目标，但是花杆尽量立直。

导线外业测量内容包括水平角测量、距离测量、垂直角测量，如果控制点需要三角高程，还要测量仪器高、觇标高。为了便于计算，一般附合导线测量左角（沿着导线前进方向左侧折角），闭合导线测量内角，都采用测回法。对于距离，测量斜距，四等及以上等级的控制网，距离要进行仪器系统改正、气象改正、曲率改正，所以必须测量气象参数（温度、气压等）。注意所测仪器高、目标高应该是点位标志中心到仪器中心、棱镜中心的垂直距离。

3. 导线测量精度要求

参考《工程测量规范》（GB 50026—2007），导线测量一般分为五个等级，三等、四等、一级、二级、三级，不同级别导线有不同作业要求（表 6-1、表 6-2）。

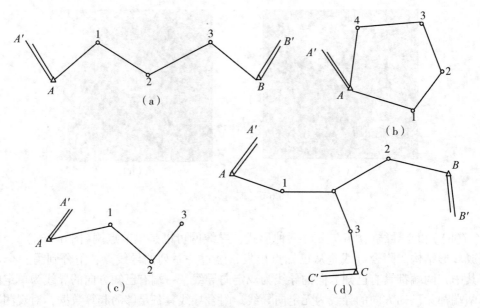

Δ 为已知点，。为新布设导线点，单线为导线边，双线为起算边。

图 6-7　导线布网形式

表 6-1　导线测量主要技术要求

等级	导线长度 （km）	平均边长 （km）	测距中误差 （mm）	测角中误差 （″）	方位角闭合差 （″）	导线全长 相对闭合差
三等	14	3	20	1.8	$3.6\sqrt{n}$	1/55000
四等	9	1.5	18	2.5	$5\sqrt{n}$	1/35000
一级	4	0.5	15	5	$10\sqrt{n}$	1/15000
二级	2.4	0.25	15	8	$16\sqrt{n}$	1/14000
三级	1.2	0.1	15	12	$24\sqrt{n}$	1/5000

注：n 为测站数。

表 6-2　图根导线主要技术要求

测图比例尺	导线全长 （m）	平均边长 （m）	导线全长 相对闭合差	测回数	方位角 闭合差
1∶500	900	80	1/4000	1	$40''\sqrt{n}$
1∶1000	1800	150			
1∶2000	3000	250			

6.3.2 导线测量内业

1. 支导线计算

支导线如图 6-8(实线)所示，A、A' 为已知点，2、3、4 为新布设导线点，β_i 为观测水平角，$S_{i(i+1)}$ 为观测距离，计算导线点坐标。

(1)方位角计算

如图 6-9 所示，若 $i-1$、i、$i+1$ 为连续三个导线点，i 点水平角观测值为 β_i，则方位角 $\alpha_{i(i+1)}$ 与方位角 $\alpha_{(i-1)i}$ 关系为：

$$\alpha_{i(i+1)} = \alpha_{(i-1)i} + 180° \pm \beta_i \tag{6-5}$$

观测值为左角，取"+"，观测值为右角，取"−"。从已知方向 α_0 开始，依次推算各边方位角。

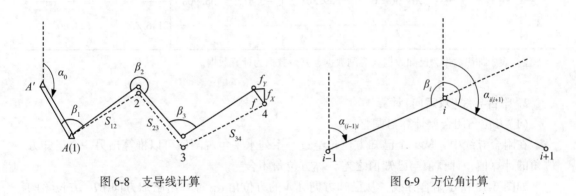

图 6-8 支导线计算　　　　　　　图 6-9 方位角计算

(2)坐标增量计算

根据坐标正算公式，从已知点 A 开始依次计算各边坐标增量

$$\begin{cases} \Delta X_{i(i+1)} = S_{i(i+1)} \cos \alpha_{i(i+1)} \\ \Delta Y_{i(i+1)} = S_{i(i+1)} \sin \alpha_{i(i+1)} \end{cases} \tag{6-6}$$

(3)坐标计算

从已知点 A 开始，依次计算导线点坐标

$$\begin{cases} X_{i+1} = X_i + \Delta X_{i(i+1)} \\ Y_{i+1} = Y_i + \Delta Y_{i(i+1)} \end{cases} \tag{6-7}$$

支导线只有必要的起算数据，没有检核条件，离已知点越远，点位误差 f 累积越大，如图 6-8(虚线)所示。在 5.4 节已讨论过，点位误差 f 可以分解为横向误差和纵向误差，横向误差主要受水平角测量误差影响，纵向误差主要受边长测量误差影响。点位误差 f 也可以沿着坐标轴平行方向分解成纵坐标误差 f_X 和横坐标误差 f_Y，对于附合导线与闭合导线，可以计算出 f_X、f_Y、f，若 f 在限差允许范围内，可以进行调整。但是，支导线无法计算各项闭合差，必要时只能进行往返观测，组成闭合导线进行计算。

算例 6-2：支导线计算，已知数据和观测数据见表 6-3，填表计算待定点坐标。

表 6-3   支导线计算表

点号	观测角度 (° ′ ″)	方位角 (° ′ ″)	观测边长 (m)	ΔX (m)	ΔY (m)	X (m)	Y (m)
A'	（左角）	**170　43　26**					
A (1)	**89　25　34**					**193.024**	**458.090**
		80　09　00	**73.302**	12.540	72.221		
2	**245　36　44**					205.564	530.311
		145　45　44	**62.890**	−51.992	35.384		
3	**130　50　21**					153.572	565.695
		96　36　05	**59.301**	−6.817	58.908		
4						146.755	624.603

注：表中加黑数据为已知数据和观测数据，其余数据为计算数据。

2. 附合导线（双定向）计算

（1）方位角闭合差计算与调整

在附合导线中，从一个已知方位角经过一系列水平角观测值可以推算出另一个已知方位角的计算值，计算值与已知值之差，称方位角闭合差。

如图 6-10 所示附合导线，从已知方向 $A'A$ 的方位角 α_0 推算出已知方向 BB' 方位角的计算值 α'_n，由于观测误差的存在，计算值 α'_n 与已知值 α_n 不一定相符，产生方位角闭合差

$$f_\alpha = \alpha'_n - \alpha_n = \alpha_0 + n \cdot 180° \pm \sum_1^n \beta_i - \alpha_n \tag{6-8}$$

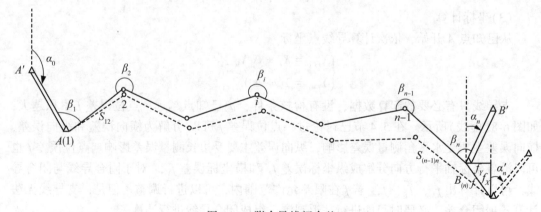

图 6-10　附合导线闭合差

若 f_α 满足限差要求，进行调整。由于方位角闭合差是水平角观测误差累积的结果，若整条导线水平角为等精度观测值，依据误差理论，方位角闭合差调整的原则是按照水平角的数量平均分配。设 n 为观测水平角总数，则改正数

$$v_\beta = -\frac{f_\alpha}{n} \tag{6-9}$$

改正后水平角

$$\hat{\beta}_i = \beta_i + v_\beta \tag{6-10}$$

从 α_0 开始，用改正后水平角计算各边方位角，最后附合到已知方位角 α_n，闭合差应该为零。

（2）坐标增量闭合差计算与调整

在附合导线中，从一个已知点的坐标经过一系列观测水平角和边长推算到另一个已知点的坐标，坐标的计算值与已知值之差，称为坐标增量闭合差。如图 6-10 附合导线，从已知点 A 的坐标（X_1，Y_1）推算出 B 点坐标计算值（X'_n，Y'_n），由于观测误差的存在，计算坐标（X'_n，Y'_n）与已知坐标（X_n，Y_n）不一定相符，产生纵、横坐标增量闭合差：

$$\begin{cases} f_X = X'_n - X_n = X_1 + \sum_1^{n-1} \Delta X_{i(i+1)} - X_n \\ f_Y = Y'_n - Y_n = Y_1 + \sum_1^{n-1} \Delta Y_{i(i+1)} - Y_n \end{cases} \tag{6-11}$$

导线闭合差

$$f = \sqrt{f_X^2 + f_Y^2} \tag{6-12}$$

取

$$\frac{1}{T} = \frac{f}{\sum_1^{n-1} S} \tag{6-13}$$

化成分母为 1 的形式，称为导线全长相对闭合差，以相对闭合差作为坐标增量闭合差是否超限的指标。

若导线相对闭合差满足限差要求，对坐标增量闭合差进行调整。由于方位角闭合差已经进行调整，认为坐标增量闭合差主要受边长测量误差的影响，根据误差理论，坐标增量闭合差调整原则是按距离成比例分配，即

$$\begin{cases} v_{\Delta X_{i(i+1)}} = -\frac{f_X}{\sum_1^{n-1} S} S_{i(i+1)} \\ v_{\Delta Y_{i(i+1)}} = -\frac{f_Y}{\sum_1^{n-1} S} S_{i(i+1)} \end{cases} \tag{6-14}$$

改正后坐标增量为：

$$\begin{cases} \Delta \hat{X}_{i(i+1)} = \Delta X_{i(i+1)} + v_{\Delta X_{i(i+1)}} \\ \Delta \hat{Y}_{i(i+1)} = \Delta Y_{i(i+1)} + v_{\Delta Y_{i(i+1)}} \end{cases} \qquad (6-15)$$

（3）导线点坐标计算

各边坐标增量调整后，从已知点开始，用式（6-7）依次计算导线坐标，最后附合到已知点，坐标增量闭合差应该为零。

单定向附合导线，只能进行坐标增量闭合差调整，然后用改正后的坐标增量计算导线点坐标。无定向附合导线（只有已知点，无已知方向）计算比较复杂，也不常用，这里不作说明。

算例 6-3：附合导线计算，已知数据和观测数据见表 6-4，填表计算导线点坐标。

表 6-4 附合导线计算表

点号	观测角度 （° ′ ″）	方位角 （° ′ ″）	观测边长 （m）	ΔX （m）	ΔY （m）	X （m）	Y （m）
A′	（右角）	225 01 23					
A （1）	−4″ **170 56 01**					**1130.253**	**−258.947**
		234 05 26	**131.258**	−0.010 −76.984	0.013 −106.312		
2	−4″ **100 11 25**					1053.259	−365.246
		313 54 05	**125.310**	−0.009 86.892	0.013 −90.290		
3	−4″ **210 23 47**					1140.142	−455.523
		283 30 22	**150.894**	−0.011 35.241	0.016 −146.721		
4	−4″ **110 25 36**					1175.372	−602.228
		353 04 50	**111.231**	−0.008 110.421	0.011 −13.400		
5	−5″ **190 51 09**					1285.785	−615.617
		342 13 46	**100.260**	−0.007 95.476	0.010 −30.600		
B （6）	−5″ **90 16 31**					**1381.254**	**−646.207**
B		71 57 20					
Σ	873 04 29		618.953	251.046	−387.323		

$f_{\beta} = -26''$ $|f_{\beta}| < f_{\beta允} = 40'' \sqrt{n} = 98''$

$f_X = 0.045\text{m}$ $f_Y = -0.063\text{m}$ $f = 0.077\text{m}$ $\dfrac{1}{T} = \dfrac{1}{8038} < \dfrac{1}{6000}$

注：表中加黑数据为已知数据和观测数据，其余数据为计算数据。

3. 闭合导线计算

（1）方位角闭合差计算与调整

如图 6-11 所示，从已知方向 $A'A$ 的方位角 α_0 经过水平角观测值推算出 AA' 计算值 α'_n，理论上 $\alpha'_n = \alpha_0 + 180°$。由于观测误差的存在，产生方位角闭合差 $f_\alpha = \alpha'_n - (\alpha_0 + 180°)$，$\alpha'_n$ 计算与附合导线计算方法相同。注意闭合导线方位角闭合差不能采用多边形内角和闭合差，因为忽略了连接角误差。

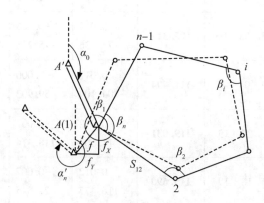

图 6-11　闭合导线闭合差

若方位角闭合差满足限差要求，进行调整，调整原则同附合导线。用改正后水平角计算各边方位角，注意逆时针推算，观测水平角为左角，顺时针推算，观测水平角为右角。

（2）坐标增量闭合差计算与调整

如图 6-11 所示闭合导线，从已知点 A 的坐标（X_1，Y_1）经过水平角观测值和边长观测值推算出 A 点坐标的计算值（X'_1，Y'_1），由于观测误差的存在，计算坐标（X'_1，Y'_1）与已知坐标（X_1，Y_1）不一定相符，产生坐标增量闭合差

$$\begin{cases} f_X = X'_1 - X_1 = \sum_1^{n-1} \Delta X_{i(i+1)} \\ f_Y = Y'_1 - Y_1 = \sum_1^{n-1} \Delta Y_{i(i+1)} \end{cases} \tag{6-16}$$

计算导线全长相对闭合差，若导线相对闭合差满足限差要求，按距离成比例对坐标增量进行调整，然后计算改正后坐标增量。

（3）导线点坐标计算

从已知点开始，依次计算导线点坐标。

算例 6-4： 闭合导线计算，已知数据和观测数据见表 6-5，填表计算导线待定点坐标。

表 6-5 　　　　　　　　　　　闭合导线计算表

点号	观测角 (° ′ ″)	方位角 (° ′ ″)	观测边长 (m)	ΔX (m)	ΔY (m)	X (m)	Y (m)
A′	（左角）	45　26　12					
A (1)	连接角　−5″ 68　45　54					498.256	78.369
		294　12　01	121.258	0.012 49.707	−0.007 −110.602		
2	−5″ 111　26　10					547.975	−32.240
		225　38　06	105.310	0.011 −73.636	−0.006 −75.286		
3	−6″ 113　23　47					474.350	−107.532
		159　01　47	111.494	0.011 −104.109	−0.006 39.902		
4	−5″ 105　25　33					370.252	−67.636
		84　27　15	119.031	0.012 11.503	−0.007 118.474		
5	−5″ 108　51　09					381.767	50.831
		13　18　19	119.690	0.012 116.477	−0.007 27.545		
A (1)	−5″ 32　07　58					498.256	78.369
		225　26　12					
A′	连接角						
∑	540　00　31		576.783	−0.058	0.033		

$f_\beta = 31″$　$|f_\beta| < f_{\beta允} = 40″\sqrt{n} = 98″$

$f_X = -0.058\text{m}$　$f_Y = 0.033\text{m}$　$f = 0.067\text{m}$　$\dfrac{1}{T} = \dfrac{1}{8608} \leqslant \dfrac{1}{6000}$

　　注：表中加黑数据为已知数据和观测数据，其余数据为计算数据。

6.4　交会测量

　　交会测量一般用于局部图根控制点加密，其方法有前方交会、侧方交会和后方交会，前方交会在已知点设站观测未知点，侧方交会分别在已知点和未知点设站互相观测，后方交会在未知点设站观测已知点。侧方交会不常用，我们只讨论前方交会（角度交会、距离交会）、后方交会（边角交会、方向交会）。每种交会测量都有多种算法，本书只介绍常用的方法，其他方法可以查阅相关资料。

6.4.1　角度交会测量

　　如图 6-12(a)所示，$A(X_A, Y_A)$、$B(X_B, Y_B)$ 为已知点，$P(X_P, Y_P)$ 为待定点。

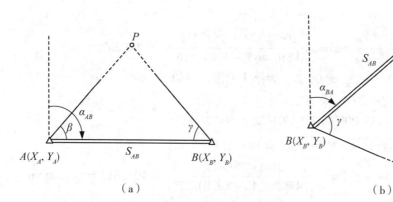

图 6-12　角度交会测量

1. 外业观测

水平角 β、γ 为观测量。

2. 内业计算

计算 AP 边方位角：

$$\alpha_{AB} = \arctan \frac{Y_B - Y_A}{X_B - X_A}$$

$$\alpha_{AP} = \alpha_{AB} - \beta$$

计算 AP 边长：

$$S_{AB} = \sqrt{(X_B - X_A)^2 + (Y_B - Y_A)^2}$$

$$S_{AP} = \frac{\sin\gamma}{\sin(\beta + \gamma)} S_{AB}$$

计算 P 点坐标：

$$\begin{cases} X_P = X_A + S_{AP}\cos\alpha_{AP} \\ Y_P = Y_A + S_{AP}\sin\alpha_{AP} \end{cases}$$

以上基于已知点 A 计算，A、B、P 逆时针排列情况，若 A、B、P 顺时针排列

$$\alpha_{AP} = \alpha_{AB} + \beta$$

也可以基于已知点 B 计算。另外，这里再给出一种易于计算器编程计算方法式（6-17），称为余切公式法，不做推导。

$$\begin{cases} X_P = \dfrac{X_A\cot\gamma + X_B\cot\beta - Y_A + Y_B}{\cot\beta + \cot\gamma} \\[4mm] Y_P = \dfrac{Y_A\cot\gamma + Y_B\cot\beta + X_A - X_B}{\cot\beta + \cot\gamma} \end{cases} \tag{6-17}$$

余切公式的使用要注意已知点与待定点的相对位置，上述公式适用于 A、B、P 为逆时针排列的情况。

算例 6-5：角度交会如图 6-12（b）所示，已知点 A（1246.465m，1062.332m）、B

（1089.516m，952.412m），交会角度 $\beta = 45°28'34''$，$\gamma = 63°01'22''$。计算待定点 P 坐标。

解算：

$$R_{BA} = \arctan \frac{Y_A - Y_B}{X_A - X_B} = \arctan \frac{1062.332 - 952.412}{1246.465 - 1089.516} = 35°00'20''$$

因为 $\Delta X_{AB} > 0$，$\Delta Y_{AB} > 0$，R_{BA} 为第 I 象限，所以

$$\alpha_{BA} = R_{AB} = 35°00'20''$$

$$\alpha_{BP} = \alpha_{BA} + \gamma = 35°00'20'' + 63°01'22'' = 98°01'42''$$

$$S_{AB} = \sqrt{(X_B - X_A)^2 + (Y_B - Y_A)^2} = 191.613\text{m}$$

$$S_{BP} = \frac{\sin\beta}{\sin(\beta + \gamma)} \cdot S_{AB} = \frac{\sin 45°28'34''}{\sin(45°28'34'' + 63°01'22'')} \times 191.613 = 144.055\text{m}$$

$$X_P = X_B + S_{BP} \cdot \cos\alpha_{BP} = 1089.516\text{m} + 144.055\text{m} \times \cos 98°01'42'' = 1069.397\text{m}$$

$$Y_P = Y_B + S_{BP} \cdot \sin\alpha_{BP} = 952.412\text{m} + 144.055\text{m} \times \sin 98°01'42'' = 1095.055\text{m}$$

6.4.2 边长交会测量

如图 6-13(a)所示，$A(X_A, Y_A)$、$B(X_B, Y_B)$ 为已知点，$P(X_P, Y_P)$ 为待定点。

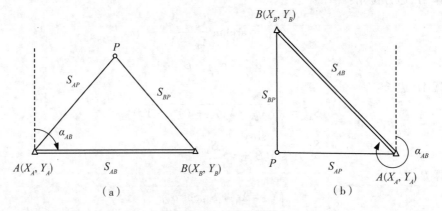

图 6-13 边长交会测量

1. 外业观测

边长 S_{AP}、S_{BP} 为观测量。

2. 内业计算

计算 AP 边方位角：

$$\alpha_{AB} = \arctan \frac{Y_B - Y_A}{X_B - X_A}$$

$$S_{AB} = \sqrt{(X_B - X_A)^2 + (Y_B - Y_A)^2}$$

$$\angle BAP = \arccos \frac{S_{AB}^2 + S_{AP}^2 - S_{BP}^2}{2 S_{AB} S_{AP}}$$

$$\alpha_{AP} = \alpha_{AB} - \angle BAP$$

计算 P 点坐标：

$$\begin{cases} X_P = X_A + S_{AP}\cos\alpha_{AP} \\ Y_P = Y_A + S_{AP}\sin\alpha_{AP} \end{cases}$$

以上是基于已知点 A 计算，也可以基于已知点 B 计算。另外，这里再给出一种易于计算器编程的计算方法(式(6-18)、式(6-19))，称为坐标转换法，不做推导。

$$\begin{cases} X_P = X_A + m \cdot \cos\alpha_{AB} + n\sin\alpha_{AB} \\ Y_P = Y_A + m \cdot \sin\alpha_{AB} - n\cos\alpha_{AB} \end{cases} \tag{6-18}$$

其中，

$$\begin{cases} m = \dfrac{S_{AB}^2 + S_{AP}^2 - S_{BP}^2}{2\,S_{AB}} \\ n = \sqrt{S_{AP}^2 - m^2} \end{cases} \tag{6-19}$$

注意上述公式适用于 A、B、P 为逆时针排列情况。

算例 6-6：边长交会如图 6-13(b)所示，已知点 A(-101.131m，119.852m)、B(90.951m，-104.357m)，交会边长 $S_{AP} = 178.369$m，$S_{BP} = 200.321$m。计算待定点 P 坐标。

解算：

$$R_{AB} = \arctan\frac{Y_B - Y_A}{X_B - X_A} = \arctan\frac{-104.357 - 119.852}{90.951 + 101.131} = -49°24'47''$$

R_{AB} 为第 IV 象限，所以

$$\alpha_{AB} = 360° + R_{AB} = 310°35'13''$$

$$S_{AB} = \sqrt{(X_B - X_A)^2 + (Y_B - Y_A)^2} = 295.237\text{m}$$

$$\angle BAP = \arccos\frac{S_{AB}^2 + S_{AP}^2 - S_{BP}^2}{2\,S_{AB}\,S_{AP}} = \arccos\frac{295.237^2 + 178.369^2 - 200.321^2}{2 \times 295.237 \times 178.369} = 41°31'28''$$

$$\alpha_{AP} = \alpha_{AB} - \angle BAP = 310°35'13'' - 41°31'28'' = 269°03'45''$$

$$X_P = X_A + S_{AP} \cdot \cos\alpha_{AP} = -101.131\text{m} + 178.369\text{m} \times \cos269°03'45'' = -104.049\text{m}$$

$$Y_P = Y_A + S_{AP} \cdot \sin\alpha_{AP} = 119.852\text{m} + 178.369\text{m} \times \sin269°03'45'' = -58.493\text{m}$$

6.4.3 边角交会测量

如图 6-14(a)所示，$A(X_A, Y_A)$，$B(X_B, Y_B)$ 为已知点，$P(X_P, Y_P)$ 为待定点。

1. 外业观测

边长 S_{AP}、S_{BP}，水平角 δ 为观测量。

2. 内业计算

计算三角形闭合差：

$$\angle BAP = \arccos\frac{S_{AB}^2 + S_{AP}^2 - S_{BP}^2}{2\,S_{AB}\,S_{AP}}$$

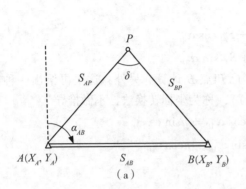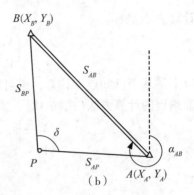

图 6-14 边角交会测量

$$\angle ABP = \arccos \frac{S_{AB}^2 + S_{BP}^2 - S_{AP}^2}{2\,S_{AB}\,S_{BP}}$$

$$f = \delta - (180° - \angle BAP - \angle ABP) \qquad (6\text{-}20)$$

若 f 满足限差要求，按三内角平均反号分配，计算改正后的 β、γ 值，然后，按角度交会法计算 P 点坐标。由于闭合差进行了调整，计算结果精度优于边长交会法。

算例 6-7：算例 6-6 加测交会角 $\delta = 102°17'07''$，如图 6-14(b)所示，其他条件不变，计算待定点 P 的坐标。

解算：

$$\angle ABP = \arccos \frac{S_{AB}^2 + S_{BP}^2 - S_{AP}^2}{2\,S_{AB}\,S_{BP}} = \arccos \frac{295.237^2 + 200.321^2 - 178.369^2}{2 \times 295.237 \times 200.321} = 36°10'40''$$

$$f = 102°17'07'' - (180° - 41°31'28'' - 36°10'40'') = -45''$$

$$\angle BAP = 41°31'28'' + 45''/3 = 41°31'43''$$

$$\alpha_{AP} = \alpha_{AB} - \angle BAP = 310°35'13'' - 41°31'43'' = 269°03'30''$$

$$X_P = X_A + S_{AP} \cdot \cos \alpha_{AP} = -101.131\text{m} + 178.369\text{m} \times \cos 269°03'30'' = -104.062\text{m}$$

$$Y_P = Y_A + S_{AP} \cdot \sin \alpha_{AP} = 119.852\text{m} + 178.369\text{m} \times \sin 269°03'30'' = -58.493\text{m}$$

6.4.4 方向交会测量

方向交会法如图 6-15(a)所示，$A(X_A,\ Y_A)$、$B(X_B,\ Y_B)$、$C(X_C,\ Y_C)$ 为已知点，$P(X_P,\ Y_P)$ 为待定点。

1. 外业观测

方向观测值 R_A、R_B、R_C 为观测量。

2. 内业计算

计算边长：

$$S_{AB} = \sqrt{(X_B - X_A)^2 + (Y_B - Y_A)^2}$$

$$S_{BC} = \sqrt{(X_C - X_B)^2 + (Y_C - Y_B)^2}$$

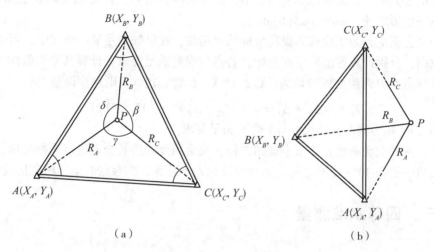

（a）　　　　　　　　　　　（b）

图 6-15　方向交会测量

$$S_{CA} = \sqrt{(X_A - X_C)^2 + (Y_A - Y_C)^2}$$

计算水平角：

$$A = \arccos \frac{S_{AB}^2 + S_{AC}^2 - S_{BC}^2}{2\,S_{AB}\,S_{AC}}$$

$$B = \arccos \frac{S_{BA}^2 + S_{BC}^2 - S_{AC}^2}{2\,S_{BA}\,S_{BC}}$$

$$C = \arccos \frac{S_{CA}^2 + S_{CB}^2 - S_{BC}^2}{2\,S_{CA}\,S_{CB}}$$

$$\beta = R_C - R_B, \quad \gamma = R_A - R_C, \quad \delta = R_B - R_A$$

计算权重：

$$\begin{cases} P_A = \dfrac{\tan\beta\tan A}{\tan\beta - \tan A} \\[2mm] P_B = \dfrac{\tan\gamma\tan B}{\tan\gamma - \tan B} \\[2mm] P_C = \dfrac{\tan\delta\tan C}{\tan\delta - \tan C} \end{cases} \tag{6-21}$$

计算 P 点坐标：

$$\begin{cases} X_P = \dfrac{P_A X_A + P_B X_B + P_C X_C}{P_A + P_B + P_C} \\[2mm] Y_P = \dfrac{P_A Y_A + P_B Y_B + P_C Y_C}{P_A + P_B + P_C} \end{cases} \tag{6-22}$$

这种计算方法称为重心公式（也称仿权公式）法，取已知点坐标加权平均值作为待定点坐标。还有其他算法，可以参考有关资料。注意方向交会中待定点 P 不能位于已知点

A、B、C 的公共圆上，而且已知点 A、B、C 按顺时针排列，待定点可以在三角形之内，也可以在三角形之外，如图 6-15(b)所示。

对于交会测量，为了检核和提高坐标结果精度，在已知点足够的情况下，可以测量两组以上数据，分别计算各组待定点坐标，若点位误差满足要求，计算其平均值作为最后的结果。设待定点 P 两组坐标分别为(X'_P, Y'_P)、(X''_P, Y''_P)，则点位误差

$$f_P = \sqrt{\Delta_X^2 + \Delta_Y^2} = \sqrt{(X''_P - X'_P)^2 + (Y''_P - Y'_P)^2} \tag{6-23}$$

当 $f_P \leqslant 0.2M$（M 为测图比例尺分母）时，满足要求。

另外，各种交会测量方法根据设站方便，交会角度和边长合理进行选择使用。实践证明，交会角一般在 30°~150°之间，交会边长相差不悬殊，交会点的坐标精度比较好。

6.5　三、四等水准测量

6.5.1　三、四等水准测量外业

1. 水准点布设

水准点宜布设在地表基质稳定、视野开阔、便于保存的地方，永久性水准点的点位基座用钢筋混凝土筑成，如图 6-16(a)所示，不同等级水准点有一定的尺寸要求，点位的中心标志镶嵌在上面，如图 6-16(b)所示，深埋到地面冻结线以下，绘出"点之记"，记录水准点与附近固定地物的相对位置关系及水准点的编号和高程，水准点编号通常加 BM（Bench Mark 简写）字样。对于水泥路面，临时性的水准点一般使用带有圆帽钢钉的木桩，打入地下。

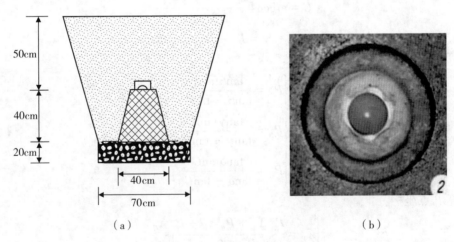

（a）　　　　　　　　　（b）

图 6-16　水准点基座与标志

水准点构网形式有单一水准路线和水准网，单一水准路线包括附合水准路线（图 6-17(a)）、闭合水准路线（图 6-17(b)）和支水准路线（图 6-17(c)）三种，水准网是水准路线交叉产生节点形成的网形（图 6-17(d)）。附合水准路线从已知高程点出发，经过一系列的待

测高程点，附合到另一个已知高程点，检核条件好，常用于高程控制网加密。闭合水准路线从已知高程点出发，经过一系列的待测高程点，最后闭合到该高程点，闭合水准路线本身具有严格的几何条件，能检核观测数据，但不能检核已知数据，尽量不要单独使用。支水准路线从已知高程点出发，经过 2~3 个待测高程点，最后既不附合也不闭合到已知高程点，支导线缺乏检核条件，一般需要返测，仅适用于图根控制点的加密或增补。水准网检核条件多，结构好，精度优于单一水准路线，可以用于测区首级高程控制网。

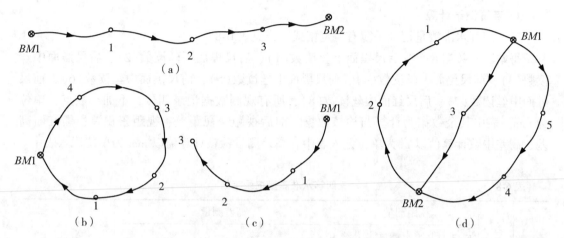

⊗为已知点，○为待定点，箭头指观测高差方向。

图 6-17　水准点构网形式

2. 外业高差测量

三、四等水准测量采用双面尺法进行，为减弱或消除仪器下沉等观测误差，测站按照一定顺序进行观测，一般观测顺序为"黑黑红红"或"后前前后"，具体含义是后尺黑面、前尺黑面、前尺红面、后尺红面。四等水准测量也可以采用后尺黑面、后尺红面、前尺黑面、前尺红面的顺序，即"黑红黑红"或"后后前前"。

为了满足测量精度要求，外业观测必须依据有关规范进行，参考《工程测量规范》（GB 50026—2007），三、四等水准测量主要技术要求见表 6-6、表 6-7。

表 6-6　　　　　　　　　　　　　　三、四等水准路线主要技术要求

等级	每公里高差中误差（mm）	路线长度（km）	测段往返测高差不符值（mm）	附合路线或环线闭合差（mm）
三等	6	50	$\pm 12\sqrt{L}$	$\pm 12\sqrt{L}$
四等	10	15	$\pm 20\sqrt{L}$	$\pm 20\sqrt{L}$

注：L 为路线长度，以 km 为单位。

表 6-7　　　　　　　　　　　　　三、四等水准观测主要技术要求

等级	视距长度(m)	前后视距差(m)	视距差累计差(m)	黑红面读数差(mm)	黑红面高差之差(mm)
三等	75	3	6	2	3
四等	100	5	10	3	5

3. 手簿记录计算

三、四等水准测量记录手簿有特定格式,详见表 6-8。

每站观测数据 8 个,后尺黑面上丝读数(1)、后尺黑面下丝读数(2)、后尺黑面中丝读数(3)、前尺黑面上丝读数(4)、前尺黑面下丝读数(5)、前尺黑面中丝读数(6)、前尺红面中丝读数(7)、后尺红面中丝读数(8),所有观测数据记录四位,不加小数点,单位为 mm。表中其余数据为计算与检核数据,前后视距、视距差、视距累积差、黑红面高差、高差中数计算值以 m 为单位记入表中,高差测量检核计算值以 mm 为单位记入表中。

表 6-8　　　　　　　　　　　　　三四等水准测量记录手簿

测站	测点	视距测量				高差测量					备注
		后尺读数	上丝下丝	前尺读数	上丝下丝	方向及尺号	中丝读数		K+黑-红	高差中数	
		后视距		前视距			黑面	红面			
		视距差		累积差							
		(1)		(4)		后尺	(3)	(8)	(14)	(18)	
		(2)		(5)		前尺	(6)	(7)	(13)		
		(9)		(10)		后-前	(15)	(16)	(17)		
		(11)		(12)							
1	S1 — S2	1095		0471		后	1312	6098	1	0.625	$K_后 = 4787$ $K_前 = 4687$
		1526		0901		前	0687	5373	1		
		43.1		43.0		后-前	0.625	0.725	0		
		0.1		0.1							
2	S2 — S3	1396		0152		后	1656	6343	0	1.244	$K_后 = 4687$ $K_前 = 4787$
		1912		0670		前	0413	5197	3		
		51.6		51.8		后-前	1.243	1.146	-3		
		-0.2		-0.1							
…		…		…		…	…	…	…		…

有关计算说明如下，以第 1 站为例：

（1）视距测量

后视距（9）＝[（2）-（1）]×100＝(1526-1095)mm×100＝43.1(m)

前视距（10）＝[（5）-（4）]×100＝(901-471)mm×100＝43.0(m)

视距差（11）＝（9）-（10）＝43.1-43.0＝0.1(m)

累积差（12）＝前站（12）＋本站（11）＝0.1(m)

（2）高差测量

前尺中丝黑红面读数差（13）＝（6）＋$K_前$-（7）＝4687＋687-5373＝1(mm)

后尺中丝黑红面读数差（14）＝（3）＋$K_后$-（8）＝1312＋4787-6098＝1(mm)

前、后尺中丝黑红面读数差之差（17）＝（14）-（13）＝1-1＝0(mm)

黑面高差（15）＝（3）-（6）＝1312-687＝0.625(m)

红面高差（16）＝（8）-（7）＝6098-5373＝0.725(m)

黑红面高差之差（15）-[（16）±0.1]＝0.625-(0.725-0.1)＝0(mm)＝（17）

高差中数＝[（15）＋((16)±0.1)]/2＝[0.625＋(0.725-0.1)]/2＝0.625(m)

6.5.2 三、四等水准测量内业

1. 单一水准路线计算

（1）高差闭合差计算

在水准测量中，观测数据不仅要满足测站限差要求，还要满足路线闭合差限差要求。高差闭合差为水准路线高差观测值之和 $\sum h_测$ 与其理论值 $\sum h_理$ 之差，即

$$f_h = \begin{cases} \sum h_测 - \sum h_理 & \text{（附合水准路线）} \\ \sum h_测 & \text{（闭合水准路线）} \\ \sum h_{往测} + \sum h_{返测} & \text{（支水准路线）} \end{cases} \tag{6-24}$$

在附合水准路线中，从一个已知点到另一个已知点的观测高差之和理论上应该等于两已知点的高差，若不相等，即为高差闭合差。闭合水准路线可以看作附合水准路线特殊形式，两已知点重合，理论高差为 0，高差观测值之和为高差闭合差。支水准路线无检核条件，一般要进行往返测量，往返测高差之和理论上符号相反，绝对值相等，之和为零，若不为零，即为高差闭合差。

（2）闭合差调整

若高差闭合差符合规范限差要求，进行近似平差计算，对高差闭合差进行调整。根据误差理论，高差测量的误差与距离（或测站数）成正比，高差闭合差调整的原则是：将高差闭合差按照距离（或测站数）成比例分配到高差观测值上，对原观测值进行改正。对于闭合水准路线和附合水准路线，高差改正数

$$v_{h_i} = -\frac{f_h}{\sum S} S_i \tag{6-25}$$

或

$$v_{h_i} = - \frac{f_h}{\sum n} n_i \tag{6-26}$$

式中，S 为距离，n 为测站数。一般地势平坦地区，高差闭合差按距离分配，地势变化比较大的地区，按测站数分配。对于支水准路线，若符合限差要求，取各测段往测与返测高差绝对值的平均值，符号与往测高差相同。

（3）改正后高差计算

改正后高差

$$\hat{h}_i = h_i + v_{h_i} \tag{6-27}$$

（4）高程计算

从已知点开始，用改正后的高差计算各待定点高程

$$H_i = H_{i-1} + \hat{h}_i \tag{6-28}$$

算例 6-9：附合水准路线 $A \to B$，已知高程分别为 $H_A = 86.369\mathrm{m}$，$H_B = 86.075\mathrm{m}$，距离与高差观测值见表 6-9，计算平差后各点高程。

表 6-9　　　　　　　　　　　　　　　　**附合水准路线计算表**

点号	距离（km）	观测高差（m）	高差改正数（mm）	改正后高差（m）	高程（m）
A					**86.369**
1	**2.0**	**−1.587**	7	−1.580	84.789
2	**1.3**	**+2.114**	4	2.118	86.907
3	**1.9**	**+1.234**	6	1.240	88.147
B	**2.1**	**−2.079**	7	−2.072	**86.075**
$\sum$	7.3	−0.318	24	−0.294	

$$f_h = \sum h_{测} - (H_B - H_A) = -24 (\mathrm{mm})$$

$$|f_h| < f_{h允} = 20\sqrt{\sum S} (\mathrm{mm}) = 54 (\mathrm{mm})$$

注：表中加黑数据为已知数据和观测数据，其余数据为计算数据。

2. 水准网计算

复杂水准网需要进行严密平差计算，如果精度允许，对于单节点水准网，可以进行近似平差计算。下面以图 6-18 为例说明近似计算方法。

分别由已知水准点 A、B、C 出发的三条水准路线交于节点 P 点，三条水准路线距离分别为 S_A、S_B、S_C，待测水准点共 7 个。近似平差计算方法如下：

①计算节点观测高程。从已知点出发，按照支水准路线计算 P 点高程：

$$H_{P_A} = H_A + h_{AP}, \quad H_{P_B} = H_B + h_{BP}, \quad H_{P_C} = H_C + h_{CP}$$

②计算节点高程最可靠值。由于不同路线计算节点高程精度不同，采用带权平均值作为节点高程最可靠值。

$$H_P = \frac{P_A H_{P_A} + P_B H_{P_B} + P_C H_{P_C}}{P_A + P_B + P_C}$$

以每公里观测为单位权观测，观测高程的权为：

$$P_A = \frac{1}{S_A}, \quad P_B = \frac{1}{S_B}, \quad P_C = \frac{1}{S_C}$$

③计算待定点高程。由各已知点与节点构成附合水准路线，分别进行近似平差计算，求取待定点高程。

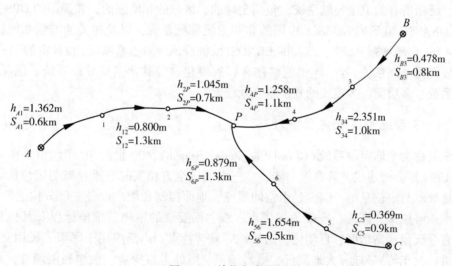

图 6-18　单节点水准网

算例 6-10：图 6-18 所示水准网，已知 $H_A = 217.223\text{m}$，$H_B = 216.365\text{m}$，$H_C = 217.571\text{m}$，高差观测值和距离已标注在图中，计算所有待定点高程。

解算：（1）节点观测高程

$$H_{P_A} = 220.430\text{m}, \quad H_{P_B} = 220.452\text{m}, \quad H_{P_C} = 220.473\text{m}$$

（2）节点高程最可靠值

$$P_A = 0.385, \quad P_B = 0.345, \quad P_C = 0.370; \quad H_P = 220.451\text{m}$$

（3）待定点高程

待定点高程见表 6-10。

表 6-10　　　　　　　　　　　　　　待定点高程

路线 $A \to P$		路线 $B \to P$		路线 $C \to P$	
高差（m）	高程（m）	高差（m）	高程（m）	高差（m）	高程（m）
h_{A1}　1.367	H_1　218.590	h_{B3}　0.478	H_3　216.843	h_{C5}　0.362	H_5　217.933
h_{12}　0.810	H_2　219.400	h_{34}　2.351	H_4　219.194	h_{56}　1.650	H_6　219.583
h_{2P}　1.051		h_{4P}　1.257		h_{6P}　0.868	

6.6　全球导航卫星系统（GNSS）

6.6.1　GNSS 简介

GNSS（Global Navigation Satellite System）有两个译名：全球卫星导航系统和全球导航卫星系统，泛指所有的卫星导航系统，包括全球的、区域的和增强的，如美国的 GPS、俄罗斯的 GLONASS、欧洲的 Galileo、中国的北斗卫星导航系统，以及相关的增强系统，如美国的 WAAS（广域增强系统）、欧洲的 EGNOS（欧洲静地导航重叠系统）和日本的 MSAS（多功能运输卫星增强系统）等，还涵盖在建和以后要建设的其他卫星导航系统。国际 GNSS 是个多系统、多层面、多模式的复杂组合系统。

6.6.2　GPS 系统构成及定位原理

GPS 又称为全球定位系统（Global Positioning System），20 世纪 70 年代由美国开始研制，于 1994 年全面建成，具有海、陆、空三大领域全方位实时三维导航与定位能力的新一代卫星导航与定位系统。GPS 是由空间星座、地面控制和用户设备三部分构成的。GPS 测量技术能够快速、高效、准确地提供点、线、面要素的精确三维坐标以及其他相关信息，具有全天候、高精度、自动化、高效益等显著特点；广泛应用于军事、民用交通（船舶、飞机、汽车等）导航、大地测量、摄影测量、野外考察探险、土地利用调查、精确农业以及日常生活（人员跟踪、休闲娱乐）等不同领域。通过 GPS 与现代通信技术相结合，使得测定地球表面三维坐标的方法由静态发展到动态；从数据后处理发展到实时的定位与导航，极大地扩展了它的应用广度和深度。载波相位差分法 GPS 技术可以极大提高相对定位精度，在小范围内可以达到厘米级的精度。此外，由于 GPS 测量技术对测点间的通视和几何图形等方面的要求比常规测量方法更加灵活、方便，完全可以用来施测各种等级的控制网。另外，GPS 与全站仪结合形成的 GPS 全站仪，在地形和土地测量以及各种工程、变形、地表沉陷监测中已经得到广泛应用，在精度、效率、成本等方面有着巨大的优越性。

1. GPS 系统构成

GPS 包括三大部分：空间部分——GPS 卫星星座；地面控制部分——地面监控系统；用户设备部分——用户接收机。

(1)GPS 卫星星座

GPS 卫星星座由 21 颗工作卫星和 3 颗在轨备用卫星组成，记作(21+3)GPS 星座。24 颗卫星均匀分布在 6 个轨道平面内，轨道倾角为 55°，各个轨道平面之间相距 60°，即轨道的升交点赤经各相差 60°。每个轨道平面内各颗卫星之间的升交角相差 90°，同一轨道平面上的卫星比西边相邻轨道平面上的相应卫星超前 30°。

当地球对恒星来说自转一周时，两万千米高空的 GPS 卫星绕地球运行二周即绕地球一周的时间为 12 恒星时。这样对于地面观测者来说每天将提前 4 分钟见到同一颗 GPS 卫星。位于地平线以上的卫星颗数随着时间和地点的不同而不同，最少可见到 4 颗，最多可见到 11 颗。使用 GPS 信号导航定位时为了解算测站的三维坐标必须观测 4 颗 GPS 卫星称为定位星座，这 4 颗卫星在观测过程中的几何位置分布对定位精度有一定的影响。对于某地某时甚至不能测得精确点位坐标的时间段叫做"间隙段"，但这种时间间隙段是很短暂的并不影响全球绝大多数地方的全天候、高精度、连续实时的导航定位测量。

(2)地面监控系统

对于导航定位来说，GPS 卫星是一已知动态点。卫星的位置是依据卫星发射的星历(描述卫星运动及其轨道的参数)算得的。每颗 GPS 卫星所播发的星历是由地面监控系统提供的。卫星上的各种设备是否正常工作以及卫星是否一直沿着预定轨道运行都要由地面设备进行监测和控制。地面监控系统的另一重要作用是保持各颗卫星处于同一时间标准-GPS 时间系统。这就需要地面站监测各颗卫星的时间求出钟差。然后由地面注入站发送给卫星再由卫星导航电文。

(3)用户接收机

完整的 GPS 用户设备由接收机硬件和机内软件以及 GPS 数据的后处理软件包构成。GPS 接收机的结构分为天线单元和接收单元两大部分。对于测地型接收机来说，两个单元一般分成两个独立的部件观测时，将天线单元安置在测站上，接收单元置于测站附近的适当地方，用电缆线将两者连接成一个整机。也有的将天线单元和接收单元制作成一个整体观测时将其安置在测站点上。

GPS 接收机的任务是能够捕获到按一定卫星高度截止角所选择的待测卫星的信号并跟踪这些卫星的运行对所接收到的 GPS 进行变换、放大和处理以便测量出 GPS 信号，从卫星到接收机天线的传播时间解译出 GPS 卫星所发送的导航电文，实时地计算出测站的三维位置、时间和三维速度。

GPS 卫星发送的导航定位信号是一种可供无数用户共享的信息资源。对于陆地、海洋和空间的广大用户，只要用户拥有能够接收、跟踪、变换和测量 GPS 信号的接收设备，GPS 信号接收机便可以在任何时候用 GPS 信号进行导航定位测量。根据使用目的的不同，用户要求的 GPS 信号接收机也各有差异。目前世界上已有几十家工厂生产 GPS 接收机，其产品也有几百种，可以按照原理、用途、功能对这些产品进行分类。各种类型的 GPS 测地型接收机用于精密相对定位时其双频接收机精度可达 5mm+1ppm · D，单频接收机在一定距离内精度可达 10mm+2ppm · D。用于差分定位其精度可达亚米级至厘米级。

2. GPS 卫星星历与定位原理

GPS 定位处理中，卫星轨道通常是已知的。卫星轨道信息用卫星星历描述，具体形式可以是卫星位置(和速度)的时间列表,也可以是一组以时间为参数的轨道参数。按提供方式分为预报星历(广播星历)和后处理星历(精密星历)。

利用 GPS 进行定位的基本原理是空间后方交会(图 6-19),即以 GPS 卫星和用户接收机天线之间的距离(或距离差)的观测量为基础,根据已知的卫星瞬时坐标来确定用户接收机所对应的位置,即待定点的三维坐标(X, Y, Z)。

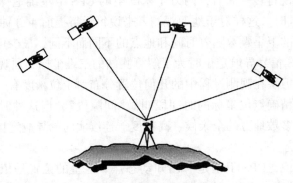

图 6-19　GPS 定位原理

(1)伪距法

伪距定位所采用的观测值为 GPS 伪距观测值,所采用的伪距观测值既可以是 C/A 码伪距,也可以是 P 码伪距,在定位时,接收机震荡产生与卫星发射信号相同的一组测距码,通过延迟器与接收机收到的信号进行比较,当两组信号彼此完全重合时,测出本机信号延迟量即为卫星信号的传输时间,加上一系列的改正后乘以光速,得出卫星与天线相位中心的斜距,如果同时观测了 4 颗卫星,即可以按距离交会法算出站的位置和时钟误差 4 个未知数。

GPS 接收机采用码相关技术来测定测距码的传播时间,进而测定距离。设卫星在某时刻 t 发射某一结构的测距码,经 Δt 时间的传播后到达接收机。接收机在自己的时钟控制下复制一组结构完全相同的测距码,并通过接收机内的延时器使其延迟时间 τ,然后将其与接收到的测距码进行相关处理,直至达到最大相关,此时两组测距码已对齐,延迟时间 τ 即为测距码传播时间 Δt,则卫星与接收机天线相位中心之间的伪距为:

$$\rho = c \cdot \Delta t \tag{6-29}$$

绝对定位(单点定位),即确定测站点在 WGS-84 坐标系中的三维坐标。设卫星的瞬时坐标为(x_s, y_s, z_s),接收机天线相位中心的坐标为(x, y, z),则卫星到接收机天线相位中心的几何距离 ρ 为:

$$\rho = \sqrt{(x_s - x)^2 + (y_s - y)^2 + (z_s - z)^2} \tag{6-30}$$

在伪距测量中,若卫星时钟与接收机时钟的改正数为已知,且电离层折射改正数和对流层折射改正数均可精确求得,但在实际测量中,接收机的钟差改正数并不能精确求得。卫星的瞬时坐标(x_s, y_s, z_s)可根据接收到的卫星导航电文求得,故利用测距码伪距进行绝对定位时,同一时刻只有四个未知数,即测站点三维坐标(x, y, z)和接收机的钟差改正数,用户只要同时观测 4 颗卫星的伪距,进而解算出这 4 个未知数,即可获得测站点的三维坐标。

(2)载波相位法

载波相位定位所采用的观测值为 GPS 的载波相位观测值,即 L1、L2 或它们的某种线性组合。把载波相位作为量测信号,对载波进行量测,确定卫星信号和接收机参考信号的相位差,推算出相位观测值。

GPS 接收机能产生一个频率和初相位与卫星载波信号完全一致的基准信号,设卫星 S 在 t_0 时刻发射的载波信号的相位为 (S),当它传播到接收机 K 时,接收机基准信号的相位为 (K),则它们的相位差为 $\varphi=(K)-(S)$,相位差 φ 包含 N_0 个整周期相位和不足一周期的相位 Δ,则由此可求得 t_0 时刻卫星到接收机天线相位中心的距离:

$$\rho = \lambda_\varphi = \lambda(N_0 + \Delta) \tag{6-31}$$

式中,λ 为载波的波长,ρ 中含有卫星时钟与接收机时钟不同步误差、电离层和对流层延迟误差的影响,称之为测相伪距。

(3)GPS 测量误差

同常规测量一样,GPS 测量同样存在测量误差。从误差来源分析,GPS 测量误差可分为三类:与 GPS 卫星有关的误差;与 GPS 卫星信号传播有关的误差;与 GPS 信号接收机有关的误差。与 GPS 卫星有关的误差包括卫星的星历误差和卫星钟误差,两者都属于系统误差,可在 GPS 测量中采取一定的措施消除或减弱,或采用某种数学模型对其进行改正。与 GPS 卫星信号传播有关的误差包括电离层折射误差、对流层折射误差和多路径误差。电离层折射误差和对流层折射误差即信号通过电离层和对流层时,传播速度发生变化而产生时延,使测量结果产生系统误差,在 GPS 测量中,可以采取一定的措施消除或减弱,或采用某种数学模型对其进行改正。在 GPS 测量中,测站周围的反射物所反射的卫星信号进入接收机天线,将和直接来自卫星的信号产生干涉,从而使观测值产生偏差,即为多路径误差,多路径误差取决于测站周围的观测环境,具有一定的随机性,属于偶然误差。为了减弱多路径误差,测站位置应远离大面积平静水面,测站附近不应有高大建筑物,测站点不宜选在山坡、山谷和盆地中。与 GPS 信号接收机有关的误差包括接收机的观测误差、接收机的时钟误差和接收机天线相位中心的位置误差。接收机的观测误差具有随机性质,是一种偶然误差,通过增加观测量可以明显减弱其影响。接收机时钟误差是指接收机内部安装的高精度石英钟的钟面时间相对于 GPS 标准时间的偏差,是一种系统误差,但可采取一定的措施予以消除或减弱。在 GPS 测量中,是以接收机天线相位中心代表接收机位置的,由于天线相位中心随着 GPS 信号强度和输入方向的不同而发生变化,致使其偏离天线几何中心而产生系统误差。

3. GPS 基线向量网的布网方法

GPS 网常用的布网形式有以下几种:跟踪站式、会战式、多基准站式(枢纽点式)、同步图形扩展式、单基准站式。

(1)跟踪站式布网形式及特点

若干台接收机长期固定安放在测站上,进行常年、不间断的观测,即一年观测 365 天,一天观测 24 小时,这种观测方式与跟踪站方式相似,因此,这种布网形式被称为跟踪站式。数据处理通常采用精密星历。

接收机在各个测站上进行了不间断的连续观测，观测时间长、数据量大，而且在处理采用这种方式所采集的数据时，一般采用精密星历，因此，采用此种形式布设的 GPS 网具有很高的精度和框架基准特性。每个跟踪站为保证连续观测，一般需要建立专门的永久性建筑即跟踪站，用以安置仪器设备，这使得这种布网形式的观测成本很高。此种布网形式一般用于建立 GPS 跟踪站，对于普通用途的 GPS 网，由于此种布网形式观测时间长、成本高，故一般不被采用。

（2）会战式布网形式及特点

在布设 GPS 网时，一次组织多台 GPS 接收机，集中在一段不太长的时间内，共同作业。在作业时，所有接收机在若干天的时间里分别在同一批点上进行多天、长时段的同步观测，在完成一批点的测量后，所有接收机又都迁移到另外一批点上进行相同方式的观测，直至所有的点观测完毕，这就是所谓的会战式的布网。所布设的 GPS 网，因为各基线均进行过较长时间、多时段的观测，因而具有特高的尺度精度。此种布网方式一般用于布设 A、B 级网。

（3）多基准站式布网形式及特点

若干台接收机在一段时间里长期固定在某几个点上进行长时间的观测，这些测站称为基准站，在基准站进行观测的同时，另外一些接收机则在这些基准站周围相互之间进行同步观测，如图 6-20 所示。

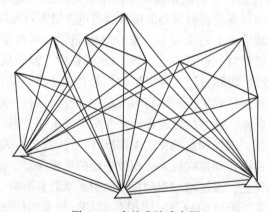

图 6-20　多基准站式布网

所布设的 GPS 网，由于在各个基准站之间进行了长时间的观测，因此，可以获得较高精度的定位结果，这些高精度的基线向量可以作为整个 GPS 网的骨架，具有较强的图形结构，适合 C、D 级网。

（4）同步图形扩展式布网形式及特点

多台接收机在不同测站上进行同步观测，在完成一个时段的同步观测后，又迁移到其他的测站上进行同步观测，每次同步观测都可以形成一个同步图形，在测量过程中，不同的同步图形间一般有若干个公共点相连，整个 GPS 网由这些同步图形构成。

具有扩展速度快，图形强度较高，且作业方法简单的优点。同步图形扩展式布网是布设 GPS 网时最常用的一种布网形式，适合 C、D 级网。

（5）单基准站式布网形式及特点

单基准站式布网又称作星形网方式，它是以一台接收机作为基准站，在某个测站上连续开机观测，其余的接收机在此基准站观测期间，在其周围流动，每到一点就进行观测，流动的接收机之间一般不要求同步，这样，流动的接收机每观测一个时段，就与基准站间测得一条同步观测基线，所有这样测得的同步基线就形成了一个以基准站为中心的星形。流动的接收机有时也称为流动站，如图 6-21 所示。

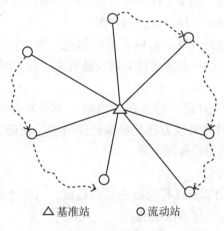

△ 基准站　　　○ 流动站

图 6-21　星形网方式

单基准站式的布网方式的效率很高，但是由于各流动站一般只与基准站之间有同步观测基线，故而图形强度很弱，为提高图形强度，一般需要每个测站至少进行两次观测，适于 D、E 级网。

6.6.3　GPS 网的设计要求

GPS 网设计的出发点是在保证质量的前提下，尽可能地提高效率，努力降低成本。因此，在进行 GPS 的设计和测量时，既不能脱离实际的应用需求，盲目地追求不必要的高精度和高可靠性；也不能为追求高效率和低成本，而放弃对质量的要求。

1. 选点

①为保证对卫星的连续跟踪观测和卫星信号的质量，要求测站上空应尽可能的开阔，在 10°~15°高度角以上不能有成片的障碍物。

②为减少各种电磁波对 GPS 卫星信号的干扰，在测站周围约 200m 的范围内不能有强电磁波干扰源，如大功率无线电发射设施、高压输电线等。

③为避免或减少多路径效应的发生，测站应远离对电磁波信号反射强烈的地形、地物，如高层建筑、成片水域等。

④为便于观测作业和今后的应用，测站应选在交通便利，架设仪器方便的地方。

⑤应选择易于保存的地方设站。

2. 提高 GPS 网可靠性的方法

①增加观测期数。在布设 GPS 网时，适当增加观测期数(时段数)对于提高 GPS 网的可靠性非常有效。因为，随着观测期数的增加，所测得的独立基线数就会增加，而独立基线数的增加，对网的可靠性的提高是非常有益的。

②保证一定的重复设站次数。保证一定的重复设站次数，可确保 GPS 网的可靠性。一方面，通过在同一测站上的多次观测，可有效地发现设站、对中、整平、量测天线高等人为错误；另一方面，重复设站次数的增加，也意味着观测期数的增加。不过，需要注意的是，当同一台接收机在同一测站上连续进行多个时段的观测时，各个时段间必须重新安置仪器，以更好地消除各种人为操作误差和错误。

③保证每个测站至少与三条以上的独立基线相连。在布设 GPS 网时，各个点的可靠性与点位无直接关系，而与该点上所连接的基线数有关，点上所连接的基线数越多，点的可靠性则越高。

④在布网时要使网中所有最小异步环的边数不大于 6 条，在布设 GPS 网时，检查 GPS 观测值(基线向量)质量的最佳方法是异步环闭合差，而随着组成异步环的基线向量数的增加，其检验质量的能力将逐渐下降。

3. 提高 GPS 网精度的方法

①为保证 GPS 网中各相邻点具有较高的相对精度，对网中距离较近的点一定要进行同步观测，以获得它们间的直接观测基线。

②为提高整个 GPS 网的精度，可以在全面网之上布设框架网，以框架网作为整个 GPS 网的骨架。

③在布网时要使网中所有最小异步环的边数不大于 6 条。

④在布设 GPS 网时，引入高精度激光测距边，作为观测值与 GPS 观测值(基线向量)一同进行联合平差，或将它们作为起算边长。

⑤若要采用高程拟合的方法，测定网中各点的正常高/正高，则需在布网时，选定一定数量的水准点，水准点的数量应尽可能的多，且应在网中均匀分布，还要保证有部分点分布在网的四周，将整个网包含其中。

⑥为提高 GPS 网的尺度精度，可采用增设长时间、多时段的基线向量等方法。

4. 布设 GPS 网时起算点的选取与分布

若要求新布设的 GPS 网的成果与原有成果吻合较好，则起算点数量越多越好，若不要求新布设的 GPS 网的成果完全与原有成果吻合，则一般可选 3~5 个起算点，这样既可以保证新老坐标成果的一致性，也可以保持 GPS 网的原有精度。为保证整网的点位精度均匀，起算点一般应均匀地分布在 GPS 网的周围。尽量避免所有的起算点分布在一侧的情况。

5. 布设 GPS 网时起算边长的选取与分布

在布设 GPS 网时，可以采用高精度激光测距边作为起算边长，激光测距边的数量可在 3~5 条，可设置在 GPS 网中的任意位置；激光测距两端点的高差不应过分悬殊。

6. 布设 GPS 网时起算方位的选取与分布

在布设 GPS 网时，可以引入起算方位，但不宜太多，起算方位可布设在 GPS 网中的任意位置。

6.6.4 GPS 基线向量与高程平差

基线解算就是利用 GPS 观测值，通过数据处理，得到测站的坐标或测站间的基线向量值。整个 GPS 网观测完成后，经过基线解算可以获得具有同步观测数据的测站间的基线向量。解算得到的 GPS 基线向量是在 WGS-84 下的方位基准和尺度基准。为了确定 GPS 网中各个点在某一特定坐标系下的绝对坐标，需要通过平差来解决。引入该坐标系下的起算数据实现位置基准、方位基准和尺度基准。

1. GPS 网平差的分类

根据平差时的坐标空间，可将 GPS 网平差分为三维平差和二维平差，根据平差时所采用的观测值和起算数据的数量和类型，可将平差分为无约束平差、约束平差和联合平差。

2. GPS 网平差原理

(1)三维约束平差

三维约束平差就是以国家大地坐标系或地方坐标系的某些固定点坐标、固定边长及固定方位为网的基准，并将其作为平差中的约束条件，在平差计算中考虑 GPS 网与地面网之间的转换参数。

(2)三维联合平差

三维联合平差一般是在某一个地方坐标系下进行的，平差所采用的观测量除了 GPS 基线向量外，还可能引入了常规的地面观测值，这些常规的地面观测值包括边长观测值、角度观测值、方向观测值等；平差所采用的起算数据一般为地面点的三维大地坐标。

(3)二维联合平差

二维联合平差与三维联合平差很相似，不同的是二维联合平差一般在一个平面坐标系下进行。与三维联合平差一样的是，平差所采用的观测量除了 GPS 基线测量外，还可以引入常规的地面观测；平差所采用起算数据一般为地面点的二维平面坐标，也可以加入已知边长和已知方位角等作为起算数据。

3. GPS 网平差的过程

在使用数据处理软件进行 GPS 网平差时，需要按以下步骤进行：

(1)提取基线向量，构建 GPS 基线向量网

GPS 网平差，首先必须提取基线向量，构建 GPS 基线向量网。提取基线向量时需要遵循以下几项原则：必须选取相互独立的基线，否则平差结果会与真实的情况不相符合；所选取的基线应构成闭合的几何图形；选取质量好的基线向量，基线质量的好坏，可以依据 RMS、RDOP、RATIO、同步环闭和差、异步环闭和差与重复基线较差来判定；选取能构成边数较少的异步环的基线向量，选取边长较短的基线向量。

(2)三维无约束平差

在构成了 GPS 基线向量网后，需要进行 GPS 网的三维无约束平差，通过无约束平差

主要达到以下几个目的：根据无约束平差的结果，判别在所构成的 GPS 网中是否有粗差基线，如发现含有粗差的基线，需要进行相应的处理，必须使得最后用于构网的所有基线向量均满足质量要求。调整各基线向量观测值的权，使它们相互匹配。

（3）约束平差/联合平差

在进行完三维无约束平差后，需要进行约束平差或联合平差，平差可根据需要在三维空间进行或二维空间中进行。约束平差的具体步骤是：指定进行平差的基准和坐标系统；指定起算数据；检验约束条件的质量；进行平差解算。

（4）质量分析与控制

在进行质量评定时，发现有质量问题，需要根据具体情况进行处理，如果发现构成 GPS 网的基线中含有粗差，则需要采用删除含有粗差的基线、重新对含有粗差的基线进行解算或重测含有粗差的基线等方法加以解决；如果发现个别起算数据有质量问题，则应放弃有质量问题的起算数据。

4. GPS 高程

在测量中常用的高程系统有大地高系统、正高系统和正常高系统。

（1）大地高系统

大地高程系统是以参考椭球面为基准面的高程系统。某点的大地高是该点到通过该点的参考椭球面的法线与参考椭球面的交点的距离，用 H 表示。

（2）正高系统

正高系统是以大地水准面为基准面的高程系统，用 H_g 表示。

（3）正常高系统

正常高系统是以似大地水准面为基准面的高程系统，用 H_r 表示。

大地高程可直接由卫星大地测量方法测定，也可由几何和物理大地测量相结合来测定。采用前一种方法时，直接由卫星定位技术测定地面点在地心坐标系中的大地高程；采用后一种方法时，大地高程分为两段来测定，其中由地面点至大地水准面或似大地水准面的一段由水准测量结果加上重力改正而得，由大地水准面或似大地水准面至椭球面的一段由物理大地测量方法求得。当以大地水准面为过渡面时，则 $H=H_g+N$，式中 N 为大地水准面至椭球面的差距，称为大地水准面差距。如以似大地水准面为过渡面，则 $H=H_r+\zeta$，式中 ζ 为似大地水准面至椭球面的距离，称为高程异常。由于正高 H_g 是由地面点沿垂线至大地水准面的距离，而正常高 H_r 是由地面点沿正常重力线至似大地水准面的距离，所以由上述两种方法计算得出的大地高程有差异，差数约为十分之几毫米。

6.6.5　GPS 实时动态（RTK）测量

常规的 GPS 测量方法，如静态、快速静态、动态测量都需要事后进行解算才能获取厘米级的精度，而 RTK 是能够在野外实时得到厘米级定位精度的测量方法，它采用了载波相位动态实时差分方法，能够适时地提供测站点在指定坐标系中的三维定位结果，并达到厘米级精度。

1. RTK 系统组成

GPS RTK 系统由基准站、若干流动站及无线电通信系统三部分组成，基准站包括接收机、天线、无线电通信发射系统、蓄电瓶及基准站控制器部分，流动站包括接收机、天线、无线电通信接收系统、供接收机和无线电通信接收的电源及流动站控制器等部分。

2. RTK 基本原理

实时动态相对定位原理为基准站将接收到的所有卫星信息如基准站坐标、天线高等都通过无线电通信系统传递到流动站，流动站在接收卫星数据的同时也接收基准站传递的卫星数据，在流动站完成初始化后，把接收到的基准站信息传送到控制器内并将基准站的载波观测信号与本身接收到的载波观测信号进行差分处理，即可实时求得未知点的坐标。载波相位差分算法包括一次差分、二次差分和三次差分。技术主要应用二次差分算法实现实时定位。

技术的关键在于数据处理和数据传输，主要有三个关键方面：一是求解初始的整周模糊度初始化，二是基准站与流动站间的数据传输，三是合适的坐标转换参数。

目前应用最多的确定整周模糊度的方法为运动中求解整周模糊度算法，它是在流动站近似坐标和协方差的基础上确定整周模糊度的搜索空间，在此空间内计算所有的可能模糊度解，然后通过比较最小方差选择最优解和次优解，最后确定整周模糊度，它能在1秒中内确定模糊度，对于失锁后再次锁定将更快。

6.6.6 RTK 技术应用

1. 各种控制测量

传统的大地测量、工程测量采用三角网、导线网方法来施测，不仅费工费时，要求点间通视，而且精度分布不均匀，且在外业不知精度如何，采用常规的 GPS 静态测量、快速静态、伪动态方法，在外业测量过程中不能实时知道定位精度，如果测量完成后，回到内业处理后发现精度不合要求，还须返测，而采用 RTK 来进行控制测量，能够实时知道定位精度，如果点位精度要求满足了，用户就可以停止观测了，而且知道观测质量如何，这样可以大大提高作业效率。如果把 RTK 用于公路控制测量、电子线路控制测量、水利工程控制测量、大地测量，则不仅可以大大减少人力强度、节省费用，而且大大提高工作效率，测一个控制点在几分钟甚至于几秒钟内就可完成。

2. 地形图测量

地质勘查分普查、详查、勘探几个阶段，每个阶段都有测绘地形图的任务。根据勘查矿种的不同，用传统方法测图如全站仪测图，先要建立测图首级控制网和图根控制网，然后才能进行碎部测量，这样须投入大量的人力、物力，工作量大、速度慢、花费时间长。采用 GPS RTK 测图，可以省去建立图根控制网这个中间环节，节省大量的时间、人力、财力，同时还可以全天候的观测，这样可以大大加快测量速度，提高工作效率。

3. 图根控制点加密

在测区首级控制网建好后，为便于施测大比例尺地形图和工程放样的需要，还要在首级控制网的基础上布设图根控制网。如果用传统方法布设如使用全站仪，工作量大、速度慢、时间长，并且测量结果和精度必须经室内计算平差后才能知道。采用动态测量系统建立测区图根控制网，能够实时获得图根点的坐标。当达到要求的点位精度，即可停止观测，大大提高了作业效率。由于点与点之间不要求必须通视，只要求相邻两点之间通视就可以了，这使得测量更简便易行。

4. 工程放样

在地质勘查详查、勘探阶段，有许多探矿工程需要测量定位，如钻孔定位、竖井定位、坑道坑口定位等，如果采用全站仪放样，在作业区附近控制点少、地形复杂的情况下很难完成，采用 GPS 测量，只需将定位点的坐标输入到手簿中，系统就会定出放样的点位。由于每个点的测量都是独立完成的，不会产生累积误差，各点放样精度趋于一致。

5. 地质特征点采集

地质勘查中，通常需要对地表的一些地质特征点进行实地坐标采集，像探槽的端点、物化探异常点、钻孔位置等。和工程放样一样，如果用全站仪在作业区控制点少、地形复杂的情况下很难实现，采用 GPS 在测区首级控制网的基础上使用简单的数据采集功能就可轻松完成。

6. 物化探测网布设

传统的物化探测布网是采用基线加测线的方法，首先利用全站仪在测区控制网的基础上把每条测线的两个端点即基线点先测定出来，然后再利用全站仪在这些基线点的基础上把每条测线的全部测点都测定出来。这种方法工作量大，效率低。采用 GPS 作业，就可以很容易完成这项工作。测量系统有一种线放样功能，只要把一条线段的两个端点坐标输入手簿，线放样功能就会自动把这条线段上需要每隔一定距离的测点位置自动标定出来，从而可以轻松实施放样，当然在放样基线点的时候时间要长一些，放样测线点的时候时间可以短一些。

7. 地质剖面测量

地质勘查中，为了更好地反映地质地貌特征，研究成矿规律，常常需要实测勘探线的地表特征，即实测地质剖面，如果用传统方法如使用全站仪测量，既要支站，又要定向，在地形复杂的情况下作业效率很低。采用 GPS 施测地质剖面，方法和物化探测网一样，也是利用线放样功能，只要把剖面的端点坐标输入手簿，在测量过程中就会自动定出剖面线的位置，把剖面上地物特征点坐标采集回来按顺序连线就可轻松绘出剖面图。

复习思考题

1. 控制测量的目的是什么？控制测量的原则是什么？
2. 平面控制测量的方法有哪些？
3. 高程控制测量的方法有哪些？
4. 测量工作三种标准方向是什么？是如何定义的？
5. 何谓坐标方位角？何谓象限角？两者之间的关系如何？
6. 何谓坐标正算和坐标反算？
7. 已知 $A(+100, +100)$，$B(+200, +200)$，$C(+200, -200)$，$D(-200, +200)$，$E(-200, -200)$ 五点，计算象限角 R_{AB}、R_{AC}、R_{AD}、R_{AE} 和方位角 α_{AB}、α_{AC}、α_{AD}、α_{AE}。
8. 已知点 $M(200.063m, -100.231m)$，方位角 $\alpha_{MN} = 45°$，距离 $S_{MN} = 105.986m$，计算 N 点坐标。

9. 支导线计算(见表6-11)：

表6-11　　　　　　　　　　　　　　　　　支导线计算表

点号	观测角度 (° ′ ″)	方位角 (° ′ ″)	观测边长 (m)	ΔX (m)	ΔY (m)	X (m)	Y (m)
A′	（左角）	89 34 52					
A（1）	102 25 34					231. 260	−258. 364
			68. 321				
2	100 23 12						
			50. 692				
3	98 27 58						
			58. 364				
4							

10. 附合导线计算(见表6-12)：

表6-12　　　　　　　　　　　　　　　　　附合导线计算表

点号	观测角度 (° ′ ″)	方位角 (° ′ ″)	观测边长 (m)	ΔX (m)	ΔY (m)	X (m)	Y (m)
M		174 25 24					
P_1	91 37 33					4497630. 474	566357. 303
			49. 505				
P_2	146 23 19						
			62. 636				
P_3	241 26 13						
			54. 937				
P_4	145 29 49						
			45. 458				
P_5	126 56 41						
			37. 028				
P_6	137 04 05						
			35. 618				
P_7	79 54 03					4497725. 515	566557. 489
N		243 17 30					

$f_\beta =$　　　　　　　$|f_\beta| < f_{\beta允} = 40''\sqrt{n} =$

$f_X =$　　m　$f_Y =$　　m　$f =$　　m　$\dfrac{1}{T} =$　　$\leqslant \dfrac{1}{6000}$

11. 交会计算:

如图 6-22 所示已知点, M(312.567m, 725.951m), N(300.112m, 1002.369m)。P 为待定点, 根据给出的观测数据计算 P 点坐标。

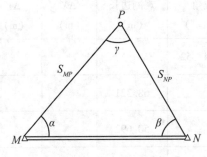

图 6-22　交会法计算

(1) 若观测值 $\alpha = 55°45'30''$, $\beta = 63°20'10''$, 角度交会法计算 P 点坐标。

(2) 若 $S_{MP} = 203.145\text{m}$, $S_{NP} = 189.532\text{m}$, 边长交会法计算 P 点坐标。

(3) 在 (2) 边长交会的基础上, 观测角 $\gamma = 89°31'30''$, 边角交会法计算 P 点坐标。

12. 水准路线有几种? 各有什么特点?

13. 三、四等水准测量测站观测顺序是怎样的?

14. 四等水准测量手簿计算 (见表 6-13):

表 6-13　　　　　　　　　　　　四等水准测量记录手簿

测站	测点	后尺	下丝 上丝	前尺	下丝 上丝	方向及尺号	中丝读数		K+黑 −红	高差中数	备注
		后视距		前视距			黑面	红面			
		视距差		累积差							
1	S1 — S2	1023		1546		后	0869	5658			$K_{后} = 4787$
		0659		1189		前	1412	6100			$K_{前} = 4687$
						后−前					
2	S2 — S3	0978		1356		后	0771	5460			$K_{后} = 4687$
		0572		0937		前	1146	5935			$K_{前} = 4787$
						后−前					

15. 闭合水准路线计算 (见表 6-14):

表 6-14   闭合水准路线计算表

点号	距离 （km）	观测高差 （m）	高差改正数（mm）	改正后高差（m）	高程 （m）
BM1					263.351
	1.0	−1.023			
1					
	2.3	+0.689			
2					
	0.9	+1.235			
3					
	1.1	−2.510			
BM1					261.760
Σ					

$f_h =$ 　　　　　（mm）

$|f_h| < f_{h允} = 40\sqrt{\sum S(\text{km})}(\text{mm}) =$ 　　　　　（mm）

16. 一个节点水准网计算：分别从已知水准点 M、N、Q 测量 P 点高程，测站数分别为 10、8、11，已知点高程分别为 $H_M = 168.113\text{m}$，$H_N = 170.892\text{m}$，$H_Q = 167.245\text{m}$，观测高差分别为 $h_{MP} = 3.600\text{m}$，$h_{NP} = 0.831\text{m}$，$h_{QP} = 4.468\text{m}$，计算 P 点高程。

17. 全球定位系统主要包括哪几个部分？各有什么作用？

18. 简述 GPS 控制测量的基本方法。

19. 简述 GPS RTK 技术的应用领域。

第7章　地形图测绘及应用

地形图是测绘成果，也是测绘资料，测绘工作者不仅要具有测绘地形图的技能，还要具有使用地形图的能力。

地形图测绘是测绘行业最基本的工作之一，工作内容为外业数据采集与内业成图。传统测图方法是图解法，通过模拟测量将地物、地貌测绘在白纸上，形成纸质地形图。现在测图方法为数字化测图，使用电子测绘仪器自动采集数据，传输到计算机中，在绘图软件支持下，通过人机交互编辑，生成地形图，以数字的方式存储和查阅，即数字地形图。数字化测图实现了测图方法的重大变革，不仅提高了测图工作效率和测图精度，而且极大地方便了地形图使用、储存、传输及更新，更重要的是数字地形图易于与遥感数据、统计数据等融合，搭建系统分析与管理数据库，满足更广阔领域的需求。

地形图是常用的测绘资料，首先要能够读懂地形图，认识与理解地形图上表达的内容，包括图廓外的内容和图廓内的内容。在此基础上，通过地理信息查阅、几何要素量测等，进行各种工程设计与规划等，满足各种工程建设需要。

本章首先介绍地形图及相关知识，然后介绍地形图测绘的外业、内业工作方法及要求，最后介绍地形图在实际工作中的应用。

7.1　地形图基础知识

7.1.1　地形图

地形是地物与地貌的总称。地物是指地球表面上人工建造的固定物体（如房屋、道路、亭子等）和自然力作用下形成的独立物体（如河流、岩石、森林等），地貌是指自然力作用下形成的地球表面高低起伏的形态（如山脊、山谷、盆地等）。地形图是描绘地形的一种图件，严格地说，地形图是采用一定的数学投影方法，按照一定的比例尺，将地物和地貌经过综合取舍测绘在投影平面上，并用规定的符号表达出来，形成的图件。地形图具有严格的数学基础，正确地表达地面点的空间位置及其相对位置关系，具有可量测性；地形图是地球表面按一定比例尺的缩绘，具有一览性；地形图按照统一规定的符号表达地形信息，具有直观性。

对于一般地形图，地物需要测出平面位置，绘出边界形状；地貌既要测平面位置，又要测高程，绘出基本地貌形态。如图 7-1 所示，明显可见居民地、铁路、农村道路、林地等地物符号，也可见等高线、陡坎等地貌符号。只测绘地物平面位置，不测或测少量地物点的高程，这种地形图称为地物平面图，一般城市地形图为地物平面图，是以人工地物为主，如道路、房屋、操场、绿地等。

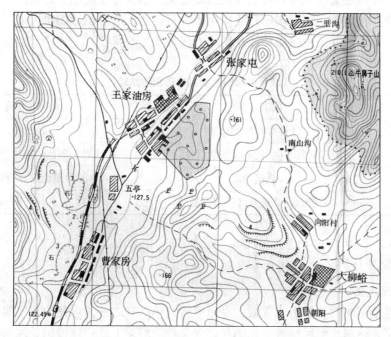

图 7-1　地形图

地形图的内容可以分为数学要素、地形要素和注记与整饰要素三类。

数学要素：构成地形图的数学基础，包括投影方法、比例尺、控制点、坐标系统和高程系统等。地形图是平面图件，而地球表面是不可延展的曲面，将曲面上的点投影到平面上，必须采用一定的数学投影方法。我们国家 1∶50 万及以上地形图采用高斯投影，即等角横切椭圆柱投影；1∶100 万地形图采用兰勃特投影，即正轴等角割圆锥投影。地形图控制点包括平面控制点和高程控制点，根据平面位置用符号表示在图上，高程控制点需要注记高程。坐标系统和高程系统是地形图空间参考基准，在同一坐标系下，相同比例尺的地形图可以拼接。地形图的数学要素保证地理信息的准确性和地形要素的可量测性。

地形要素：包括地物与地貌两个方面，地形图不能详细地展现地物与地貌的全部细节，要根据比例尺进行综合取舍，选择能够表达地物和地貌的典型特征点进行测绘，比例尺越大越详细，比例尺越小越综合，但是，按照比例尺表达不出来的重要地形要素也要测绘，如测量控制点、特殊标志等重要的独立地物。

注记与整饰要素：注记要素指各种文字说明和数字说明，如地理名称、地物名称、等高线高程等，位于图廓以内；整饰要素是指图名、图号、图例等地图资料说明，位于图廓以外。注记与整饰要素是为识图和用图服务的内容。

根据载体不同，地形图分为纸质地形图和数字地形图。纸质地形图是以图纸为载体，数字地形图以计算机支持的存储介质为载体，也称电子地形图，两者的区别见表 7-1。基于数字技术电子地图的根本特征是"屏幕上可视化"，而且使用向量式图像储存，比例可放大、缩小或旋转而不影响显示效果。另外，数字地形图的地形要素可以分层显示、组合与拼接，结合虚拟现实技术可实现立体化和动态化显示，并实现图上的长度、角度、面积等自动化测量，目前数字地形图已广泛应用于各行各业。数字地形图也可以以图纸为载体进行输出，但是表达方式、图面精度及使用方法将发生改变。

表 7-1　　　　　　　　　　　数字地形图与纸质地形图的比较

特征	数字地形图	纸质地形图
信息载体	计算机存取的介质	图纸
表达方法	计算机可识别的代码系统和属性特征	线划、颜色、符号、注记等
数学精度	测量精度	测量及绘图综合精度
工程应用	借助计算机及其外围设备	几何作图

7.1.2 地形图比例尺

1. 比例尺定义

比例尺是地形图的重要组成要素，是地形图数学基础之一，也是地形要素综合取舍的依据。用数字表达的比例尺称数字比例尺，含义是地形图上任一线段的长度与对应实地水平距离的比值，化成分子为 1 的形式。若图上距离为 d，对应的实地水平距离为 D，则

$$比例尺 = \frac{d}{D} = \frac{1}{M} \tag{7-1}$$

式中，M 为比例尺分母，与比例尺成反比。

另外，在地形图上，还有用图形表示的图示比例尺，如图 7-2 所示，也称直线比例尺，一般绘在数字比例尺的下方。图 7-2 为 1∶1000 地形图上的直线比例尺示例，1cm 对应实地距离为 10m，用卡规量测距离时可估读到图上 0.1mm，对应实地距离为 0.1m。

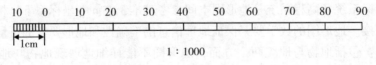

1∶1000

图 7-2　直线比例尺

数字比例尺简单明了，方便计算。图示比例尺形象直观，方便图上量测，可以减小图纸变形对图上测量精度的影响。

2. 比例尺系列

我国地形图比例尺系列有：

小比例尺：1∶200000，1∶500000，1∶1000000

中比例尺：1∶10000，1∶25000，1∶50000，1∶100000

大比例尺：1∶500，1∶1000，1∶2000，1∶5000

在实际测量工作中，不同比例尺地形图测绘方法不同，详见 7.2 节。各种比例尺地形图用途也不同，详见 7.3 节。

3. 比例尺精度

人眼能够分辨的最小距离为 0.1mm，地形图上的量测精度与比例尺有关，比例尺越大，量测精度越高，比例尺越小，量测精度越低。根据实际需要，定义图上 0.1mm 对应的实地水平距离为比例尺精度，其意义在于两方面：其一，根据测图比例尺大小确定测图的详细程度，如测绘比例尺为 1∶2000 的地形图，20cm 以下的实际长度已无法在图上表示，若不是特殊的地形要素，就没有必要测量；其二，根据地形图要求的详细程度确定测图比例尺，若需要表现不小于 10cm 的实际地物变化细节，测图比例尺不应小于 1∶1000。表 7-2 为不同比例尺地形图的比例尺精度。

表 7-2　　　　　　　　　　　　　　地形图比例尺精度

比例尺	1∶500	1∶1000	1∶2000	1∶5000	1∶10000
比例尺精度（m）	0.05	0.1	0.2	0.5	1.0

对于纸质地形图，比例尺精度是有意义的，而对于不以图纸为载体的数字地形图没有实际意义，但是数字地形图以图纸为载体输出，就存在比例尺精度问题。

7.1.3　地形图图式

为了保证地形图的通用性，我们国家统一使用《地形图图式》规定的符号。《地形图图式》是由国家质量监督检验检疫总局与国家标准化管理委员会发布的"国家标准"，我国现行大比例尺地形图图式为《国家基本比例尺地形图图式第一部分：1∶500　1∶1000　1∶2000 地形图图式》（GB/T 20257.1—2007），从 2007 年 12 月 1 日开始实施。《地形图图式》中规定地物符号、地貌符号、注记与整饰标准以及使用符号的原则、方法和要求，具体内容很多，本节只简单介绍地物符号、地貌符号和注记符号的分类，在 7.2 节中对部分符号使用要求进行简单说明，详细内容还需参考《地形图图式》。

1. 地物符号

在地形图上，表达地物类别、形状、大小的符号称为地物符号，地物符号包括三种类型，即比例符号、半比例符号和非比例符号。

比例符号：主要用于表示依比例尺投影在地形图上为面状的地物，如房屋、地块、湖泊等，依比例尺投影在地形图平面上地物特征点连接起来，形成的图形与实地地物平面图形相似。

半比例符号：主要用于表示依比例尺投影在地形图上为线状的地物，如小路、水渠、栅栏等，长度按比例尺缩小后可以表示在图上，宽度按比例尺缩小后无法在图上表示，只能用规定符号沿着实际地物的中心线位置表示。

非比例符号：主要用于表达依比例尺无法在地形图上表示，但比较重要的独立地物，如测量控制点、高压线杆、各种井等，只能用规定的符号表示在相关位置。非比例符号的长度、宽度及定位方法都有具体规定。

表 7-3 列出部分地物符号。

表 7-3 **地物符号示例**

类别	地貌名称	符号式样	地貌名称	符号样式
比例符号	蓄水池	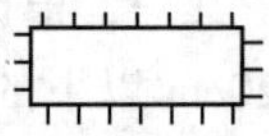	房屋	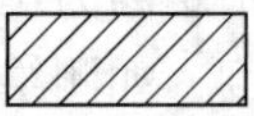
	沼泽	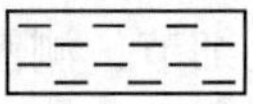	建设中房屋	 建
	采石场	 石	棚屋	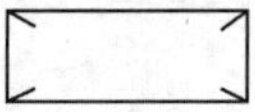
	盐碱地	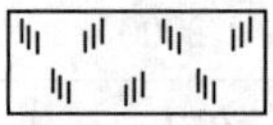	饲养场	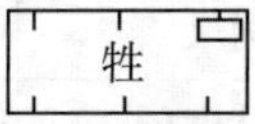 牲
	疏林地	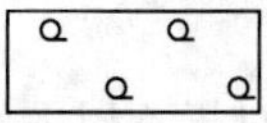	过街天桥	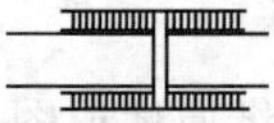
半比例符号	国界线	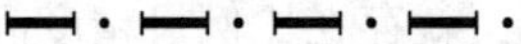	堤	
	省界线		篱笆	
	县界线		高速公路	
	电线杆		窄轨铁路	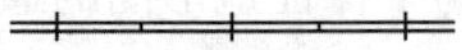
	下水管	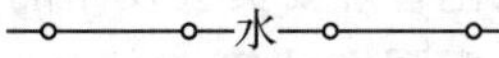 水	乡村路	
非比例符号	岗亭		三角点	
	路灯	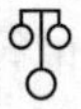	埋石图根点	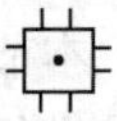
	喷水池		导线点	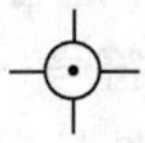
	假山石		水准点	
	钟楼		独立天文点	

2. 地貌符号

在地形图上，表示自然地表形态高低起伏的方法有多种，最常用的是等高线法。

（1）等高线

等高线是地面上高程相等的相邻地面点连接而成的闭合曲线，如图 7-3 所示，某一高程的等高线可以理解为过该高程的水准面与地表面的交线，220m 高程的水准面与地表面交线依比例尺投影在地形图平面上即为 220m 等高线，不同高程的水准面与地表面交线投影到地形图上得到不同高程的等高线，表征着地表高低起伏。

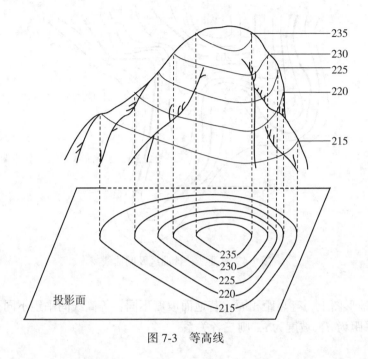

图 7-3　等高线

地形图上不能把全部等高线表达出来，不同比例尺地形图按照图面负载能力和地形起伏情况绘制不同等高距的等高线。所谓等高距是相邻两条等高线之间的高差，同一幅地形图上等高距相等，称为基本等高距。大比例尺地形图基本等高距见表 7-4，设地面倾角为 α，一般定义平地 $\alpha<3°$，丘陵地 $3°\leqslant\alpha<10°$，山地 $10°\leqslant\alpha<25°$，高山地 $\alpha\geqslant25°$。

表 7-4　　　　　　　　　　　　基本等高距(单位：m)

比例尺	地形情况及等高距			
	平地	丘陵地	山地	高山地
1：500	0.5	0.5	0.5 或 1.0	1.0
1：1000	0.5	0.5 或 1.0	1.0	1.0 或 2.0
1：2000	0.5 或 1.0	1.0	2.0	2.0

如图 7-4 所示，按照基本等高距绘制的等高线称为首曲线，用细实线表示，每隔四条首曲线加粗一条等高线，称为计曲线，在计曲线上标注高程，方便读图。当局部地貌平缓，首曲线不足以表达地形变化特征时，辅以 1/2 基本等高距等高线，也称间曲线，间曲线用长虚线表示，局部间曲线可以不闭合。在极个别情况，间曲线仍不能表

示局部的微型地貌，可再加绘助曲线，即 1/4 基本等高距的等高线，一般用短虚线表示，可不闭合。

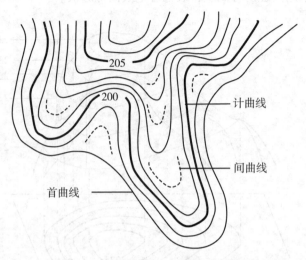

图 7-4　首曲线、计曲线及间曲线

在同一幅地形图上，等高距相同，若地面坡度不同，等高线间平距不同。设等高距为 h，等高线间平距为 d，坡度为 i，则三者关系

$$i = \frac{h}{d} \tag{7-2}$$

式中，上坡 i 为正，下坡 i 为负。可见，同一幅地形图，等高线平距与坡度成反比，坡度越小，两条等高线间平距越大，坡度越大，两条等高线间平距越小。以此可以判断地面坡度平缓还是陡峭。

（2）典型地貌等高线

典型地貌有山头、洼地、山脊、山谷、鞍部、陡崖、悬崖，掌握典型地貌等高线有助于地貌形态识别，帮助地形图识读。

山头与洼地：中间高四周低的地形称为山头，山头有平山头和尖山头。中间低四周高的地形称为洼地，大面积洼地称为盆地。如图 7-5 所示，在地形图上，山头和洼地等高线都为闭合曲线，通过等高线注记可以区分，也可以加绘示坡线（图 7-5 所示垂直短线），示坡线指向低处，据此可辨别山头与洼地。

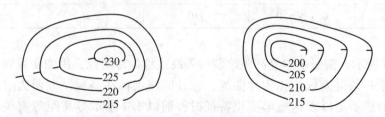

图 7-5　山头与洼地等高线

山脊与山谷：从山顶延伸至山脚两山坡中间凸起的山棱为山脊，棱线称为山脊线，也称分水线；从山顶延伸至山脚两山脊之间凹陷处为山谷，山谷中相邻最低点连线为山谷线，也称集水线。如图 7-6 所示，山脊等高线凸向低处，山谷等高线凸向高处，与等高线正交。山脊线与山谷线称为地性线，表征着地形结构。

鞍部：相邻两个山头之间的凹陷处为鞍部，如图 7-7 所示，S 点为鞍部，鞍部是两个山脊和两个山谷的交会处，鞍部等高线是近似对称的两组闭合曲线。

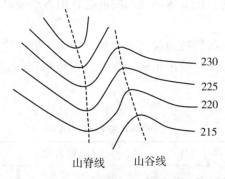

图 7-6　山脊与山谷等高线

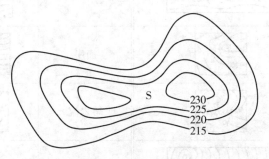

图 7-7　鞍部等高线

陡崖与悬崖：陡崖为近似直立的岩壁，陡崖上部向外突出便形成悬崖，如图 7-8 所示，陡崖 P 处 220m 与 225m 等高线接近重合，用陡崖符号表示；悬崖 Q 处等高线相交，220m 等高线被 225m 等高线遮蔽，用虚线表示。

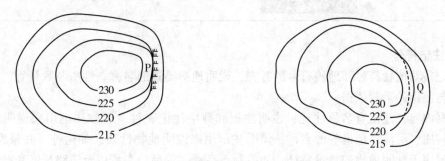

图 7-8　陡崖与悬崖等高线

（3）等高线特性

通过分析典型地貌等高线，可以归纳等高线特征：

①同一条等高线上各点高程相等；

②等高线是闭合曲线，在本图幅不闭合，也会在相邻图幅闭合；

③等高线遇陡崖重合，遇悬崖相交，否则不重合、不相交；

④同一幅地形图内，等高线之间平距与坡度成反比。

⑤等高线与地性线正交，山脊等高线凸向低处，山谷线等高线凸向高处。

（4）特殊地貌符号

在等高线地形图上，有些特殊地貌，如冲沟、雨裂、砂崩崖、土崩崖、陡崖、滑坡等无法用等高线表示，在地形图上绘出轮廓、位置，用地形图图式规定的符号表示，表 7-5 为部分特殊地貌符号。

表 7-5　　　　　　　　　　　　　特殊地物符号

地貌名称	符号式样	地貌名称	符号样式
冲沟		岩墙	
陡坎	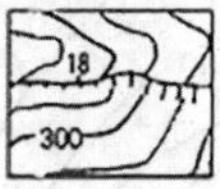	崩崖	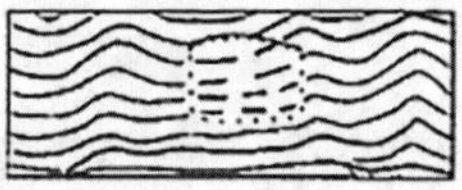
岩墙		熔岩流	
陡崖	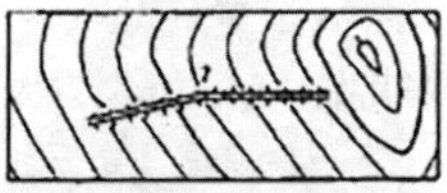	泥石流	
陡石崖	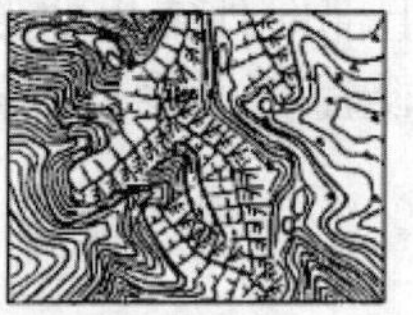	岸垄	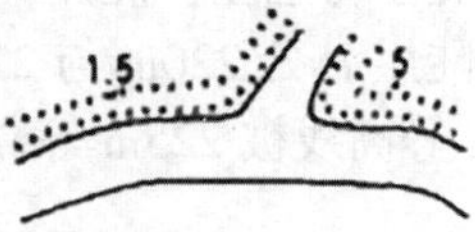

3. 注记符号

注记是对地物符号和地貌符号的补充，说明地形要素的名称、性质及数量等，是地形图识读与使用的重要依据。

根据内容，注记有名称注记、说明注记和数字注记三种。名称注记用来说明地物名称，如村庄、河流、街道等的名称；说明注记用来说明地物性质，如树种、井泉性质等；数字注记用于标明地物的数量特征，如控制点高程、等高线高程以及道路长度和航海线里程等。

根据形式，注记有水平字列、垂直字列、雁行字列、屈曲字列，水平字列字体中心连线平行南北图廓，左右排列；垂直字列字体中心连线垂直南北图廓，上下排列；雁行字列字体中心连线与南北图廓成一定角度，小于45°，左右排列，大于45°，上下排列；屈曲字列字体中心连线与地物走向一致，用于河流、山脉等注记。

7.1.4 地形图分幅及编号

为便于管理与使用，大量的地形图需要统一分幅和编号。现行的国家基本比例尺地形图分幅和编号执行1992年国家技术监督局发布的《国家基本比例尺地形图分幅和编号》（GB/T 13989—92）国家标准，自1993年7月1日起实施。

地形图分幅方法有两种，即梯形分幅与矩形分幅，分别对应不同编号方法。

我国1∶100万～1∶5千的地形图采用梯形分幅，大于1∶5千地形图采用矩形分幅（根据需要，有时1∶5千地形图采用矩形分幅）。梯形分幅也称国际分幅，沿着经纬线进行分幅，图幅形状呈梯形，适用于中、小比例尺大范围（全国、大洲、全球）的地图分幅。优点是按照统一规定的经差和纬差分幅，每图幅都有明确的地理位置，便于检索。缺点是当经纬线被投影为曲线时，不便于图幅拼接，需要设置重叠带；随着纬度升高，图幅面积不断缩小，不便于充分利用纸张，需要合幅；按规定的经差和纬差分幅，可能会破坏重要地理目标在图幅内的完整性，需要破图廓或增加补充图幅。

矩形分幅按照坐标线进行分幅，适合大比例尺地形图分幅。优点是便于图幅拼接，各图幅面积相对均衡，能保证重要地物在图幅中的完整性。缺点是制图区域只能一次投影，变形较大。

1. 梯形分幅和编号

首先，按照一定的经线和纬线进行1∶100万地形图分幅，然后，基于1∶100万图幅，不同比例尺按规定的经差和纬差划分图幅，编号一律采用行号+列号形式。

（1）1∶100万地形图分幅和编号

从赤道起，向两极以纬差4°分行，至南纬、北纬88°，分别分22行，行号依次用A，B，C，D，…，V表示；从经度180°起，自西向东以经差6°分列，共60列，列号依次用1，2，3，4，…，60表示。图7-9展示了东半球北纬1∶100万地形图分幅情况。

1∶100万地形图编号是行号在前，列号在后，如J52。为区别南北半球，编号前加N或S，我国领土全部位于北半球，省略N。由于图幅面积随纬度增高而减小，规定在纬度60°至76°之间同一行双幅合并，每幅图跨经差12°、纬差4°，在纬度76°至88°之间同一行四幅合并，每幅图跨经差24°、纬差4°，在编号中，行号不变，列号合并，如NT47、48、NP49、50、51、52，我国位于北纬60°以下，没有合幅图。以两极为中心，以纬度88°为界的圆形区域用Z表示。

我国领土1∶100万地形图行号从A至N，列号从43至53。北京所在图幅编号为J50，上海所在图幅编号为H51。

（2）1∶50万～1∶5千地形图分幅和编号

1∶50万～1∶5千地形图分幅基于1∶100万地形图图幅进行，表7-6列出1幅1∶100万地形图划分1∶50万～1∶5千地形图的经差、纬差及行数、列数。编号在1∶100万地

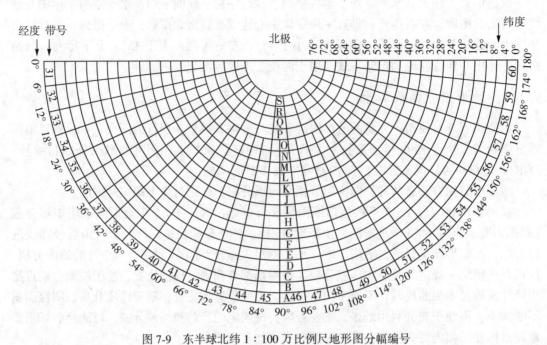

图 7-9　东半球北纬 1：100 万比例尺地形图分幅编号

形图编号的基础上，后续比例尺代码及图幅行号、列号。比例尺代码 1 位，用大写英文字母表示，不同比例尺代码见表 7-7。

表 7-6　　　　　　　　　　　　　　1：50 万~1：5 千地形图图幅划分

比例尺	1：50 万	1：25 万	1：10 万	1：5 万	1：2.5 万	1：1 万	1：5000
经差	3°	1°30′	30′	15′	7′30″	3′45″	1′52.5″
纬差	2°	1°	20′	10′	5′	2′30″	1′15″
行数	2	4	12	24	48	96	192
列数	2	4	12	24	48	96	192

表 7-7　　　　　　　　　　　　　　1：50 万~1：5 千地形图比例尺代码

比例尺	1：50 万	1：25 万	1：10 万	1：5 万	1：2.5 万	1：1 万	1：5000
代码	B	C	D	E	F	G	H

　　1：50 万~1：5 千地形图的行、列号用阿拉伯数字表示，行号 3 位，从北至南增大，列号 3 位，从西至东增大。如图 7-10 为编号 K51 的 1：100 万地形图，分成 4 幅 1：50 万地形图，图幅号分别为 K51B001001、K51B001002、K51B002001、K51B002002。分成 144 幅 1：10 万地形图，图幅 m 编号为 K51D008011，图幅 n 编号为 K51D005002。

　　(3)图幅编号计算

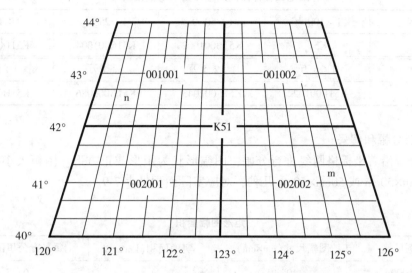

图 7-10 1：50 万和 1：10 万地形图分幅编号

设某地经纬度为(L, B)，则该点所在 1：100 万 ~1：5 千地形图的图幅编号如何计算呢？设 1：100 万比例尺地形图的图幅行列号分别为 m、n，则

$$\begin{cases} m = \left[\dfrac{B}{4°}\right] + 1 \\ n = \left[\dfrac{L}{6°}\right] + 31 \end{cases} \tag{7-3}$$

式中，[ ]为取整计算。

设 1：50 万 ~1：5 千地形图图幅的行列号为 p、q，则

$$\begin{cases} p = \dfrac{4°}{\Delta B} - \left[\left(\dfrac{B}{4°}\right) / \Delta B\right] \\ q = \left[\left(\dfrac{L}{6°}\right) / \Delta L\right] + 1 \end{cases} \tag{7-4}$$

式中，( )为取余运算，ΔB 为图幅纬差，ΔL 为图幅经差。

算例 7-1：某地经纬度为$(125°20'00'', 43°54'00'')$，则该点所在 1：100 万 ~1：5 千地形图图幅编号分别是什么？

解算：

（1）1：100 万

$$m = \left[\frac{43°54'00''}{4°}\right] + 1 = 11 \quad n = \left[\frac{125°20'00''}{6°}\right] + 31 = 51$$

（2）1：50 万

$$p = \frac{4°}{2°} - \left[\left(\frac{43°54'00''}{4°}\right) / 2°\right] = 1 \quad q = \left[\left(\frac{125°54'00''}{6°}\right) / 3°\right] + 1 = 2$$

其他各种比例尺同理，结果见表 7-8：

表 7-8   某地在各种比例尺地形图中的图幅编号

比例尺	1：100 万	1：50 万	1：25 万	1：10 万
编号	K51	K51B001002	K51C001004	K51D001011
比例尺	1：5 万	1：2.5 万	1：1 万	1：5 千
编号	K51E001022	K51F002043	K51G003086	K51H005171

2. 矩形分幅和编号

矩形分幅沿着坐标格网线进行分幅，图幅形状为矩形或正方形。图幅大小有 40cm×40cm、40cm×50cm 或 50cm×50cm 几种，对应实际面积见表 7-9。

表 7-9   矩形图幅面积

比例尺	图幅尺寸（cm×cm）	实地面积（km²）	每平方公里图幅数
1：5000	40×40	4	0.25
1：2000	50×50	1	1
1：1000	50×50	0.25	4
1：500	50×50	0.0625	16

矩形分幅编号通用方法是用图幅西南角坐标千米数编号，即纵横坐标以千米为单位的数值用"-"连接作为该图幅的编号，图 7-11（a）为 1：500 地形图分幅图，图幅 1 编号为 2.25-4.50，图幅 2 编号为 1.75-4.25；图 7-11（b）为 1：2000 地形图分幅图，图幅 3 编号为 3.0-3.0，图幅 4 编号为 2.0-5.0。

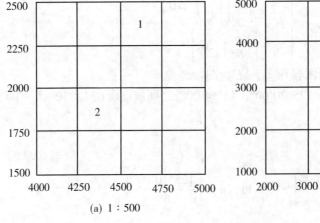
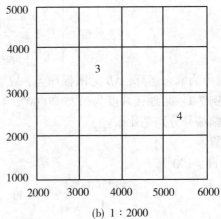

(a) 1：500   (b) 1：2000

图 7-11　矩形分幅和编号

矩形分幅编号方法还有采用基本图幅编号法和行列编号法等，可以参考有关资料（文献 1 等）。

7.2　地形图测绘

地形图测绘遵循"先控制，后细部"原则，首先进行控制测量，包括平面控制测量和高程控制测量，然后依据不同比例尺地形图测绘的精度要求，采集细部点（地物特征点和地貌特征点）的空间位置数据和属性特征数据，然后根据《图式》规定的地形图符号绘出地物和地貌，并进行必要的注记和说明。地形图测绘要求按照有关规范进行，本书参考《工程测量规范》（GB 50026—2007）。

不同比例尺地形图测图方法不同，1∶500、1∶1000 地形图主要使用全站仪测绘、RTK 测绘；1∶2000、1∶5000 地形图可用 1∶500 或 1∶1000 比例尺地形图缩绘，大范围用图可用航空摄影测量方法测绘；中比例尺地形图由国家测绘部门负责测绘，均用航空摄影测量方法；小比例尺地形图由中比例尺地形图缩绘。

7.2.1　图根控制测量

为满足测图进行的控制测量称为图根控制测量，图根平面控制测量可以采用图根导线、图根 RTK 测量、交会测量等方法，图根高程控制测量可以采用图根水准测量和图根三角高程测量方法。图根控制测量尽量利用测区已有的国家控制测量成果，根据不同比例尺地形图测绘要求和测区地形特征进行图根控制点加密。

1. 图根导线测量

电磁波测距导线是图根平面控制测量常用的方法，尽量布设附合导线。对于测图首级控制，边长应进行往返测量，其相对误差不应大于 1/4000。当导线长度小于规定长度的 1/3 时，其绝对闭合差不应大于图上 0.3mm；对于图根导线，当长度小于 200m 时，其绝对闭合差不应大于 13cm。对于难以布设附合导线的困难地区，布设支导线，支导线的水平角可用 6″级测角仪器施测，左、右角各 1 测回，其圆周角闭合差不应超过 40″，边长应往返测量，相对误差不应大于 1/3000。图根导线主要技术要求应符合表 7-10 的规定。

表 7-10 　　　　　　　　　　　　**图根导线测量主要技术要求**

测图比例尺	导线全长 （m）	平均边长 （m）	导线全长 相对闭合差	测角中误差 （″）	方位角闭合差 （″）
1∶500	900	80			
1∶1000	1800	150	1/4000	20	$40\sqrt{n}$
1∶2000	3000	250			

注：n 为整条路线测站数。

2. 图根交会测量

交会测量用于局部图根控制点补充。可以采用有校核条件的测边交会、测角交会、边角交会或内外分点等方法，当采用测边交会和测角交会时，其交会角应在 30°~150° 之间，观测限差应满足表 7-11 的要求，分组计算所得坐标差，应不大于图上 0.2mm。

表 7-11　　　　　　　　　　交会法图根点测量限差

半测回归零差 (″)	半测回角度差 (″)	测距读数差 (mm)	正倒镜高程差 (m)
20	30	20	基本等高距/10

3. 图根 RTK 测量

图根 RTK 直接测定图根点的坐标和高程，作业半径不宜超过 5km，对每个图根点均应进行同一参考站或不同参考站下的两次独立测量，其点位较差不应大于图上 0.1mm，高程较差不应大于基本等高距的 1/10。

4. 图根水准测量

图根水准测量的起算点精度不应低于四等。主要技术要求应符合表 7-12 的规定。

表 7-12　　　　　　　　　　图根水准测量主要技术要求

水准路线 长度(km)	每公里高差 全中误差(mm)	视线长度 (m)	观测次数		闭合差或较差	
			附合(闭合)	支线	平地	山地
5	20	100	单向	往返	$40\sqrt{L}$	$12\sqrt{n}$

注：L 为路线全长；n 为总测站数。

5. 图根三角高程测量

图根电磁波测距三角高程测量的起算点精度不应低于四等。主要技术要求应符合表 7-13 的规定。

表 7-13　　　　　　图根电磁波测距三角高程测量主要技术要求

路线长度 (km)	每公里高差 全中误差(mm)	仪器	测回数	指标差 较差(″)	对向观测高差 较差(mm)	路线闭合差 (mm)
5	20	6″	2	25	$80\sqrt{L}$	$40\sqrt{\sum L}$

注：L 为路线全长。

图根平面控制测量和图根高程控制测量可同时进行，也可分别施测。图根点相对于邻近等级控制点的点位中误差不应大于图上 0.1mm，高程中误差不应大于基本等高距的 1/10。对于较小测区，图根控制可作为首级控制，图根点的点位标志可以采用木桩，当图根点作为首级控制或等级点稀少时，应埋设适当数量的标石。每幅图要有一定数量的图根控制点，一般要求按照表 7-14 的规定进行。

表 7-14   一般地区图根控制点数要求

比例尺	图幅尺寸 (cm×cm)	图根点数量(个)	
		全站仪测图	RTK 测图
1：500	50×50	2	1
1：1000	50×50	3	1~2
1：2000	50×50	4	2
1：5000	40×40	6	3

7.2.2 细部测量

地形图不能表现地球表面上所有点,必须根据比例尺精度要求和地形要素的重要性进行综合取舍,选择能够反映地物和地貌主要特征的点进行测绘,这些特征点也称测图的细部点。对于大比例尺地形图测绘,细部点测量可以采用全站仪测量或 RTK 测量,测量精度相对于图根控制点的点位中误差不应超过表 7-15 的规定,隐蔽或施测困难地区可放宽50%。地形点间最大点位间距要求见表 7-16。

表 7-15   图上地物点精度要求

区域类型	点位中误差(mm)
一般地区	0.8
城镇建筑区、工矿区	0.6
水域	1.5

表 7-16   地形点间最大点位间距

区域类型	1：500	1：1000	1：2000	1：5000
一般地区(m)	15	30	50	100
水域断面间(m)	10	20	40	100
水域测点间(m)	5	10	20	50

1. 地物测绘

地物测绘是指对各类的建(构)筑物、管线、交通等及其相应附属设施和独立性地物的测绘,依比例尺绘制的轮廓符号应保证轮廓位置的几何精度,半依比例尺绘制的线状符号应保证主线位置的几何精度,不依比例尺绘制的符号应保证其主点位置的几何精度。根据规范,地物测绘一般要求:

(1)居民地

1：500 与 1：1000 地形图要分别施测;对于 1：2000 地形图上,小于 1m 宽的小巷,可适当合并；对于 1∶5000 地形图，小巷和院落连片的，可合并测绘。各街区单元的出入口及建筑物的重点部位，应测注高程点，对于地下建(构)筑物，可只测量其出入口和地面通风口的位置和高程。建(构)筑物用其外轮廓表示，房屋外轮廓以墙角为准，当建(构)筑物轮廓凸凹部分在 1∶500 比例尺图上小于 1mm 或在其他比例尺图上小于 0.5mm 时，可用直线连接。要求城镇和农村的街区、房屋，均应按外轮廓线准确绘制，街区与道路的衔接处，应留出 0.2mm 的间隔。

(2)独立性地物

能按比例尺表示的，应实测外廓，填绘符号；不能按比例尺表示的，应准确表示其定位点或定位线。

(3)管线

地上管线转角部分，均应实测。线路密集部分或居民区的低压电力线和通信线，可选择主干线测绘。当管线直线部分的支架、线杆和附属设施密集时，可适当取舍，当多种线路在同一杆柱上时，应择其主要表示。各种管线的检修井、通信线路的杆(塔)、架空管线的固定支架，应测出位置并适当测注高程点。

(4)交通及其附属设施

交通及其附属设施均应按实际形状测绘。铁路应测注轨面高程，在曲线段应测注内轨面高程，涵洞应测注洞底高程。1∶2000 及 1∶5000 地形图，可适当舍去车站范围内的附属设施。主要道路中心在图上每隔 5cm 处和交叉、转折、起伏变换处，应测注高程点。当绘制道路时，应先绘铁路，再绘公路及大车路等；当实线道路与虚线道路、虚线道路与虚线道路相交时，应实部相交；当公路遇桥梁时，公路和桥梁应留出 0.2mm 的间隔。

(5)水系及其附属设施

水系及其附属设施宜按实际形状测绘。水渠应测注渠顶边高程，堤、坝应测注顶部及坡脚高程，水井应测注井台高程，水塘应测注塘顶边及塘底高程。当河沟、水渠在地形图上的宽度小于 1mm 时，可用单线表示。水系应先绘桥、闸，其次绘双线河、湖泊、渠、海岸线、单线河，然后绘堤岸、陡岸、沙滩和渡口等；当河流遇桥梁时应中断，单线沟渠与双线河相交时，应将水涯线断开，弯曲交于一点；当两双线河相交时，应互相衔接。

(6)境界线

境界线按照界标点测绘。凡绘制有国界线的地形图，必须符合国务院批准的有关国境界线的绘制规定。境界线的转角处，不得有间断，并应在转角上绘出点或曲折线。

(7)植被

植被应按其经济价值和面积大小适当取舍，并应符合下列规定：①农业用地的测绘按稻田、旱地、菜地、经济作物地等进行区分，并配置相应符号。②地类界与线状地物重合时，只绘线状地物符号。③梯田坎的坡面投影宽度在地形图上大于 2mm 时，应实测坡脚；小于 2mm 时，可量注比高。当两坎间距在 1∶500 比例尺地形图上小于 10mm、在其他比例尺地形图上小于 5mm 时或坎高小于基本等高距的 1/2 时，可适当取舍。④稻田应测出田间的代表性高程，当田埂宽在地形图上小于 1mm 时，可用单线表示。

建(构)筑物细部坐标点测量的位置见表 7-17。

2. 地貌测绘

地貌包括等高线地貌和特殊地貌。对于等高线地貌，沿着地性线选择特征点测绘，包括山顶点、谷底点、鞍部点、山脊线和山谷线上的坡度变化处、山脚线拐弯点等，如果地形变化不明显，测绘的地形点也要有一定的密度，以便准确地绘制等高线。对于特殊地貌，如陡崖、悬崖、崩塌残蚀地貌、坡、坎等，沿着边界选择特征点，更准确地绘制特殊地貌符号。

表 7-17　　　　　　　　　　　　　建(构)筑物细部点测量位置要求

类别		坐标	高程	其他要求
建(构)筑物	矩形	主要墙角	主要外墙角、室内地坪	
	圆形	圆心	地面	注明半径、高度、深度
	其他	墙角、主要特征点	墙外角、主要特征点	
地下管道		起、中、转、交叉点的管道中心	对于地面、井台、井底、管顶、下水，测出入口管底或沟底	经委托方开挖后施测
架空管道		起、中、转、交叉点的支架中心	起、中、转、交叉点的变坡点的基座面或地面	注明经过铁路、公路的净空高
架空电力线路、电信线路		铁塔中心起、中、转、交叉点的杆柱中心	杆(塔)的地面或基座面	注明经过铁路、公路的净空高
地下电缆		起、中、转、交叉点的井位或沟道中心、入地处、出地处	起、中、转、交叉点的入地点、出地点、变坡点的地面和电缆面	经委托方开挖后施测
铁路		车挡、叉心、进厂房处、直线段 50m 一点	车挡、叉心、变坡点、直段 50m 一点、曲线内轨 20m 一点	
公路		干线交叉点	变坡点、交叉点、直线段 30~40m 一点	
桥梁、涵洞		大型的四角点、中型的中心线两端点、小型的中心点	大型的四角点、中型的中心线两端点、小型的中心点、涵洞进出口底部高	

等高线的绘制应保证精度，线划均匀、光滑自然，当图上的等高线遇双线河、渠和不依比例尺绘制的符号时，应中断。山顶、鞍部、洼地、山脊、谷底及倾斜变换处，应测注高程点。露岩、独立石、土堆、陡坎等应注记高程或比高。

等高线绘制一般采用"插点法"，如图 7-12(a)所示，首先将地性线连接起来，勾勒出地形结构。然后沿着地性线，按照不同比例尺地形图的等高距要求插绘等高线。插绘的原理是"相邻两点之间坡度相同，平距与高差成正比"，认为沿地性线两相邻高程点间为等坡度，插绘出两高程点间通过的等高线点，当所有等高线点插绘完成，将高程相等的相邻点连接成闭合曲线，如图 7-12(b)所示。必要情况下可以加绘间曲线和四分之一等高线。

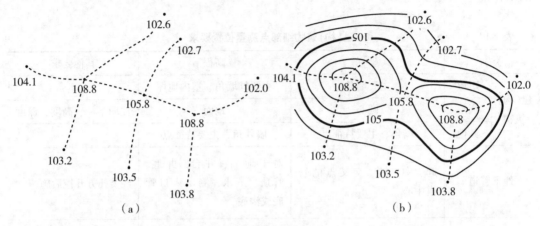

图 7-12　等高线插绘

3. 注记一般要求

地形图注记要求主次分明、互不混淆、不能遮盖重要地物、整齐美观。根据地形图图式，地形图注记的字体、字大、字向、字位、字隔等有详细的、统一的要求，使我们读图时不会产生歧义。注记一般要求：

①地形图上各种名称的注记，应采用现有的法定名称。

②文字注记，应使所指示的地物能明确判读。一般情况下，字体为等线体或宋体，字头尽量朝北，道路、河流名称可随线状地物弯曲的方向排列。各字的侧边或底边，应垂直或平行于线状物体。各字间隔尺寸应在 0.5mm 以上，远间隔的也不宜超过字号的 8 倍。注字应避免遮断主要地物和地形的特征部分。

③高程的注记，应注于点的右方，离点位的间隔应为 0.5mm。

④等高线注记的字头，应指向山顶或高地，字头不应朝向图纸的下方。

注记的具体要求查阅《地形图图式》。

7.2.3　数字化测图

数字化测图(Digital Surveying and Mapping, DSM)系统是以计算机及测图软件为核心，在外接输入输出设备的支持下，对地形空间数据和属性信息进行采集、输入、成图、输出、管理的测绘系统。如图 7-13 所示，数字化测图工作包括外业数据采集、内业机助成图和地形图输出三部分。数字化测图也要遵守先控制测量，后细部测量的原则，控制测量方法在 7.2.1 节已经说明，这里主要说明在测图过程中细部点测量方法。

外业数据采集任务是获取地形特征点的空间位置和属性信息。空间位置可以采用全站

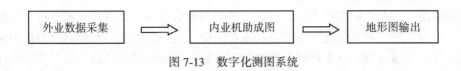

图 7-13　数字化测图系统

仪测量、RTK 测量、航空摄影测量及三维激光扫描等方法。全站仪测图、RTK 测图是单点信息采集方法，适合小区域大比例尺测图；航空摄影测量测图是面状信息采集方法，适合大面积中比例尺测图和影像地形图测绘；三维激光扫描测图是三维立体信息采集方法，适合无法到达区域测图和精细地形图测绘，如滑坡、塌陷、堰塞湖等地质灾害区测图。属性信息采集方法有地形编码、绘制草图及拍摄相片等方式，全站仪测图和 RTK 测图采用编码法或绘制草图方式，航空摄影测量测图采用对照航片外业调绘方式，三维激光扫描测图采用拍摄相片的方式。内业机助成图是在测图软件支持下，依据特征点的空间位置和属性信息绘制地形图，不同外业数据采集方式需要不同软件支持。在计算机上编辑好的地形图根据需要可以通过屏幕、绘图仪、打印机、存储介质等输出，以供查阅、使用与存储。

1. 全站仪测图

（1）外业数据采集

对于空间位置（平面坐标、高程）数据采集，全站仪平面坐标测量采用极坐标法，高程测量采用三角高程测量法。如图 7-14 所示，观测之前，将测站点 A 和定向点 B 的坐标及高程预先置于仪器内存。进入细部点观测，每个细部点，要输入点号（或仪器自动累加）、棱镜高 l，观测数据有仪器高 i、水平距离 D、水平角 β、竖直角 α，在坐标测量模式下全站仪会自动计算坐标和高程。坐标计算采用坐标正算公式（6-3）、公式（6-4），高程计算公式（4-10）。

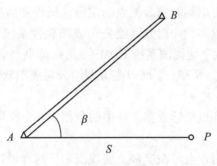

图 7-14　极坐标法测量

全站仪测图宜使用 6″级仪器，固定误差不应大于 10mm，比例误差系数不应大于 5ppm。仪器的对中偏差不应大于 5mm，仪器高和反光镜高的量取应精确至 1mm。尽量选择较远的图根控制点作为测站定向点，并施测另一图根控制点的坐标和高程，作为测站检核，检核点的平面位置较差不应大于图上 0.2mm，高程较差不应大于基本等高距的 1/5。分区施测时，应测出区域界线外图上 5mm。

　　细部点属性信息采集方法有以下三种：

　　①编码法：一个点的编码由分类码和线条码两部分组成，对各类地形点进行系统地划分，统一编分类码；对点的连接方式进行系统划分，统一编线条码。编码原则按国家标准和规范进行，尽量简单，便于记忆，不遗漏不重复。如常用的六位编码法，前 4 位代表地形分类(房屋、道路、河流等)，第 5 位代表连线次序(起点、中间点、终点)，第 6 位代表连线种类(直线、圆弧、曲线、空缺)。作业人员在实际作业中给每个细部点赋予一个编码，内业绘图时计算机识别编码后，将相同属性的细部点自动地顺序连接起来，形成不同属性的地形要素。在编码法作业中，可以采用通用编码格式，也可使用软件的自定义功能和扩展功能建立用户的编码系统进行作业。编码法的优势是自动化强，内业编辑量小，在现场就能显示出图形，可以及时发现和纠正错误，但是作业人员必须熟记分类码与线条码，并且测量员在测图过程中要不断地与立镜人员沟通，统一编号。

　　②草图法：在实测的过程中，画草图记录所测细部点的点号、相对位置及属性信息，作为内业绘图参照。要求按测站绘制草图，绘图员要在草图上标注出所测点的点号和属性信息，在测量过程中绘图员要和测量员及时联系，保证同一点的测点编号与仪器记录的点号一致。草图的绘制宜简化表示地形要素的位置、属性和相互关系。草图法缩短了野外作业时间，但内业编辑占用时间较多，出错时需要到实地检查和更正。

　　③内外业一体化法：外业测绘时，将电子测绘仪器与装有绘图软件的便携计算机连接，当全站仪测完地形点，计算机屏幕上即可显示点位和图形，并可根据实际情况对图形进行编辑，编辑好的图形存盘即可。采用内外业一体化实时成图法作业，必须实时确立测点的属性、连接关系和逻辑关系等，不用绘草图和记忆编码，也可随时更改错误。

　　(2)内业机助成图

　　全站仪与计算机联机，将原始数据文件中的地形测量数据(点号、三维坐标、属性编码)转存至计算机，并转换成软件默认的数据文件格式，数据量较少时也可采用键盘输入。对于地形测量数据，可增删和修改测点的编码、属性和信息排序等，但不得修改。

　　内业机助成图软件有很多，如南方测绘公司成图软件系统 CASS、清华大学的清华测霸 EPSW、武汉瑞得公司数字化测图系统 RDMS、北京道亨兴业科技发展有限公司专用电子平板绘测图系统 SVCAD，等等。下面以南方测绘公司成图软件系统 CASS 为例，说明草图法内业成图过程。

　　①定显示区：根据细部点坐标数据文件中的数据大小定义屏幕显示区域大小，以保证所有测点可见。

　　②展细部点：将野外测点点号在屏幕上展现出来，这样可以很直观地在图形编辑区看到各测点之间的关系。

　　③绘平面图：根据外业绘制的草图，利用成图软件的工具条和屏幕菜单选择相应的图式符号，在屏幕中将所有的地物绘制出来。在绘图过程中，可以随时切换点号定位法与坐标定位法，当数据量很大时，绘图员可以利用点号定位法轻松实现相关点的连接，在局部放大的区域，绘图员可以直观地看到测点的点号，再利用坐标定位法实现相关点的连接。使用数据文件自动生成的图形或使用批处理软件生成的图形，应对其进行必要的人机交互式图形编辑。CASS 软件提供了功能强大的图形编辑系统，利用其对所测地形图进行屏幕

显示和人机交互图形编辑，在保证精度的情况下消除地形、地物之间位置的相互矛盾。

④绘等高线：首先根据三维坐标生成数字地面模型，由于实际地貌的多样性和复杂性，自动构成的数字地面模型与实地地貌可能会有出入，可以通过修改构成模型的三角网来修改局部不合理的地方。比如说绘制一条直线公路，在野外采集时只采集到公路两边的端点，这时我们可沿公路边线增加适当密度的点，使数字地面模型可以准确地反映实际的地形。经过修改的数字地面模型被保存后，可以按用户设定的等高距自动生成等高线。自动生成的等高线会有穿过建筑物等不合理的现象，通过编辑删除，经过注记，生成最终可以使用的等高线。

⑤分幅与整饰：对编辑好的地形图进行自动分幅，如果分区施测的地形图还要进行图幅裁剪，裁剪之后应对图幅边缘的数据进行检查、编辑。按图幅施测的地形图，应进行接图检查和图边数据编辑，图幅接边误差应符合有关规定。图廓及坐标格网可采用成图软件自动生成，按实际需要对图幅进行整饰。

⑥编辑检查：检查内容包括图形的连接关系是否正确，是否与草图一致、有无错漏等；各种注记的位置是否适当，是否避开地物、符号等；各种线段的连接、相交或重叠是否恰当、准确；等高线的绘制是否与地性线协调、注记是否适宜、断开部分是否合理。对图上间距小于 0.2mm 的不同属性线段，处理是否恰当；地形、地物的相关属性信息赋值是否正确，等等。一般数字地形图编辑处理完成后，按相应比例尺打印地形图样图，按有关规定进行内、外业检查。

(3) 图形数据入库

地形图数据库是某一区域地形图数据的集合，地形图数据包括空间数据、非空间数据和时间因素。空间数据可分为点数据、线数据、面数据和混合性数据四种类型，主要特点是以精确的坐标来描述空间位置。非空间数据主要包括专题属性数据和质量描述数据等，属性数据定位于空间数据，所以地形图数据库具有明显的空间特征。空间和时间是客观事物存在的形式，两者之间是互相联系而不能分割的，时间因素为地理信息增加了动态性质，要求信息及时获取并定期更新。

数据库一般由数据集、物理存储介质和数据库软件三个基本部分构成，目前数据库常用的数据模型有层次模型、网状模型、关系模型以及面向目标或面向对象模型。地形图数据库一般为层次模型，将不同的地形要素置于不同的图层，分层存储的地图数据库结构有利于数据的共享和数据的更新。

2. RTK 测图

RTK 测图可以不单独进行图根控制测量，采用快速静态测量加密图根控制点，用作RTK 测量的基准站，控制点外业数据采集后，需要立即进行处理，获取控制点的地方坐标以及测区的坐标转换参数。接着进行细部点测量，同样也可分为草图法、编码法和室内外一体化成图方法，外业采集数据传入计算机，在软件支持下机助成图。RTK 测图不适合建筑物密集地区细部点测量，这方面全站仪比较有优势，所以实际测图工作中，通常采用 RTK 与全站仪联合作业模式。

(1) 数据采集

根据测区面积、地形地貌和数据链的通信覆盖范围，均匀布设参考站，一般参考站的地势相对较高，周围没有高度角超过 15° 的障碍物和强烈干扰卫星信号或反射卫星信号的物体，参考站的有效作业半径不应超过 10km。参考站接收机天线应精确对中、整平，对中误差不应大于 5mm，天线高测量值应精确至 1mm。正确连接天线电缆、电源电缆和通信电缆等，接收机天线与电台天线之间的距离不宜小于 3m，正确输入参考站的相关数据，包括点名、坐标、高程、天线高、基准参数、坐标高程转换参数等。电台频率的选择，不应与作业区其他无线电通信频率相冲突。

流动站作业的有效卫星数不宜少于 5 个，PDOP 值应小于 6，并应采用固定解成果。正确地设置和选择测量模式、基准参数、转换参数和数据链的通信频率等，其设置应与参考站相一致。流动站的初始化，应在比较开阔的地点进行。作业前，宜检测 2 个以上不低于图根控制点精度的已知点，检测结果与已知成果的平面较差不应大于图上 0.2mm，高程较差不应大于基本等高距的 1/5；作业中，如出现卫星信号失锁，应重新初始化，经重合点测量检查合格后，方能继续作业；结束前，应进行已知点检查。分区作业时，各应测出界线外图上 5mm，不同参考站作业时，流动站应检测一定数量的地物重合点，点位较差不应大于图上 0.6mm，高程较差不应大于基本等高距的 1/3。

（2）数据处理

作业前应搜集测区的控制点成果、测区坐标系统和高程基准参数、WGS-84 坐标系与地方坐标系转换参数及 WGS-84 坐标系大地高基准与测区地方高程基准的转换参数，用来把 GPS 观测成果转换为地方观测成果。

如果应用已有的转换参数，不应超越转换参数所覆盖的范围，而且输入的参考站点空间直角坐标应与求取转换参数（或似大地水准面）时所使用的原 GPS 网的空间直角坐标成果相同，否则应重新求取转换参数。另外，使用前应对转换参数的精度、可靠性进行分析和实测检查，检查点应分布在测区的中部和边缘，检测结果平面较差不应大于 5cm，高程较差不应大于 30Dmm（D 为参考站到检查点的距离，单位为 km），超限时，应分析原因并重新建立转换关系。

如果采用重合点求定参数（七参数或三参数）方法，坐标转换和高程转换宜分别进行。坐标转换位置基准应一致，重合点的个数不少于 4 个，且应均匀分布在测区的周边和中部。坐标转换参数也可直接应用测区 GPS 网二维约束平差所计算的参数。高程转换可采用拟合高程测量的方法。

对于面积较大的测区，需要分区求解转换参数时，相邻分区应不少于 2 个重合点。转换参数宜采取多种点组合方式分别计算，再进行优选。对于地形趋势变化明显的大面积测区，应绘制高程异常等值线图，分析高程异常的变化趋势是否同测区的地形变化相一致。当局部差异较大时，应加强检查，超限时，应进一步精确求定高程拟合方程。

3. 航空摄影测量测图

航空摄影测量测图是在飞机上对测区地面进行摄影，根据航空像片的信息，结合地面控制测量，在软件支持下测绘地形图的工作。外业工作包括航空摄影、像片控制测量、像片调绘，内业工作包括空中三角测量、地形数据采集、内业成图。目前，利用 GPS/INS 辅助空中三角测量不再需要大量的外业控制点，甚至不需要地面控制点，即可获取地面目标的空间位置，使航空摄影测量作业流程更加简化，作业效率显著提高，生产成本得到降低。

航空摄影测量测图需要专业软件支持，常用软件有四维远见信息技术有限公司研发的摄影测量工作站 JX4、航天远景科技有限公司研发的 MapMatrix 系统、适普软件有限公司与武汉大学遥感学院共同研制的全数字摄影测量系统 VirtuoZo 等。应用 VirtuoZo 系统成图过程：首先对航片进行扫描获得 Tif 数据，在工作站上将数据格式转换为 img 数据，然后建立一系列参数文件(Block 文件、Model parameters 模型参数、Image pa-rameters 图像参数、CameraData 像机数据、Control Point Data 控制点数据)，自动进行内定向、相对定向、相关点自动匹配、绝对定向、核线重采样、影像匹配及模型拼接，自动生成 DTM 等高线、正射影像等，并可生成三维景观图。在数字测图状态下测量地物，用 IGS 程序编辑，主要编辑功能包括插补、垂测、更改、注记等，形成 ∗.XYZ 文件在 A10 绘图桌上输出线划图。

这部分内容很多，本书未涉及航空摄影测量内容，不便详述，需要了解的可参考相关资料(如《摄影测量学》等)。

4. 三维激光扫描测图

三维激光扫描系统是由三维激光扫描仪、软件控制平台、数据处理平台及其他附属设备共同构成，是一种新型空间信息数据获取系统。工作原理：首先由三维激光扫描系统向目标发射激光脉冲信号，然后通过探测器接收反射回来的脉冲信号，转换成能够直接识别处理的数据信息，经过软件处理获取所要的空间信息。采用三维激光扫描仪测图，细部点测量作业流程包括外业数据采集、点云数据配准、地物提取与绘制、非地貌数据的剔除、等高线的生成等步骤。

(1)外业数据采集

对测区周围环境进行考察，确定扫描仪和标靶(扫描区的控制点标志)的合适位置。既要保证各扫描站获取的数据能代表完整的测量区域，尽量避免出现盲区，又要尽量少选择测站，以减少原始数据量，加快内业数据处理速度。为精确测量标靶的中心位置，保证后续多站数据的配准质量及坐标转换精度，除了扫描景观，还需要对标靶进行高分辨率扫描。

(2)点云数据配准

为了获得测区完整的三维数据，需要从不同测站进行多次扫描，每测站所获得的点云数据是处于本测站扫描仪坐标系下，数据配准目的是将两个或两个以上坐标系中的三维空间数据点集转换到统一坐标系统中。配准方法有相对方式和绝对方式两种，相对方式是以某一扫描站的坐标系为基准，其余测站的数据都转换到该测站坐标系统下；绝对方式是各测站都直接转换到统一的绝对坐标系中。地形测绘一般采用绝对方式配准，也可以根据实际情况将两者结合起来灵活使用。

(3)地物提取与绘制

地物平面图是在配准后的点云上手工绘制的，一般利用三维激光扫描仪数据处理软件结合 CASS 等制图软件来实现。在点云数据中直接选取最靠近地面的特征点，必要时做简单的差值处理，直接获得特征点的三维坐标，用 CASS 软件绘制地形轮廓。由于点云数据量巨大，普通的个人电脑无法运行如此海量数据，必须在 RISCAN PRO 等专业的点云数据处理软件内才能方便地打开、显示、处理，所以综合利用两个软件的优势是实现快速生成地形图的关键。

（4）等高线生成

三维激光扫描仪所获得的三维点云数据包含了地表的所有信息，如何剔除点云数据中的非地貌数据，是等高线生成的关键问题。必须对点云数据进行分解，将房屋、植被等地物数据从点云中剔除。一般借助专业的点云数据处理软件，人机交互式剔除非地貌数据，将剔除非地貌数据的点云数据按地形测绘的要求抽稀，再导入如 CASS 等数字成图软件中，便可自动生成等高线。

（5）地形图编辑

将地物图形与等高线图形进行叠加和编辑，由于剔除地物的数据所生成的等高线有局部缺失、扭曲、不光滑等问题，需要对照照片及点云数据进行手动修改。最后加上高程注记，生成图廓，并进行局部的整饰。

7.2.4 地形图编绘

中小比例尺地形图在经济建设、城镇规划等方面应用广泛，许多用户要求把大比例尺地形图缩编成中小比例尺地形图。数字地形图编制是一种经济、快速、实用的成图方法。数字地形图编制需要在相关软件支持下进行，下面简单介绍使用 CASS 软件编图过程。

1. 准备工作底图

按照编图比例尺分幅要求，将已有大比例尺地形图资料进行拼接，拼接时按照整公里数进行，形成编绘原图。

2. 图元综合

用大比例尺地形图编绘小比例尺地形图的过程是图元的比例变化及地图综合的过程，以去粗取精、舍次求本为原则，对图中地物进行省略、合并、放大、移位、选取、简化等操作，使编辑后的地形图在内容上保持与比例尺相应的详细程度。

3. 进行批处理

①删除次要地物。通过搜索各种地物符号编码，用删除编码的办法进行批量删除。

②等高线抽稀。原图上地貌特征点比较多，利用软件将等高线进行抽稀处理。

③符号替换。不同比例尺地形图使用的地物符号不同，用编制地形图比例尺规定的符号替代原图比例尺符号。

4. 人工编辑

地形图比例尺缩小，会出现很多问题，通过人工编辑解决。

①符号抽稀，主要是针对植被填充和高程注记。对于植被填充，大范围删除后按新比例尺要求填充，小范围手工抽稀。高程标注时优先保留特征点，然后按照新比例尺要求标注。

②地物取舍与合并。按照新比例尺要求删除多余地物，合并同类地物的细部，反映出地物的主要结构特征。

③移位编辑。针对图形元素互相重叠、压盖及相交等关系混乱状况，进行移位编辑

处理。

④文字编辑。主要为注记编辑。

5. 图面检查

①地理精度检查。包括地形要素的表示是否正确、地理要素的表示是否协调一致、注记和符号的表示是否符合图式要求、综合取舍是否恰当、图面是否清晰美观、图廓整饰是否正确完整等。

②数学基础检查。包括所用坐标系统的正确性、图廓线坐标及控制点的正确性、图廓接边准确性等。

③整饰质量检查。包括线划是否光滑清晰、线型是否符合规定、注记内容是否正确、表达方式是否符合规定、各种地理要素关系是否正确等。

④入库检查。根据 GIS 系统的要求进行入库数据检查，内容包括属性与编码的一致性、图层与颜色的一致性、格式一致性、拓扑关系的正确性、多边形闭合情况等。

7.3 地形图应用

地形图作为基础地理信息资料，广泛应用于各种工程建设中。1：500 和 1：1000 地形图主要用于详细规划、控制性详细规划、工程施工、土地整理、工程土方计算等；1：2000 地形图主要用于城市规划设计、城市控制性详细规划、工程初步设计、水利勘探管理、工程可行性研究及设计、工程附图图件以及个别工程施工用图等；1：5000 地形图主要用于总体或者详细规划设计、区域性规划、土地利用调查、工程可行性研究及设计、市政专题图制作等；1：10000 地形图主要用于总体规划、初步方案设计、省级水利普查、农垦和水利科研项目、县级和市级土地调查、工程可行性研究、工程地质调绘等；1：50000 地形图主要用于总体规划、初步或概略方案设计、国家级水利普查、市级和镇级土地调查等，还可作为遥感影像纠正和控制的基础。

7.3.1 地形图识读

只有很好地识图，才能更好地用图。地形图识读从两个方面来说明，即图廓外内容识读和图廓内内容识读。

1. 图廓与图廓外内容

（1）梯形分幅地形图

如图 7-15 所示，1：1 万～1：10 万地形图的图廓由内图廓、分度带和外图廓组成，内图廓是由经线和纬线围成的梯形，也是该图幅的边界线，图幅四角标注经纬度。内、外图廓之间为分度带，绘有加密经纬网的分划短线，每条分划短线的长度表示实地经差或纬差是 1′。分度带与内图廓之间，以"km"为单位注记平面直角坐标值。外图廓仅起装饰作用，有的图在东、西、南、北外图廓线中间分别标注了四邻图幅的图号，说明本图幅与四邻图幅的相关位置。

图廓外内容包括图名、图号、接图表、比例尺、坡度尺、三北方向、坐标系统、高程系统及图例等。图名、图号一般位于图廓正上方,图名以本图幅区域内比较重要地理名称命名,图 7-15 图名是《长安集》;图号是按照正规分幅编号得到的图幅编号,图 7-15 图号是 L51F048048。接图表绘于图廓左上角,中间为本图幅,其余为相邻图幅,便于查找地形图资料。比例尺一般标注在图廓正下方,除数字比例尺,另绘有直线比例尺,借助卡规和直尺可量测图上两点间距离。一般地形图都绘有坡度尺,借助卡规可量测图上两点间坡度。三北方向及相对位置关系绘在图廓下方,表示本图幅所在位置的三北方向平均值,方便地形图定向。图廓右下角有地形图资料有关信息说明,包括地形图坐标系统、高程系统、测绘时间、地形图图式的版别、测绘单位等。一般图廓右侧注记地形图主要图例。

(2)矩形分幅

矩形分幅的地形图有内、外图廓线,内图廓线就是坐标格网线,也是图幅的边界线,在内图廓与外图廓之间四角处注平面直角有坐标,内图廓每隔 10cm 绘有 5mm 长的短线,表示坐标格网的位置。图廓内绘有十字短线,以标记坐标格网交叉点。

2. 图廓内内容

(1)测量控制点

测量控制点包括平面控制点和高程控制点,根据不同符号进行识别。另外,控制点的点号(或名称)、等级及高程都有注记。

(2)地形要素

根据地形图图式规定的符号识别各种地物和地貌。

①居民点:包括城镇、农村居民点、工矿用地、农林牧渔场等,居民点名称一般在图上有注记。工矿用地的建筑包括矿井、石油井、探井、吊车、燃料库、加油站、变电室、露天设备等。

②道路:包括公路、铁路及附属建筑,如车站、路标、桥梁、天桥、高架桥、涵洞、隧道等。

③管线和垣栅:管线包括各种电力线、通信线以及地上、地下的各种管道、检修井、阀门等。垣栅包括长城、砖石城墙、围墙、栅栏、篱笆、铁丝网等。

④境界:包括国界、省界、市界、区界(或县界)、乡界等。

⑤水系:包括江、河、湖、海、水库、沟渠、岸滩、井、泉等及水系附属建筑,如防洪墙、渡口、桥梁、拦水坝、码头等。

⑥地貌:地貌主要根据等高线进行识读,根据等高线的疏密程度及其变化情况来分辨地面坡度的变化,根据等高线的形状识别山头、山脊、山谷、盆地和鞍部等地貌形态。陡崖、冲沟、陡石山等特殊地貌根据符号识别。

⑦植被:植被是指覆盖在地表上的各种植物的总称,包括林地、草地、耕地、荒地等,在地形图上用不同符号表达。

(3)注记要素

图廓内注记主要为名称注记、说明注记和数字注记。

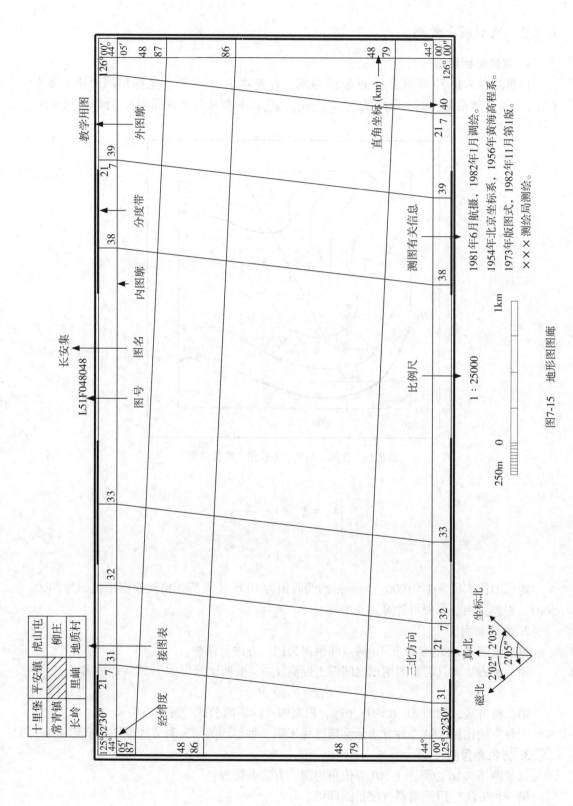

图7-15 地形图图廓

7.3.2　地形图上量测

1. 点位坐标量测

以量测图 7-16 地形图上 A 点坐标为例，首先读取 A 点所在坐标格网西南角坐标 $(X_0，Y_0)$，然后量测图上距离 d_{mA}、d_{mn}、d_{pA}、d_{pq}，根据坐标格网间距 l，计算 A 点坐标。

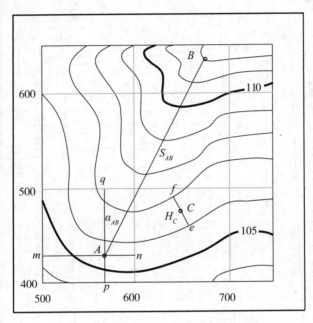

图 7-16　坐标、距离、方位角及高程量测

$$\begin{cases} X_A = X_0 + l \cdot \dfrac{d_{pA}}{d_{pq}} \\[3mm] Y_A = Y_0 + l \cdot \dfrac{d_{mA}}{d_{mn}} \end{cases} \tag{7-5}$$

地形图比例尺为 1∶1000，坐标格网线间距为 100，A 点所在格网西南角坐标为 (400，500)，根据量测数据便可计算 A 点坐标。

2. 距离量测

以量测图 7-16 地形图上 AB 两点间距离为例，方法有两种：

第一种方法，只需量测两点之间图上距离 d_{AB}，根据比例尺 M 计算实地距离：

$$S_{AB} = d_{AB} \cdot M \tag{7-6}$$

第二种方法，量测 A、B 两点坐标，根据两点间距离公式计算实地距离。

两种方法比较，第二种方法量测精度优于第一种，因为第一种方法受图纸变形影响。

3. 方位角量测

以量测图 7-16 地形图上 AB 方位角为例，方法有两种：

第一种方法，用量角器直接量测即可。

第二种方法，量测 A、B 两点坐标，反算坐标方位角。

两种方法比较，第二种方法量测精度优于第一种。

4. 高程及坡度量测

以量测图 7-16 地形图上 A 点高程为例，方法如下：

首先，过 C 点作与相邻两条等高线近似垂直的直线，分别交于 e、f 两点，然后量测 eC（或 Cf）、ef 图上距离 d_{eC}（或 d_{Cf}）、d_{ef}，根据地形图等高距 h 便可计算 C 点高程

$$H_C = H_e + h \cdot \frac{d_{eC}}{d_{ef}} \tag{7-7}$$

或

$$H_C = H_f - h \cdot \frac{d_{Cf}}{d_{ef}} \tag{7-8}$$

地形图等高距为 1m，$H_e = 106\text{m}$，$H_f = 107\text{m}$，根据量测数据便可计算 C 点高程。

若量测两点间坡度，只需分别量测两点高程 H_f、H_e 及两点间水平距离 d_{ef}，进行计算。e、f 两点之间坡度为：

$$i_{ef} = \frac{H_f - H_e}{d_{ef}} \tag{7-9}$$

5. 面积量测

（1）几何公式法

若待测面积区域是三角形、梯形等规则几何图形，或可以分割成规则几何图形的图形，便可应用面积公式计算待求面积。如图 7-17(a) 所示，待测面积为五边形 $ABCDE$，可以分割成 3 个三角形 ABC、ACD、ADE，分别量测底边和高，应用公式 $S =$（底×高）/2 计算三角形面积，再累积计算五边形面积。三角形、梯形等面积计算公式有多种，只需量测对应的边或角等几何要素便可计算。

（2）坐标解析法

如果待测面积区域较大，一般测量细部点坐标，采用坐标解析法计算。如图 7-17(b) 所示，四边形 $ABCD$ 面积可以通过 4 个梯形 $ABba$、$BCcb$、$CDdc$、$ADda$ 的面积计算得到。即

$$S = \frac{1}{2}(X_A + X_B)(Y_B - Y_A) + \frac{1}{2}(X_B + X_C)(Y_C - Y_B) + \frac{1}{2}(X_C + X_D)(Y_D - Y_C)$$
$$- \frac{1}{2}(X_A + X_D)(Y_D - Y_A)$$

通用公式

$$S = \frac{1}{2}\sum_1^n \left[(X_i + X_{i+1})(Y_{i+1} - Y_i)\right] \tag{7-10}$$

式中，$i = 1, 2, \cdots, n$，当 $i = n$ 时，$i + 1 = 1$。

坐标解析法计算面积公式有多种形式，不一一列举。坐标解析法适用于数字地形图上面积量测。若待测面积区域为曲线边界，适当多测细部点，使测量精度满足要求。

使用数字地形图进行图上量测，需要在软件支持下进行。在数字地形图上，可以直接

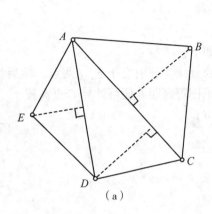 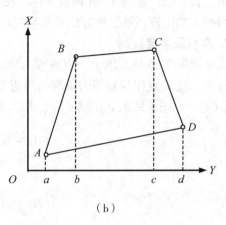

图 7-17 面积量测

查询任意点的平面坐标和高程，直接测量任意两点之间的倾斜距离、水平距离、高差、坡度、水平方位角、空间方位角及线状地物上任意两点间空间折线段的长度。

7.3.3 地形图上设计

1. 按限定坡度选最短路线

在地形变化较大的区域修建道路、管线等有坡度限制，为了减少工程量，需要选择限定坡度下的最短路线。如图 7-18 地形图，若在 A、B 两点间选定坡度小于 i 的最短路线，只需计算相邻两条等高线间满足要求的最短图上距离，便可在图上选定路线。

设比例尺分母为 M，根据式(7-2)中坡度 i、等高距 h 及等高线平距 D 之间的关系，则图上两条等高线之间按坡度 i 应走的最短距离为：

$$d = \frac{h}{i \cdot M} \tag{7-11}$$

若图 7-18 为 1：5000 的地形图，等高距为 5m，设计坡度 $i \leqslant 5\%$，在 AB 之间设计一条最短路线。量测 A 点高程为 222m，计算 A 点到 225m 等高线应走的最短距离：

$$d_1 = \frac{h}{i \cdot M} = \frac{225 - 222}{0.05 \times 5000} = 0.012\text{m}$$

计算相邻两等高线之间应走的最短水平距离为：

$$d = \frac{h}{i \cdot m} = \frac{5.0}{0.05 \times 5000} = 0.020\text{m}$$

用卡规从起点 A 开始，以 d_1 为半径画弧线，交 225m 等高线两点，选择 1 点。然后，分别以 d 为半径画弧，选择路线与各等高线交点 2、3、4、5 点，有时可能交点不止一个，尽量选择直伸路线，还要顾及地形施工方便等，最后，将相邻的点连接起来便是按照坡度设计的最短路线。

2. 确定汇水范围和面积

在修建桥梁和涵洞时，需要根据汇水范围设计桥梁高度和涵洞大小。如图 7-19 虚线

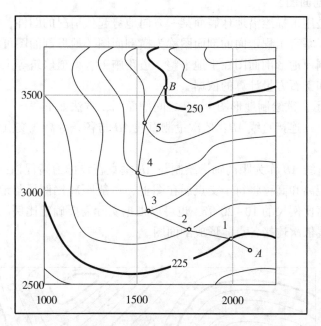

图 7-18 按照坡度设计最短路线

所示，汇水范围是由一系列山脊线（分水线）顺序连接起来，再与桥涵闭合形成的，根据高程确定流向。纸质地形图可以通过求积仪量测汇水面积，数字地形图通过 CAD 计算汇水面积。

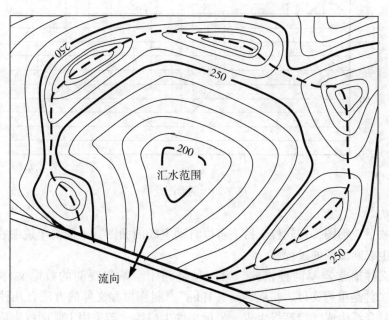

图 7-19 确定汇水范围

3. 绘制地形剖面图

地形剖面图是用来描绘沿地球表面某一方向地势起伏情况的图件，沿工程走向的剖面图称为纵剖面图，垂直工程走向的剖面图称为横剖面图。地形剖面图可以实测绘制，也可以根据地形图绘制。地形剖面图在土地平整、道路施工、渠道修筑等工程中经常用到，主要作为坡度设计和土石方量计算的依据。

如图 7-20 所示，欲绘制地形图上 AB 之间剖面图，方法如下：

①在地形图上，连接直线 AB，依次量测直线 AB 与各条等高线交点距起始点 A 的水平距离和交点高程；

②绘制水平直线 AB 作为距离轴，绘制与 AB 垂直直线作为高程轴；

③根据水平距离和高程将每个交点展在图上，一般距离比例尺与地形图比例尺一致，高程比例尺是距离比例尺的 10~20 倍，也可以根据实际需要确定比例尺；

④用光滑曲线依次连接各点，形成剖面图。

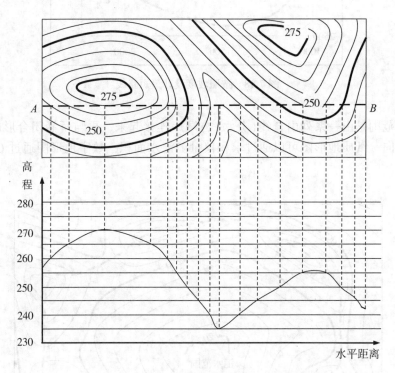

图 7-20　剖面图绘制

若使用数字地形图，在软件支持下可以自动生成剖面图。下面简单说明在 CASS 软件支持下自动生成断面图的过程。

①数据文件通常需要两种格式，第一种是利用全站仪观测的数据文件，扩展名为".Dat"；第二种是里程文件，扩展名是".Hdm"。制作里程文件的方法有几种，可以由断面线生成、复合线生成、等高线生成、坐标文件生成等，若采用由断面线生成里程文件方法，选择"工程应用"→"生成里程文件"→"由纵断面线生成"→"新建"菜单项。然后选择

纵断面线，弹出对话框。"中桩点获取方式"为"等分"，即自起点开始间距相同；"节点"即断面需要通过节点；"等分且处理节点"即间距相同且非整数间距节点。

②绘制横断面图

选择"工程应用"→"绘断面图"→"根据里程文件"→"输入断面里程数据文件名"的对话框，在"里程数据文件名"栏中选择对应的里程数据文件。点击"确定"之后，屏幕弹出绘制断面图对话框，输入相关参数，点击"确定"按钮，屏幕上即会出现所选断面线的横断面图。

③绘制纵断面图

采用复合线将断面线生成，并选择"工程应用"→"绘断面图"→"根据已知坐标"功能，弹出"断面线上取值"对话框，执行"由数据文件生成"，并在"坐标数据文件名"栏中指定高程点数据文件"输入采样点间隔"：软件的默认值为20米。采样点间距即如果复合线两定点距离超过此间距，那么每隔此间距就需插点。单击"确定"之后，弹出绘制纵断面图对话框。输入相关参数，点击"确定"按钮，屏幕上即会出现所选断面线的纵断面图。

4. 确定填挖分界线和土方量估算

在各种工程建设中，经常涉及场地平整，可能是水平场地平整，也可能按照一定坡度进行平整，高的地方需要挖，低的地方需要填，平整之前要进行平整高程设计及工程土方量估算。对于平整为水平场地，平整高程一般设计为测区平均高程，土方量计算方法有方格网法、断面法、等高线法等多种，下面以方格网法为例进行说明。

图7-21为1:1000地形图，根据等高线确定填挖分界线及土方量计算步骤：

①在测区范围内绘制方格网，一般边长为2cm，并对方格进行编号；

②量测每个方格顶点地面高程，标注在图上，如方格1的四个顶点高程分别为216.7m、215.8m、214.6m、215.5m；

③计算设计高程(设图中设计高程为212.3m)计算方格顶点的填挖值，确定填挖分界线。

$$填挖值 = 测量高程 - 设计高程$$

挖点为"+"，填点为"−"。确定填挖值为"0"的点，并用光滑曲线连接起来，即为填挖分界线。

⑤土方量估算。设每个方格面积为a(可以通过边长和比例尺计算)，则

全挖的方格，如方格1，挖方量为：

$$V_{1(挖)} = \frac{1}{4}(4.4 + 3.5 + 2.3 + 3.2)a = 3.350a$$

全填的方格，如方格23，填方量为：

$$V_{23(填)} = \frac{1}{4}(-1.7 - 2.6 - 3.8 - 2.6)a = -2.675a$$

有填有挖的方格，如方格12，填挖方量为：

$$V_{12(挖)} = \frac{1}{5}(0 + 0 + 0.2 + 1.2 + 0.3)a_{12(挖)} = 0.340a_{12(挖)}$$

$$V_{12(填)} = \frac{1}{3}(0 + 0 - 0.7)a_{12(填)} = 0.233a_{12(填)}$$

169

不是整格的面积，可以通过面积量测得到。

最后，累加所有挖方量和填方量。

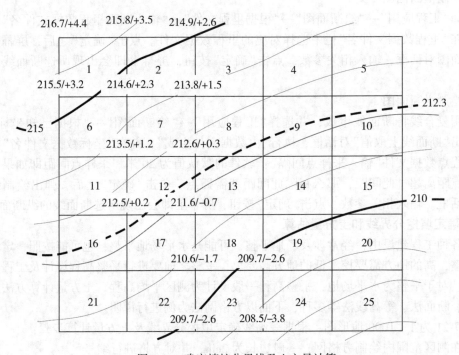

图 7-21　确定填挖分界线及土方量计算

如果在数字地形图上确定填挖分界线并进行土方量计算，可以采用 DTM 法。数字地面模型(Digital Topographic Model，DTM)法计算土方量是根据测量的地面点坐标(X、Y、Z)以及设计高程，生成三角网后，对所有三棱锥填挖方量进行计算，最终汇总获得指定区域的填、挖方土方量，同时将填挖分界线绘制出来。下面以 CASS 软件为例进行说明。

(1)根据坐标数据文件计算

采用复合线将需计算土方量区域明确画出，注意务必闭合，尽可能地避免拟合。因为在进行土方计算时，拟合曲线会被折线迭代，导致结果不准确。

选择"工程应用"→"DTM 法土方量计算"→"根据坐标文件"菜单项，点击所画的闭合的复合线，弹出土方量计算的参数设置对话框。

"区域面积"：为复合线围成的多边形的水平投影面积。

"平场标高"：指设计要达到的目标高程。

"边界采样间隔"：边界插值间隔的设定，默认值为 20 米。

"边坡设置"：选中处理边坡复选框后，则坡度设置功能变为可选，选中放坡的方式，然后输入坡度值。

设置好计算参数后，屏幕上显示填挖方量的提示框，命令区显示：

"挖方量＝×××立方米

填方量＝×××立方米"

同时图上绘出所分析的三角网、填挖方量的分界线(白色线条)。计算三角网构成详见 dtmtf. log 文件。

关闭对话框,系统提示:

"请在指定表格左下角位置:<直接回车不绘表格>"

用鼠标在图上适当位置点击,软件会在该处绘出一个表格,包含平场面积、最大高程、最小高程、平场标高、填方量、挖方量和图形。

(2)根据图上高程点计算

首先将高程点进行展绘,然后采用复合线画出计算土方量区域。

选择"工程应用"→"DTM 法土方计算"→"根据图上高程点计算"菜单项,可对需要计算的控制点与高程点进行逐一选取,也可以采用拖框方式进行选取。输入"ALL"回车时,则可将图中所有绘制成的控制点或高程点进行选取。将土方计算参数的设置对话框弹出,其他操作参照坐标文件计算法即可。

(3)根据三角网计算

添加或删除已生成的三角网,保证结果与实际地形更相符。

选择"工程应用"→"DTM 法土方计算"→"根据三角网计算"菜单项,命令区提示:

"平场标高(米):";

"请在图上选取三角网:";

回车后填挖方的提示框显示在屏幕上,同时图上将三角网及填挖方分界线绘出。

7.3.4 地形图野外应用

在野外使用地形图,包括地形图定向,在图上确定站立点位置,地形图与实地对照以及野外填图等工作,地形图图幅数较多时,需要进行地形图的拼接和粘贴。

1. 野外地形图定向

采用罗盘定向:罗盘放在地形图上,连接图上磁南、磁北标志点,连线与罗盘边缘重合,旋转地形图,当磁针北端指向 0° 时,便完成地形图定向。或者,根据图上三北关系图,使罗盘边缘与图上真子午线(或坐标纵线)重合,然后转动地形图,当磁针北端指向磁偏角(或磁坐偏角)位置时,便完成了地形图的定向。

参考景物定向:若有线状地物通过站立位置,旋转地形图,使线状地物走向与实地对应,进行定向。否则,分别在地形图上和实地找出相对应的两个点,如山头、建筑物等,然后转动地形图,使图上两点相对位置走向与实地对应。

2. 在地形图上确定站立点位置

参照景物判定:当自己站立点附近有明显地貌或地物时,如建筑物、道路、山头等,可参考自己与其相对位置确定自己在图上位置。

交会法:当附近没有明显的地物或地貌特征时,可以采用交会法来确定站立点在图上的位置。在图上找到两个远处地形点,通过图上的点瞄准对应的实地点划线,两条直线交点就是自己站立位置。

3. 地形图与实地对照

地形图定向并确定自己在图上位置,就可以识别自己周围实地地形与图上对应情况,先确定明显地物地貌，再按相对位置关系依次识别，逐步了解实地地形情况，注意实际地形与图上地形是否有变化。

4. 野外填图

根据填图目的进行，如果是地质填图，就是将各种地质体及有关地质现象填绘于地形图上。在填图过程中，应注意沿途具有方位意义的地物，随时确定本人站立点在图上的位置，同时，站立点要选择视线良好的地点，便于观察较大范围的填图对象，确定其边界并填绘在地形图上。

复习思考题

1. 何谓地形图比例尺？比例尺精度有何意义？
2. 何谓地形图图式？地形图图式有哪些内容？
3. 何谓等高线？等高线有哪些特性？
4. 何谓等高距？等高距、等高线平距及地面坡度三者之间的关系如何？
5. 何谓梯形分幅？梯形分幅如何编号？
6. 何谓矩形分幅？矩形分幅如何编号？
7. 我国某地经度为 114°06′，纬度为 22°12′，试求该点所在的 1∶100 万、1∶50 万、1∶25 万、1∶10 万、1∶1 万地形图的编号。
8. 已知某 1∶10000 地形图的国际分幅编号为 I47G010010，试计算其图廓西南角的经度和纬度。
9. 图根控制测量方法有哪些？
10. 在大比例尺数字化测图时，如何选择地物特征点及地貌特征点？
11. 数字化测图系统是如何构成的？数据采集方式有哪些？
12. 简述全站仪数字化测图过程。
13. 等高线插绘的原理是什么？
14. 地形图图廓外有哪些内容？
15. 纸质地形图和数字地形图有何区别？
16. 在地形图上，如何量测点位坐标、距离、方位角、高程、坡度？
17. 在地形图上，面积量测方法有哪些？
18. 在地形图上，如何根据给定坡度设计最短路线？
19. 说明根据地形图制作地形断面图的步骤。
20. 说明根据地形图进行场地平整的步骤。

第8章 施工测量的基本工作

8.1 施工测量概述

在工程建设施工阶段所进行的测量工作，称为施工测量。施工测量的主要任务是在施工控制测量的基础上，将设计的建（构）筑物的位置和形状在实地标定出来，作为施工的依据，称为放样（Lofting），也叫测设。

施工放样是工程设计与施工之间的桥梁，放样到实地的标桩，是施工的依据，因此，放样工作的任何差错都将对工程建设造成巨大损失。可见工程测量工作者责任重大，在实际工作中，应当采取有效措施杜绝一切错误并保证施工所需要的精度。

放样的精度要求与工程性质及施工方法有着密切联系。通常根据建筑限差 Δ（建筑物竣工后实际位置相对于设计位置的极限偏差）确定。对于多数工程，一般先进行测量、施工方面的误差分配，然后得出测量工作应达到的精度。例如：设点位中误差 $m_{点}=\Delta/2$，它由测量中误差和施工中误差组成，测量中误差又由控制点误差引起和施工放样误差引起，则

$$m_{点}^2 = m_{测量}^2 + m_{施工}^2 = m_{控制}^2 + m_{放样}^2 + m_{施工}^2 \tag{8-1}$$

由此可见，根据建筑限差 Δ，并给予 $m_{控制}$、$m_{放样}$、$m_{施工}$ 之间一定的比例关系，就可以确定放样的精度；也可以根据《工程测量规范》（GB 50026—2007）中直接规定的部分建（构）筑物施工放样的允许误差，直接取其二分之一确定放样的精度。

为了保证放样的精度，在施工现场的复杂环境下，测量工作者还必须掌握工程设计及施工方面的有关知识，密切配合、协调其他工种的工作。比如，在放样前，测量人员要首先熟悉建筑物的总体布置图和细部结构设计图，找出主要轴线和主要点的设计位置及与各部件之间的几何关系，再结合施工现场条件、控制点分布、现有仪器设备等，选择适合的放样方法。

按照施工放样的基本内容，放样可分为角度放样、距离放样、平面点位放样和高程放样等。对于平面点位放样，常用方法有极坐标法、直角坐标法、方向线交会法、角度交会法和测边交会法等。随着全站仪和GPS的出现，测量人员能够直接获取置镜点或GPS流动站的坐标，从而可以实现实时、快速点位放样。对于高程放样，通常采用水准测量方法。近年来，全站仪垂距测量法因其不量仪器高、不量觇标高，不用对中的优点，而用于高差悬殊高程点的快速、高精度放样。平面点位放样和高程放样相结合，就可以在实地标定出设计点位的空间位置。空间的两个点可以组成直线，三个及以上的点组成空间的面，其他复杂的物体也均由点、线、面综合组成，因此，通过平面点位放样和高程放样，进而

对建筑物的点、线、面、体进行放样。

按照施工放样的组织程序，放样可分为直接法放样和归化法放样。直接法放样是根据已知点，在实地直接放样出设计量（角度或距离等）的放样方法；归化法放样是先用直接法放样一个过渡点（埋设临时标桩），接着测量该过渡点与已知点之间的关系（距离、角度、高差等），把测算得到的值与设计量比较得差数，最后从过渡点出发修正这一差数，把过渡点归化到更精确的位置上去，在精确位置处埋设永久标石。对于精度要求较高的放样，常采用归化法。

目前，全站仪、GPS、各类激光仪器等已广泛应用于施工测量工作中，加快了施工测量的自动化、一体化、可视化进程，提高了作业效率。

本章主要叙述施工测量的基本工作，包括施工放样的方法及其精度。

8.2　角度放样

角度放样实际上是从一个已知方向出发，放样出另外一个方向，使它与已知方向间的夹角等于预定角值的工作。

8.2.1　直接法放样角度

如图 8-1 所示，地面上有已知控制点 A、B，要求在实地放样出与已知方向 AB 夹角为 β 的另外一个方向的标桩 P。步骤如下：在 A 点安置全站仪，盘左瞄准 B 点，读取度盘读数；松开照准部，旋转到度盘读数增加 β 后，固定照准部，在此视线方向上定出 P'；然后倒转望远镜（盘右），用同样的步骤在视线方向上定出 P''；取 P'、P'' 的中点 P，则 $\angle BAP = \beta$。

8.2.2　归化法放样角度

如图 8-2 所示，在 A 点安置全站仪，先用直接法放样 β 角，定出过渡点 P'，再用适当的测回数较精密地测出 $\angle BAP' = \beta'$，并测量 AP' 的距离为 S，将 β' 与设计值 β 比较得差数 $\Delta\beta = \beta' - \beta$，进而求出归化值 PP'

$$PP' = \frac{\Delta\beta}{\rho} \cdot S \qquad (8\text{-}2)$$

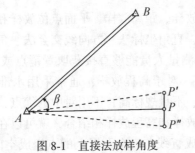

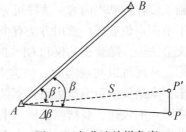

图 8-1　直接法放样角度　　　　　　图 8-2　归化法放样角度

接着，从 P' 点出发，在与 AP' 相垂直的方向上，向外(当 $\Delta\beta<0$)或向内(当 $\Delta\beta>0$)归化 PP'，即得到待定点 P，则 $\angle BAP=\beta$。

8.3 距离放样

距离放样实际上是从一个已知点出发，沿着给定的方向，放样出另一个点，使它与已知点的距离为预定距离的工作。

8.3.1 直接法放样距离

如图 8-3 所示，地面上有一已知点 A，要求沿着给定方向放样距离 S，定出点 P，使得 $AP=S$。

8.3.2 归化法放样距离

如图 8-4 所示，A 为已知点，S 为待放样距离。先用距离直接法放样设置一个过渡点 P'，然后选用适当的测量仪器及测回数精确测量 AP'的距离，得精确长度 S'，把 S'与设计距离 S 比较得差数 ΔS：

$$\Delta S = S' - S \tag{8-3}$$

从 P'向前(当 $\Delta S<0$)或向后(当 $\Delta S>0$)修正 ΔS 值就可以得到所求之 P 点。AP 即等于精确的放样距离 S。

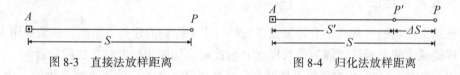

图 8-3 直接法放样距离　　　　　图 8-4 归化法放样距离

8.4 平面点位放样

在施工测量中，需要将设计的建(构)筑物的形状、大小在实地标定出来，这就需要放样建筑物的特征点，如矩形建筑物的四个角点、圆形建筑物的圆心、线形建筑物的转折点等。因此，点位放样是建(构)筑物放样的基础。

点位放样是根据已有的控制点(两个及以上)，在地面上放样设计点的平面位置，使这些点的坐标为设计坐标。

根据设计点位与已有控制点间的位置关系、施工现场的作业条件及使用的仪器等，点位放样方法分为极坐标法、直角坐标法、方向线交会法、角度交会法、距离交会法、坐标测量法等。

8.4.1 极坐标法

极坐标法放样是通过一个水平角和一个距离来放样点位的。也就是说，角度和距离的放样是极坐标法放样的基本操作。

如图 8-5 所示，设 A、B 为已知的控制点，P 为待放样点。根据 A、B 的已知坐标(x_A，y_A)、(x_B，y_B)和 P 的设计坐标(x_P，y_P)，计算极坐标法点位放样的放样数据 β 和 S，

$$\left.\begin{aligned} \alpha_{AP} &= \arctan \frac{y_P - y_A}{x_P - x_A} \\ \alpha_{AB} &= \arctan \frac{y_B - y_A}{x_B - x_A} \\ \beta &= \alpha_{AP} - \alpha_{AB} \\ S &= \sqrt{(x_P - x_A)^2 + (y_P - y_A)^2} = \frac{\Delta x_{AP}}{\cos\alpha_{AP}} = \frac{\Delta y_{AP}}{\sin\alpha_{AP}} \end{aligned}\right\} \tag{8-4}$$

结合前面介绍的角度放样和距离放样方法，极坐标法放样 P 点时，将全站仪安置在 A 点，以 B 点定向，放样角度 β，得一方向线，在此方向线上放样距离 S，就可以得到设计点 P，用标桩固定。实际作业时，为提高 P 点的放样精度，还可以采用一测回或多测回放样。

如果只考虑放样角度的误差 m_β 和放样距离的误差 m_S 对于 P 的点位影响，则极坐标法放样 P 点的点位中误差 m_P 可估算为：

$$m_P = \pm \sqrt{\left(\frac{m_\beta}{\rho}\right)^2 \cdot S^2 + m_S^2} \tag{8-5}$$

8.4.2 直角坐标法

在建筑工业场地，常常建立控制点连线平行于坐标轴的建筑方格网，这为采用直角坐标法放样提供了便利条件，因为待放样点 P 与控制点间的坐标差就是放样元素。

如图 8-6 所示，A、B 为建筑方格网点，坐标已知，P 为待建矩形建筑物的一个角点，设计坐标为(x_P，y_P)，则直角坐标法放样 P 的放样元素为：

$$\left.\begin{aligned} \Delta x_{AP} &= x_P - x_A \\ \Delta y_{AP} &= y_P - y_A \end{aligned}\right\} \tag{8-6}$$

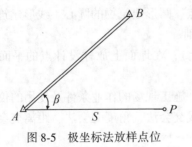

图 8-5 极坐标法放样点位

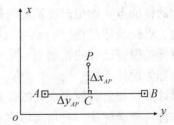

图 8-6 直角坐标法放样点位

放样 P 点时，先将全站仪安置在 A 点，以 B 点定向，并自 A 点沿 AB 放样距离 Δy_{AP}，得到 C 点，将全站仪置于 C 点，仍以 B 点定向，逆时针放样 90°角，得到 CP 方向，同样

自 C 沿此方向放样距离 Δx_{AP}，即可以得到设计点 P，固定标桩。

如果只考虑放样角度的误差和放样距离的误差对于 P 的点位影响，则直角坐标法放样 P 的点位中误差可估算为：

$$m_P = \pm \sqrt{m_{\Delta x_{AP}}^2 + \left(\frac{m_\beta}{\rho}\right)^2 \cdot \Delta x_{AP}^2 + m_{\Delta y_{AP}}^2} \tag{8-7}$$

8.4.3 方向线交会法

方向线交会法放样点位是利用两条垂直的方向线相交来定出放样点。其放样数据准备和放样的内容主要是在实地确定出用作放样点位的方向线。

如图 8-7 所示，1、1′及 2、2′是通过量距，在方格网边上定出的方向线的定向点，在定向点 1 及 2 上安置经纬仪，各自瞄准 1′及 2′，两方向线的交点即为放样点 P 的位置。

方向线交会法的误差来源于设置定向点的误差 $m_{始}$、设置方向线的误差 m_D 及标定点位的误差 τ 的影响，参照图 8-7，则

$$\begin{cases} m_{始1} = \pm \sqrt{\dfrac{m^2}{L_1^2}(L_1 - d_1)^2 + \dfrac{m_1^2}{L_1^2} \cdot d_1^2} \\[4mm] m_{D1} \approx m_{瞄准} = \pm \dfrac{60''\sqrt{2}}{v} \cdot \dfrac{d_1}{\rho} \end{cases} \tag{8-8}$$

式(8-8)中，m_1 和 $m_{1'}$ 分别为设置定向点 1、1′的误差；v 为望远镜放大倍数；同理，可得 $m_{始2}$ 和 m_{D2}，则方向线交会法放样点 P 的点位中误差可估算为：

$$m_P = \pm \sqrt{m_{始1}^2 + m_{D1}^2 + m_{始2}^2 + m_{D2}^2 + \tau^2} \tag{8-9}$$

8.4.4 角度交会法

在不便进行量距的场合，常采用角度交会法放样点位。该法放样点位是分别在两个或两个以上控制点上放样角度，得到两条方向线，则方向线交点即为待放样点位。其放样元素是两个交会角。如图 8-8 所示，A、B 为已知控制点，分别在 A、B 放样角度 β_1、β_2，就可以交会出待放样点 P。放样数据 β_1、β_2 可通过 A、B 的已知坐标和 P 点的设计坐标求得。

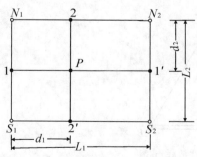

图 8-7　方向线交会法放样点位

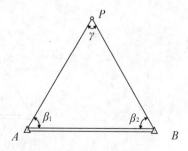

图 8-8　角度交会法放样点位

如果只考虑放样角度误差对于 P 的点位影响，则该法放样 P 的点位中误差估算为：

$$m_P = \frac{m_\beta}{\rho} \cdot b \cdot \frac{\sqrt{\sin^2\beta_1 + \sin^2\beta_2}}{\sin^2\gamma} \tag{8-10}$$

当放样精度要求较高时，可采用归化法放样。如图 8-9(a)，先用角度交会法得到过渡点 P'，然后精确测量 $\angle P'AB = \beta_1'$，$\angle ABP' = \beta_2'$，并计算角差 $\Delta\beta_1 = \beta_1' - \beta_1$，$\Delta\beta_2 = \beta_2' - \beta_2$，然后计算归化值 $\varepsilon_1 = \Delta\beta_1 \cdot S_1/\rho$，$\varepsilon_2 = \Delta\beta_2 \cdot S_2/\rho$。当 ε_1、ε_2 较小时，用图解法确定 P。如图 8-9(b) 所示，在纸上刺出点 P'，画夹角为 γ 的两条直线，分别指明 $P'A$、$P'B$ 的方向，然后作 $P'A$、$P'B$ 的平行线，其间距分别为 ε_1、ε_2，则平行线交点即为 P 点。将图纸上 P' 点与实地的过渡点重合，并使图纸上的 $P'A$、$P'B$ 方向与实地方向重合，这时图纸上的 P 点位置就是 P 点的设计位置。

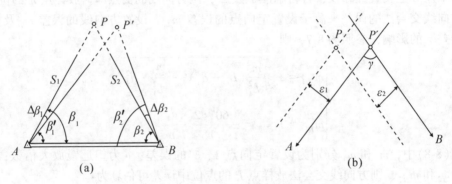

图 8-9　角度交会归化法放样点位

8.4.5　距离交会法

距离交会法放样点位是分别在两个控制点上放样距离从而得到的交会点。其放样元素是两个交会距离，可以根据坐标计算求得。如图 8-10 所示，在现场分别以两个已知点 A、B 为圆心，用钢尺以相应的放样距离 S_1、S_2 为半径作圆弧，两弧线的交点即为待放样点 P 的位置。

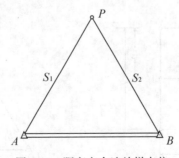

图 8-10　距离交会法放样点位

如果只考虑放样距离的误差对于 P 的点位影响，则距离交会法放样 P 点的点位中误差可估算为：

$$m_P = \pm \sqrt{\frac{m_{S_1}^2 + m_{S_2}^2}{\sin^2 \gamma}} \tag{8-11}$$

距离交会归化法放样点位如图 8-11 所示，先用直接法放样过渡点 P'，然后精确测量 $P'A = S_1'$，$P'B = S_2'$，并计算距离差 $\Delta S_1 = S_1' - S_1$，$\Delta S_2 = S_2' - S_2$，归化求得 P 点位置。当 ΔS 较小时，可绘制归化图纸进行归化。先在纸上刺出过渡点 P'，画夹角为 γ 的两条直线，在 $P'A$ 线上距 P' 点 ΔS_1 的位置作 $P'A$ 的垂线；同样，在 $P'B$ 线上距 P' 点 ΔS_2 的位置作 $P'B$ 的垂线。两垂线的交点就是待定点 P 的位置。利用此归化图纸即可在实地找到 P 点的对应位置。

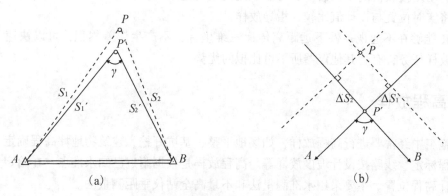

图 8-11　距离交会归化法放样点位

8.4.6　坐标测量法

坐标测量法是通过能够实时提供待测点坐标的仪器，不用计算放样角度或距离，就能自动提示放样人员移动方向和距离，快速进行点位放样的方法。按照使用仪器的不同，分为全站仪坐标测量法和 RTK 法。

1. 全站仪坐标测量法

把全站仪安置在已知点 A 上，输入已知点 A、后视点 B 及待放样点 P 的坐标，瞄准后视点定向后，按下反算方位角键，则仪器自动将测站与后视的方位角设置在该方向上。接着按下放样键，仪器就会自动在显示屏上用左右箭头提示，应该将仪器向左转还是向右转，使仪器到达设计的放样方向上。再通过距离测量，仪器自动提示棱镜前后移动的距离，直至放样出设计距离，方便地完成点位放样。

若需要放样下一个点位，只要重新输入或调用待放样点的坐标，再按下放样键，仪器会自动提示旋转的角度和移动的距离，操作同上。

用全站仪放样点位，可事先输入气象元素（温度、气压），仪器会自动进行气象改正。因此用全站仪放样点位，既能保证精度，同时操作方便，无需任何手工计算。

值得一提的是，放样点位时，如果视线受阻，还可以利用全站仪的自由设站功能。即选一通视良好的设站点，通过全站仪测量至少两个已知点的方向和距离，就可以利用其自由设站功能解算出新站点的坐标，再以其为基础，完成后续放样工作。

2. RTK 法

RTK 能够实时提供任意坐标系中的三维坐标数据，是目前实时、准确地确定待测点位的最佳方式，因而 RTK 法在物化探测量、道路工程测量等测量工作中已得到广泛应用。

野外作业时，步骤如下：

①将基准站 GPS 接收机安置在参考点上；

②打开接收机，读入工程项目参数（当地坐标系的椭球参数、中央子午线、测区西南角和东北角的大致经纬度、测区坐标系间的转换参数），输入参考点的施工坐标和天线高，输入放样点的设计坐标；

③流动站接收机的手控器上实时显示流动站的施工坐标；

④将实时位置与设计值比较，指导放样。

RTK 能够在不通视条件下远距离传递三维坐标，不产生误差累积，可以快速、高效地完成放样任务，有着其他仪器所不可比拟的优势。

8.5　高程放样

在施工中经常要进行高程放样，如场地平整、基坑开挖、建筑物地坪高程确定、隧道底板高程标定、线路按设计坡度放样等。高程放样是根据附近已知水准点，在给定点位上标出设计高程位置。主要采用水准测量法和不量高全站仪垂距测量法。

8.5.1　水准测量法

根据放样高程与已知水准点高程之间关系，水准测量法分为一般法、倒尺法和悬尺法。

1. 一般法

设有地面水准点 A，其高程 H_A 已知，B 处设计高程为 H_B，要求在实地定出与 H_B 相应的高程位置。如图 8-12 所示，在 A、B 之间安置水准仪，a 为已知水准点 A 上的水准尺读数，则仪器视线高程为 $H_i = H_A + a$，欲在 B 处放样 H_B，则 B 处的水准尺读数应为：

$$b = H_i - H_B = H_A + a - H_B \tag{8-12}$$

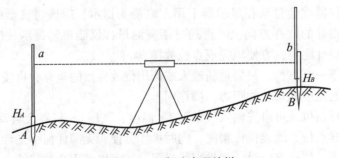

图 8-12　一般法高程放样

在 B 处上下移动水准尺，直至当读数为 b 时，则水准尺底部零点位置即为设计高程 H_B 的位置，作上标记。

2. 倒尺法

当待放样的高程 H_B 高于仪器视线高程时，比如放样隧道顶板标高，则可以采用倒尺法放样。如图 8-13 所示，这时待放样点 B 处的水准尺读数为：

$$b = H_B - H_i = H_B - (H_A + a) \tag{8-13}$$

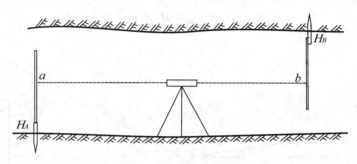

图 8-13 倒尺法高程放样

3. 悬尺法

当待放样高程与已知水准点高程之间的高差很大时，如向高楼或深坑传递高程，可以采用悬挂钢尺代替水准尺放样高程。如图 8-14 所示，悬挂钢尺时，零点朝下，并在下端挂一重量相当于钢尺鉴定时拉力的重锤，在地面和坑内各安置一次水准仪，设地面安置水准仪时对已知水准点 A 上的水准尺读数为 a_1，对钢尺的读数为 b_1；在坑内安置水准仪时对钢尺的读数为 a_2，欲使 B 点的高程为设计高程 H_B，则在 B 点处的水准尺读数 b_2 应为：

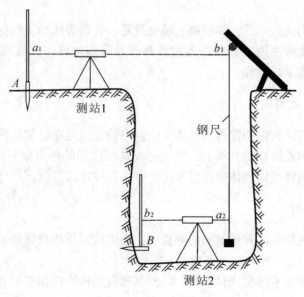

图 8-14 悬尺法高程放样

$$b_2 = H_A + a_1 - (b_1 - a_2) - H_B \qquad (8\text{-}14)$$

8.5.2　不量高全站仪垂距测量法高程放样

对于起伏较大的高程放样，如大型厂房屋架的高程放样，用水准测量法放样比较困难，则可以采用不量高全站仪垂距测量法进行高程放样。如图 8-15 所示，在 O 处安置全站仪，在已知高程点 A 及待放样高程 B 处架设等高的棱镜，测量 A、B 的垂距分别为 v_A、v_B（代数值），则 A、B 两点之间的高差 $h_{AB} = v_B - v_A$，由此可求出 B 点高程 H_B 为：

$$H_B = H_A + h_{AB} = H_A + v_B - v_A \qquad (8\text{-}15)$$

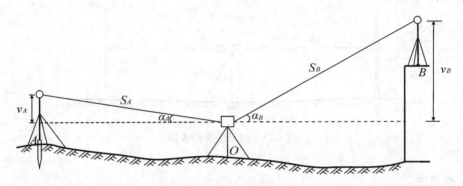

图 8-15　不量高全站仪垂距测量法高程放样

将测得的 H_B 与设计值比较，在 B 处，指挥并归化放样出高程 H_B，做上标记。该法不仅解决了大高差的高程放样问题，而且无须量取仪器高，作业速度快，放样精度高。

8.6　直线放样

直线放样的应用比较广泛，如道路、输电线路、管道等线型工程的中桩放样、建筑工程的轴线放样、物化探测网中测线的布设等都涉及直线放样。直线放样分为平面直线放样、铅垂线放样和坡度线放样。

8.6.1　平面直线放样

平面直线放样方法有内插定线和外插定线。内插定线是在已知的两点之间放样一系列点，使它们位于这两点所在的直线上；外插定线是在已知的两点延长线上放样一系列点。关于内插定线和外插定线的具体操作参考 3.1 节中直线定线部分。

8.6.2　铅垂线放样

为确保烟囱、铁塔等高耸建筑物的垂直度，要进行铅垂线放样的工作。

1. 悬吊垂球法
该法是用钢丝悬吊重锤构成铅垂线，以控制建筑结构竖向偏差的方法。

2. 全站仪垂直投影法

在两个大致垂直的方向上安置全站仪，如图 8-16 所示，两仪器置平后视准轴上下转动形成两个铅垂面相交获取铅垂线。

3. 激光垂准仪法

激光垂准仪是一种竖向测量的专用仪器，如图 8-17 所示，可以发射铅垂激光束来获得铅垂线，为提高投点精度，采用光电探测系统，激光束铅垂精度可达 $0.3''\sim0.5''$。

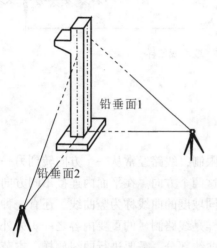

图 8-16　全站仪垂直投影法　　　　图 8-17　激光垂准仪

8.6.3　坡度线放样

在建筑场地排水管道的敷设、道路施工等测量工作中，经常涉及坡度线放样。坡度线放样就是放样一系列点，使它们不仅位于一条直线上，而且它们连线满足设计的坡度。如图 8-18 所示，设 A、B 为设计坡度线的两端点，A、B 之间的设计坡度为 i_{AB}，水平距离为 S_{AB}，若 A 点的设计高程为 H_A，则 B 点的设计高程 H_B 可计算为：

$$H_B = H_A + h_{AB} = H_A + i_{AB} \cdot S_{AB} \tag{8-16}$$

放样时，先根据场地附近的水准点，按照 8.5 节中高程放样的方法，在给定位置放样出设计高程 H_A 及 H_B 的对应位置 A、B。然后在 AB 方向上，每隔一定距离放样满足设计坡度 i_{AB} 的一系列点。

在 A、B 之间放样满足坡度 i_{AB} 的一系列点时，如图 8-18 所示，将全站仪或水准仪安置在 A 点，使两个脚螺旋的连线与 AB 方向垂直，另一脚螺旋位于 AB 方向上，量取仪器高 i，粗瞄 B 点上的水准尺，然后调节位于 AB 方向上的脚螺旋和微倾螺旋，使视线在 B 点上的水准尺读数为仪器高 i 时，视线方向与设计坡度线平行。这时仪器固定不再调节，测量员通过视场指挥 AB 之间木桩处的水准尺上下移动，使各水准尺的中丝读数皆为仪器高 i 时，在尺底对应的木桩侧面画线，则各木桩画线处连线即为设计坡度线。

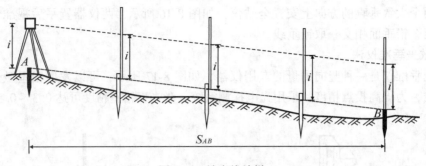

图 8-18　坡度线放样

8.7　曲线放样

线路工程中,受地形、地质等因素的限制,线路经常从一个方向转到另一个方向,为使车辆平稳、顺利地通过,须用曲线连接这两个方向。在平面内连接不同方向的曲线称为平面曲线。在线路的纵断面,连接两个不同坡度的曲线称为竖曲线。还有一种连接不同平面上直线的曲线,称为立交曲线。曲线放样是线路测量的重要内容之一。另外,有些体育馆、办公楼等建筑物,其平面图形也包含曲线部分,需要进行曲线放样。本节重点叙述平面曲线的放样。

平面曲线按其半径不同,分为圆曲线和缓和曲线。缓和曲线是变半径曲线,用来连接直线和圆曲线或者连接两个不同半径的圆曲线。平面曲线按照连接形式不同,分为单圆曲线、缓圆曲线(图 8-19(a))、复曲线(图 8-19(b))、回头曲线等(图 8-19(c))。

曲线放样中,通常先放样曲线上起控制作用的主点,再依据主点放样曲线的细部点。

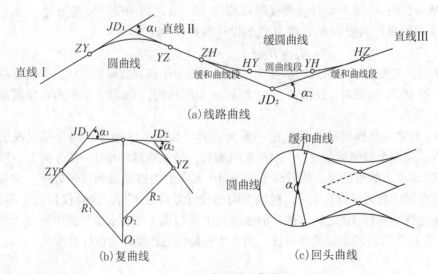

(a)线路曲线

(b)复曲线　　　　　(c)回头曲线

图 8-19　线路平面曲线

8.7.1 单圆曲线放样

单圆曲线简称圆曲线,如图 8-20 所示,圆曲线的主点包括:直圆点(ZY)、曲中点(QZ)、圆直点(YZ)。圆曲线的半径 R、偏角 α、切线长 T、外矢距 E 和切曲差 q 称为曲线要素。

1. 圆曲线主点的放样

(1)曲线要素的计算

圆曲线要素中,通常 R 是根据线路等级和地形条件设计的,α 是线路定测时测出的。则其余要素可按照下列关系式算出,作为主点放样的元素。

$$\left.\begin{array}{l} T = R \cdot \tan\dfrac{\alpha}{2} \\[2mm] L = \dfrac{\pi}{180°}\alpha \cdot R \\[2mm] E = R \cdot \left(\sec\dfrac{\alpha}{2} - 1\right) \\[2mm] q = 2T - L \end{array}\right\} \tag{8-17}$$

(2)主点里程的计算

线路交点的里程通常在定测时测出,则曲线主点的里程,可自交点(JD)里程算得。

$$\left.\begin{array}{l} ZY_{里程} = JD_{里程} - T \\[2mm] QZ_{里程} = ZY_{里程} + \dfrac{L}{2} \\[2mm] YZ_{里程} = QZ_{里程} + \dfrac{L}{2} \end{array}\right\} \tag{8-18}$$

用式(8-19)检验计算的正确性,

$$YZ_{里程} = JD_{里程} + T - q \tag{8-19}$$

(3)主点放样

如图 8-21 所示,主点的放样步骤如下:

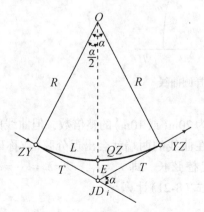

图 8-20 圆曲线及其要素图

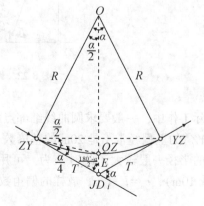

图 8-21 圆曲线主点的放样

①在 JD 上安置全站仪，分别以线路的两个切线方向定向，自 JD 起沿两切线方向分别量出切线长 T，即得曲线起点 ZY 和曲线终点 YZ。

②在 JD 上以 ZY 定向，转角 $\frac{1}{2}(180° - \alpha)$，得分角线方向，沿此方向量出外矢距 E，即得曲中点 QZ。

圆曲线主点对整条曲线起控制作用，放样完成后，还要对其进行检核。

2. 圆曲线细部点的放样

为能在地面上较确切地反映圆曲线形状，要在主点放样基础上，放样细部点。细部点包括曲线上除主点外的按一定距离分布的加密桩、百米桩及其他加桩。细部点放样有偏角法、切线支距法和全站仪极坐标法等。应结合精度要求、地形条件和仪器等选定合适的放样方法。

（1）偏角法

偏角法实质是方向与距离的交会法，即依据曲线点 i 的切线偏角 δ_i 和弦长 c_i 作方向与定长的交会，放样曲线细部点。

如图 8-22 所示，在 ZY 点安置全站仪，以 JD 定向，根据偏角 δ_1 和弦长 $c_1(ZY—1)$ 放样细部点 1；根据偏角 δ_2 和弦长 $c_2(1—2)$ 放样细部点 2，依此类推，可测至 QZ 点。然后搬站至 YZ 点，放样曲线另一半。

可根据偏角（弦切角）δ_i 等于弧长所对圆心角 φ_i 的一半的几何原理，利用弧长 l_i 和半径 R 计算放样的偏角 δ_i：

$$\delta_i = \frac{\varphi_i}{2} = \frac{l_i}{2R}\rho \tag{8-20}$$

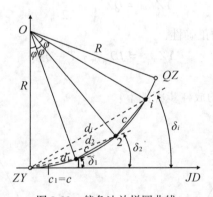

图 8-22　偏角法放样圆曲线

实际工作中，一般要求圆曲线细部点的里程为 20m（或 10m）的整倍数，但曲线的起点 ZY（或 YZ）的里程经常不是 20m 的整倍数，所以在曲线的两端就会出现分弦（或称破链）。圆曲线的半径一般较大，此时认为，可用弧长代替弦长，即 $c_1 = l_1$，$c_2 = c_3 = \cdots = c_{n-1} = c$（20m 或 10m），$c_n = l_n - l_{n-1}$；放样的偏角数据可按式(8-21)计算

$$\left.\begin{array}{l} \delta_1 = \dfrac{\varphi_1}{2} = \dfrac{l_1}{2R}\rho \\[3mm] \delta_2 = \delta_1 + \dfrac{\varphi}{2} = \delta_1 + \delta \\[2mm] \cdots\cdots \\[2mm] \delta_n = \delta_1 + (n-2)\delta + \dfrac{\varphi_n}{2} \end{array}\right\} \qquad (8\text{-}21)$$

放样 δ_i 角时，注意正拨(曲线在切线的右侧)和反拨(曲线在切线的左侧)。

(2)切线支距法

切线支距法实质是直角坐标法，即根据曲线点的坐标 $(x_i,\ y_i)$ 放样细部点。如图 8-23 所示，建立以 ZY 点(或 YZ 点)为坐标原点，以切线方向为 x 轴，过 ZY 点(或 YZ 点)的垂线方向为 y 轴的直角坐标系。则曲线上任意一点的坐标可表示为:

$$\begin{cases} x_i = R \cdot \sin\varphi_1 = R \cdot \sin\left(\dfrac{l_i}{R}\right) \\[3mm] y_i = R(1 - \cos\varphi_i) = R\left[1 - \cos\left(\dfrac{l_i}{R}\right)\right] \end{cases} \qquad (8\text{-}22)$$

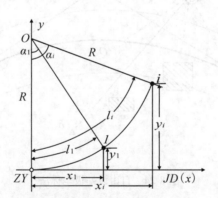

图 8-23 切线支距法放样圆曲线

放样时，可在 ZY 点安置全站仪，沿切线方向自 ZY(或 YZ)依次量出 x_i，定出各垂足点，然后在各垂足点处，沿着 x 轴垂直方向分别量出 y_i，即可定出各细部点。

(3)全站仪极坐标法

随着全站仪的普及，利用全站仪极坐标法放样曲线，不仅简单方便，而且放样点位的精度高，尤其是测站可以灵活安置的特点使得该法备受青睐。

1)主点设站极坐标法放样

如图 8-22 所示，测站安置在 ZY 点上，根据曲线上任意一点的切线偏角 δ_i 及该点至曲线起点 ZY 的弦长 d_i，即可放样细部点。按照偏角(弦切角) δ_i 等于弧长所对圆心角 φ_i 的一半的几何原理，放样数据 $(\delta_i,\ d_i)$ 可由弧长 l_i 及半径 R 求得

$$\left.\begin{aligned} \delta_i &= \frac{\varphi_i}{2} = \frac{l_i}{2R}\rho \\ d_i &= 2R\sin\delta_i \end{aligned}\right\} \tag{8-23}$$

放样时，将仪器置于 ZY 点，以 JD 方向定向，配置度盘为 $0°00'00''$，依次放样 δ_i 角及相应的弦长 d_i，则得曲线上各细部点。

2）自由设站极坐标法放样

自由设站是指全站仪通过与已知点连测，快速确定测站在三维空间中的位置。这样，如果曲线主点上不能设站或放样时通视受阻，可以选一个与曲线有着良好通视条件且能看到至少 2 个已知点的位置设站。如图 8-24 所示，在已知点 J 设站，依次照准至少两个已知点上的棱镜（如 A、B 点），在程序控制系统配合下，就能快速算出新的测站点坐标。根据测站坐标和曲线上任意一点坐标，依极坐标法放样原理，即可计算放样数据，完成放样工作。

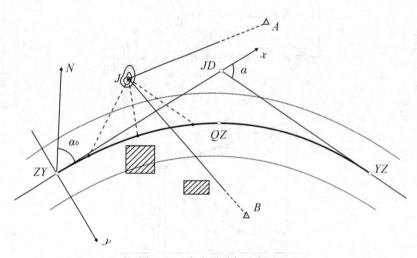

图 8-24　自由设站极坐标法

需要指明的是，在计算放样数据时，首先需要统一坐标系统。即需要把以 ZY 点为坐标原点，切线方向为 x 轴的直角坐标系下的曲线各点坐标 (x_i, y_i) 转换到线路控制测量的坐标系统中。如图 8-25 所示，首先测量 ZY 点在控制测量坐标系统中的坐标 (X_{ZY}, Y_{ZY})，则根据 ZY 点和 JD 坐标，反算切线方位角 $A_0 = \alpha_{ZY\text{-}JD}$，进而利用下式计算曲线上各点在控制测量坐标系统的坐标 (X_i, Y_i)：

$$\begin{pmatrix} X_i \\ Y_i \end{pmatrix} = \begin{pmatrix} X_{ZY} \\ Y_{ZY} \end{pmatrix} + \begin{pmatrix} \cos A_0 & -cc \cdot \sin A_0 \\ \sin A_0 & cc \cdot \cos A_0 \end{pmatrix} \begin{pmatrix} x_i \\ y_i \end{pmatrix} \tag{8-24}$$

式中，cc 表示了曲线的左右偏情况，当曲线右偏时，$cc=1$；当曲线左偏时，$cc=-1$。

8.7.2　有缓和曲线的圆曲线放样

车辆在曲线上行驶会产生离心力，为了克服离心力，往往采用曲线外侧加高的方法。

外侧加高值 h 与车辆的最高速度及曲线的半径有关, 可表示为:

$$h = 7.6 \frac{v_{max}^2}{R} \tag{8-25}$$

直线的曲率半径是 ∞, 路面内外侧等高, 当车辆进入半径为 R 的曲线段时, 外侧如果突然加高, 将会危及行车安全。于是, 考虑在直线和圆曲线之间加入一段半径由 ∞ 渐变至 R 的过渡曲线, 又称为缓和曲线, 使得曲线外侧加高也由 0 渐变为 h, 以达到安全、平顺行使的目的。当曲线半径很大, 车速较低, 加高不是很大时, 就不一定要增设缓和曲线。

1. 有缓和曲线的圆曲线要素及其应用公式

(1)缓和曲线概念

缓和曲线是变半径的曲线, 在直线和圆曲线之间插入的缓和曲线, 其曲率半径由 ∞ (与直线连接处)渐变至圆曲线半径 R(与圆曲线连接处)。我国一般采用螺旋线作为缓和曲线, 螺旋线具有的特性是: 曲线上任意一点的曲率半径 R' 与该点至起点的曲线长 l 成反比, 即

$$R' = \frac{c}{l} \tag{8-26}$$

式中, c 为常数, 当 l 等于采用的缓和曲线长度 l_0 时, R' 等于 R, 则有

$$c = R \cdot l_0 \tag{8-27}$$

(2)有缓和曲线的圆曲线要素

如图 8-25 所示, 当圆曲线两端加入缓和曲线后, 圆曲线应内移一段距离 p, 才能使缓和曲线与直线衔接, 此时, 曲线的主点为 5 个, 分别是: 直缓点(ZH)、缓圆点(HY)、曲中点(QZ)、圆缓点(YH)、缓直点(HZ), 内移量 p 使得切线增长了 m, 圆曲线的圆心角也减少了 $2\beta_0$。若圆曲线半径 R 及缓和曲线长度 l_0 由设计给出, 线路的转角 α 在定测时测出, 则有缓和曲线的圆曲线要素可由下述公式求得:

$$\left.\begin{array}{l} T = (R + p) \cdot \tan\dfrac{\alpha}{2} + m \\[2mm] L = \dfrac{\pi}{180°}(\alpha - 2\beta_0)R + 2l_0 \\[2mm] E = (R + p)\left(\sec\dfrac{\alpha}{2} - 1\right) - R \\[2mm] q = 2T - L \end{array}\right\} \tag{8-28}$$

式(8-28)中, m、p、β_0 称为缓和曲线参数, 可按下式计算:

$$\left.\begin{array}{l} \beta_0 = \dfrac{l_0}{2R} \cdot \rho \\[2mm] m = \dfrac{l_0}{2} - \dfrac{l_0^3}{240R^2} \\[2mm] p = \dfrac{l_0^2}{24R} \end{array}\right\} \tag{8-29}$$

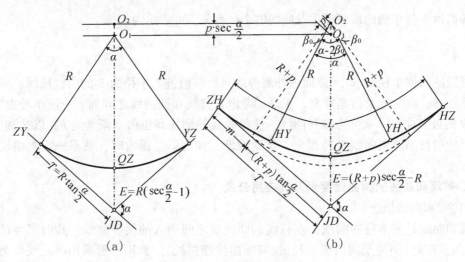

图 8-25　有缓和曲线的圆曲线

（3）曲线的主点里程计算

有缓和曲线的圆曲线的主点里程可按式（8-30）计算：

$$\left.\begin{array}{l} ZH_{里程} = JD_{里程} - T \\[4pt] HY_{里程} = ZH_{里程} + l_0 \\[4pt] QZ_{里程} = ZH_{里程} + \dfrac{L}{2} \\[8pt] HZ_{里程} = QZ_{里程} + \dfrac{L}{2} \\[8pt] YH_{里程} = HZ_{里程} - l_0 \end{array}\right\} \tag{8-30}$$

可通过切曲差 q 进行计算检核，即

$$HZ_{里程} = JD_{里程} + T - q \tag{8-31}$$

（4）曲线上任一点的坐标

如图 8-26 所示，建立以 ZH 为坐标原点，过 ZH 的缓和曲线的切线为 x 轴，ZH 点的半径方向为 y 轴的直角坐标系，则缓和曲线上任一点的直角坐标计算公式为：

$$\left.\begin{array}{l} x_i = l_i - \dfrac{l_i^{\,5}}{40R^2 l_0^2} \\[10pt] y_i = \dfrac{l_i^{\,3}}{6R^2 l_0^2} \end{array}\right\} \tag{8-32}$$

在式（8-32）中，把 l_i 用 l_0 代替，就可以求出 HY 点和 YH 点的坐标$(x_0，y_0)$。

圆曲线段任一点的直角坐标计算公式为：

$$\left\{\begin{array}{l} x_j = l_j - 0.5l_0 - \dfrac{(l_j - 0.5l_0)^3}{6R^2} + \cdots + m \\[12pt] y_j = \dfrac{(l_j - 0.5l_0)^2}{2R} - \dfrac{(l_j - 0.5l_0)^4}{24R^3} + \cdots + p \end{array}\right. \tag{8-33}$$

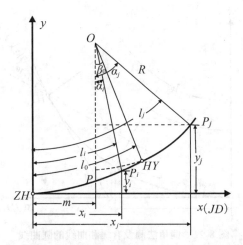

图 8-26　有缓和曲线的圆曲线任一点坐标

2. 有缓和曲线的圆曲线的主点及细部点的放样

（1）主点放样

可按照圆曲线主点的放样方法放样 *ZH* 点、*HZ* 点和 *QZ* 点。对于 *HY* 点和 *YH* 点，可根据这两个点的坐标(x_0，y_0），采用切线支距法放样。

（2）细部点放样

有缓和曲线的圆曲线细部点的放样，同样可以采用偏角法、切线支距法和全站仪极坐标法。根据公式(8-32)及(8-33)，可按圆曲线细部点放样的切线支距法放样有缓和曲线的圆曲线的细部点；若采用全站仪极坐标法，当自由设站时，同样需要先进行坐标系统的统一，然后按照极坐标法计算放样数据，进行细部点的放样。这里仅介绍偏角法进行有缓和曲线的圆曲线细部点的放样。

用偏角法放样有缓和曲线的圆曲线细部点时，对于缓和曲线段和圆曲线段，分开放样。如图 8-27 所示，对缓和曲线段，一般按固定弦长 *c*(10m 或 20m）等分缓和曲线，则缓和曲线上第 *j* 点的放样偏角值 i_j 按式(8-34)计算：

$$i_j = \tan i_j = \frac{y_j}{x_j} = \frac{l_j^2}{6R \cdot l_0} \tag{8-34}$$

鉴于缓和曲线细部点一般为其等分点，设有 $n-1$ 个等分点，把 *ZH-HY* 段的缓和曲线分成了 *n* 份，则偏角值的计算可简化为：

$$\left.\begin{array}{l} i_n = i_0 = \dfrac{l_0}{6R} = \dfrac{1}{3}\beta_0 \\[2mm] i_1 = \dfrac{1}{3n^2}\beta_0 \\[2mm] i_j = j^2 \cdot i_1 \\ \cdots\cdots \end{array}\right\} \tag{8-35}$$

求得各点偏角后，即可以按圆曲线细部点的偏角法放样步骤放样缓和曲线的细部点。

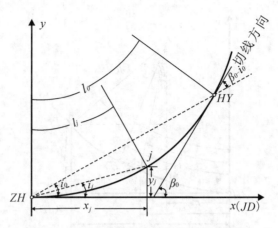

图 8-27　偏角法测设有缓和曲线的圆曲线

对圆曲线段细部点的放样，在 HY 点设站，只要获得 HY 点处曲线的切线方向，则各细部点的偏角值计算及放样方法同单圆曲线。HY 点切线可以如下设置：以 HY 设站，以 ZH 定向，度盘配置为 $\beta_0 - i_0$（反拨时），倒转望远镜，则当度盘读数为 $0°00'00''$ 时，即为 HY 点切线方向，后续放样工作同单圆曲线偏角法放样。

8.7.3　复曲线放样

复曲线是由不同半径的同向圆曲线连接而成的，往往是为了克服线路转向时地形的限制而设定的，如图 8-28 所示，设计时一般给出一个主曲线半径 R_1，另一个副曲线半径 R_2 须结合现场选定的两个曲线的交点 A、B 的情况计算求得。根据实地选定的 A、B 位置，测定路线的转向角 α_1、α_2 及 AB 的距离 S，则主曲线的放样要素计算如下：

$$
\left.
\begin{aligned}
T_1 &= R_1 \cdot \tan\frac{\alpha_1}{2} \\
L_1 &= \frac{\pi}{180°}\alpha_1 \cdot R_1 \\
E_1 &= R_1\left(\sec\frac{\alpha_1}{2} - 1\right) \\
q_1 &= 2T_1 - L_1
\end{aligned}
\right\}
\tag{8-36}
$$

副曲线的放样要素计算如下式：

$$
\left.
\begin{aligned}
T_2 &= S_{AB} - T_1 \\
R_2 &= \frac{T_2}{\tan\alpha_2} \\
E_2 &= R_2\left(\sec\frac{\alpha_2}{2} - 1\right) \\
q_2 &= 2T_2 - L_2
\end{aligned}
\right\}
\tag{8-37}
$$

外业放样时，自 A 沿线路的一个切线和 AB 方向分别量出切线长 T_1，得 ZY 点和公切点 Y；自 B 沿线路另一切线方向量出切线长 T_2，得 YZ 点；圆曲线其余主点及细部点的放样同单圆曲线的放样。

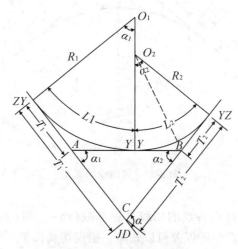

图 8-28　复曲线的测设图

8.7.4　竖曲线放样

线路的纵断面是由许多不同坡度的坡段连接而成的。纵断面上坡度变化之点称为变坡点。在变坡点处，相邻两坡度的代数差称为变坡点的坡度代数差。为了缓和坡度在变坡点处的急剧变化，我国 Ⅰ、Ⅱ 级铁路的变坡点处的两相邻坡度的代数差 Δi 应分别小于 0.003 和 0.004。当 Δi 超过此限值时，应设置竖曲线。

我国常采用圆曲线作为连接两不同坡度的竖曲线，竖曲线有凹形和凸形两种。

1. 竖曲线要素及其计算

如图 8-29 所示，竖曲线半径 R 由设计给定，由于线路允许的坡度一般较小，纵断面上的转折角 α 可用坡度代数差代替，即 $\alpha = \Delta i = i_1 - i_2$，考虑 α 也很小，则竖曲线的其余要素可表示为：

$$\left. \begin{aligned} T &= R \cdot \tan \frac{\alpha}{2} = \frac{R}{2} \Delta i \\ L &\approx 2T \\ E &= \frac{T^2}{2R} \end{aligned} \right\} \tag{8-38}$$

2. 竖曲线放样

竖曲线放样常用切线支距法，建立以竖曲线起点为原点，切线方向为 x 轴的坐标系，因 i_1、i_2 及 α 很小，可认为半径方向的 y 值等于该点处切线与曲线的高程差，于是有

$$y = \frac{x^2}{2R} \tag{8-39}$$

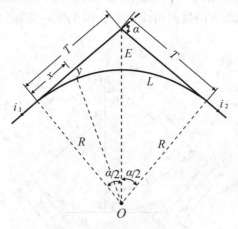

图 8-29　竖曲线的测设

曲线上各点设计高程可由各点的切线高程加减(凸-、凹+)y 值获得,放样时,把 T 和 x 均作平距处理,认为产生的误差可以忽略。根据切线长 T,可由变坡点定出曲线的起点和终点,放样高程;接着根据 x 定出各细部点,根据附近的已知高程点进行各点的设计高程的放样。

复习思考题

1. 工程建设一般分为哪几个阶段,各阶段的主要测量工作是什么?
2. 何谓施工放样?其精度如何确定?
3. 已知:圆曲线偏角 $\alpha = 68°42'$,半径 $R = 100\text{m}$,交点里程为 DK2+254.02,要求:
(1)计算曲线要素及主点里程。
(2)简述曲线主点的放样步骤。
4. 极坐标法放样 P 点时(图 8-30),设控制点 A、B 无误差。要求:

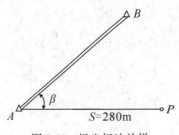

图 8-30　极坐标法放样

(1)写出 P 点的点位中误差公式。
(2)若要求 $m_P \leqslant 10\text{mm}$,$m_S = \pm 5\text{mm}$,则测角中误 m_β 应为多少?(仅考虑测角、量距误

差)

5. 如图 8-31 所示,欲在大木桩 D 上放样出高程 156.00m,已知点 A 的高程为 $H_A = 171.00m$,标尺及悬挂钢尺读数为 $a = 1.50m$、$b = 1.20m$、$c = 16.43m$。要求:

(1) D 点上的标尺读数应为多少?

(2) 说明如何标出 156.00m 的高程位置。

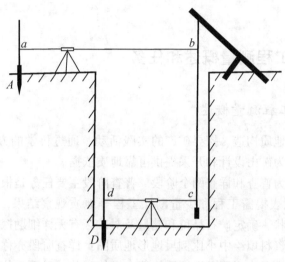

图 8-31 高程放样

6. 已知 A、B、C 三点为现场地面控制点,之间可通视,P 为待放样点,它们的坐标见表 8-1,要求:

(1) 根据 A、B、C、P 的坐标画出略图。如用极坐标法放样,选哪两个控制点?

(2) 计算极坐标法放样数据。

(3) 结合放样数据写出放样步骤。

表 8-1   控制点及放样点的坐标

点号	X(m)	Y(m)
A	50.433	90.465
B	130.915	60.625
C	90.564	40.258
P	80.00	100.00

第9章　地质勘探工程测量

9.1　地质勘探工程测量概述和任务

9.1.1　地质勘探工程测量概述

地质勘探是查明地质构造、探寻矿产的实践活动。通过科学的方法确定矿体的位置、产状、品位和储量，为矿山设计和开采提供可靠地质依据。

地质勘探一般分为普查和详查两个阶段。普查阶段主要任务是根据地表上发现的矿点（矿体露头），结合地表揭露工程和少量勘探工程等地质观察结果，初步查明矿产品种、矿体规模、形状和产状，确定矿石品位和储量及对矿区有无详细勘探价值做出评价。普查阶段应根据所得地质资料填绘中小比例尺地形地质图；详查阶段亦称勘探阶段，其主要任务是在普查的基础上进一步查明矿区地质构造、矿体产状、矿石品位、物质组分及储量等更为可靠地质资料。勘探方法有地质观察、地表揭露工程(剥土、槽探、井探等)、钻探工程以及物理探矿和化学探矿等，有时也需要一定数量的坑道探矿。勘探方法依矿体种类、产状、水文地质条件等不同而不同。通过探查和地质科学综合研究，编制出1：1000~1：5000 的地形地质图以及研究矿体产状、品位、储量的专用图，并提出综合地质报告。

在矿产普查和勘探过程中，都需要测量工作的密切配合。这种为地质勘探工程的设计、施工及综合科学研究所做的各种测量工作，称为地质勘探工程测量。

9.1.2　地质勘探工程测量任务

地质勘探工程测量的主要任务是：

①根据勘探工作的需要建立测量控制网或进行加密控制测量；

②测绘大比例尺地形图；

③进行大比例尺地质填图测量；

④布设勘探线、勘探工程和测绘勘探剖面(参见图 9-1)；

⑤测定已完成勘探工程点的坐标和高程；

⑥为地质图件编绘和储量计算等提供必要的数据和资料。

建立控制网和加密控制测量如第 6 章所述，测绘大比例尺地形图可参照第 7 章，本章主要介绍第③、第④和第⑤项测量工作。

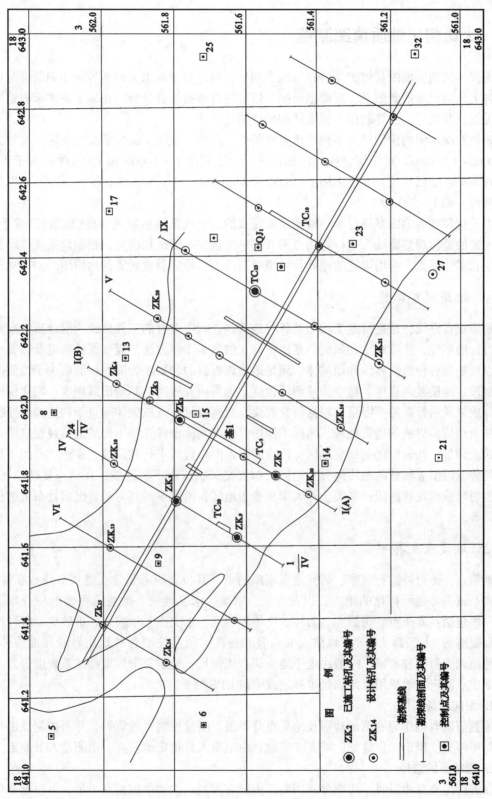

图9-1 某矿区勘探工程设计平面图

9.2 大比例尺地质填图测量

大比例尺地质填图是将矿体分布、地层划分、构造类型及水文地质等更详细的情况填入各种大比例尺地形底图上，形成地质图，用其进行地质综合分析，正确了解矿床与地质构造关系及其规律，指导勘探工程设计和矿产储量计算。

地质勘探填图的比例尺大小视矿床生成条件、产状、规模、品位情况来决定，通常为 1：10000~1：1000。对于煤、铁等沉积矿床，一般采用 1：10000 和 1：5000；对于铜、铁、锌等有色金属矿床，一般采用 1：2000 或 1：1000；对于某些稀有矿床，还可采用更大比例尺，如 1：500。

大比例尺地质填图是通过测绘地质点来完成的。也就是从地质观察点（地质点）着手，按照一定的地质观察路线，进行地质点的系统连续观察、测量和研究，根据地质点描绘各种岩层和矿体界线，再用规定的地质符号填绘到图上，最后制成所需的地质图。

9.2.1 地质观察路线

地质观察路线，是进行地质填图及各种地质调查时所布置的工作路线。沿地质观察路线所进行的系统、连续观察和研究，是地质调查的基本工作方法。观察线的密度及布置形式，以能控制各种地质界线和地质体、满足地质调查目的和要求为准，一般取决于地质调查比例尺、地质复杂程度、航空像片解译程度、地质研究程度、基岩出露程度、物化探资料解译成果及通行条件等因素。根据研究需要，观察线可布设成大体垂直于构造线的穿越路线和沿地质体界线的追索路线。实际工作中，根据具体条件选择不同的地质观察路线布置形式。例如，在岩层走向稳定地区，垂直岩层走向布置成平行状路线；在地质界线不呈线状延伸或近似等轴状的地质体分布地区，布置交叉状或十字状路线；在构造复杂地区，布置放射状或梅花状路线；在黄土等大面积掩盖地区，沿水系河谷等基岩出露处布置树枝状路线等。

9.2.2 地质点及其测量

地质点，是野外进行观察、研究地质现象的点。其位置应着重选在地质界线或矿体、蚀变岩石露头等显示矿化的地方，以及断层、褶皱、水文地质、地貌等重要地质现象的点。一般包括：露头点、构造点、岩体、矿体界线点、水文点、地貌点、重砂点及各种勘探工程揭露的"人工露头"等。地质点的布置和密度，须能控制各种地质界线和地质体，满足地质调查目的和要求，一般决定于地质调查比例尺、地质复杂程度和覆盖程度等。

地质点测定一般采用全站仪极坐标法或手持 GPS 测量。

1. 测前准备工作

施测前应取得作为底图的地形及地质点分布图、测量控制点等资料，并对控制点进行图上对照检查，拟定工作计划。或者在实地，由地质人员指定地质点，由测绘人员测定。

2. 测站点的选择

在进行地质点测量时，应充分利用测区内已有控制点，如果控制点不足，可根据本单位仪器状况、作业环境等采用导线测量或 GPS RTK 技术加密控制点。当矿区地形地质图采用 0.5m 等高距时,测站点高程用等外水准测量直接测定;当测图等高距≥1m 时,测站点高程可采用三角高程测量方法测定。

3. 地质点的测量

将全站仪安置在测站点上,后视另一控制点,测量各地质点的水平角、距离以及高程,就可以计算出地质点的坐标,或者利用手持 GPS 获取地质点的坐标,标到图上。需要说明的是,在浮土覆盖广泛、植被发育或者风化剧烈工作区,基岩露头少,为避免或减少用地表揭露工程来划定地质界线,可以采用原位多参数 X 射线荧光测量技术进行大比例尺填图测量,伽马能谱方法也可以作为一种辅助地质填图方法。有条件时,开展航空物探综合信息进行地质填图,并积极应用遥感、地面物探等方法配合地质填图。

9.2.3 矿体及岩层界线的圈定

在地质点测定及野外观察的基础上,根据矿体及岩层的产状与实地地形关系,将同类地质界线点连接起来,并在其变换处适当加密测点,以保证界线位置正确。所有地质点的位置,均由地质人员选定,由测量人员实地测绘。地质界线的圈定,可由地质人员在现场进行,也可根据野外记录在室内完成。图 9-2 是用地形图做底图施测的部分地质界线,图中 SQ 为志留纪石英岩,SB 为志留纪石英斑岩。

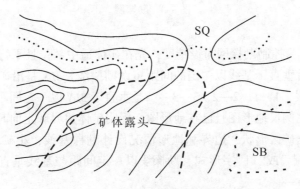

图 9-2 地质界线的圈定

9.3 勘探网的布设

在地质勘探中,勘探工程都是沿着勘探线方向等间距布设的。为布设和控制勘探工程,一般要布设一条直线,此称勘探线,在勘探线上布设勘探工程。一个矿区常需布设多条等间距的勘探线,总称为勘探网。为布设和控制勘探线,往往需要先布设勘探基线,这时勘探基线和勘探线组成了勘探网。有时勘探线又彼此交叉组成格网形状的勘探网。勘探工程的位置一般是勘探网的交点位置。

9.3.1 勘探网的设计

为有效揭露地质构造，勘探线方向通常垂直于矿体走向。勘探网的形状及密度(勘探线间距)，则是根据矿床种类和产状的不同而确定的，通常有正方形、矩形、菱形和平行线型等，如图9-3所示。

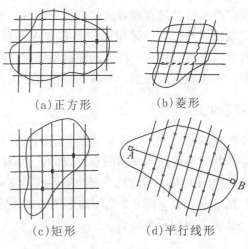

(a)正方形　　　(b)菱形

(c)矩形　　　　(d)平行线形

图 9-3　勘探网

如图9-4所示，为控制勘探网布设精度，先在矿体适中部位且平行于矿体的走向选定一条勘探基线，然后垂直于基线以一定的间距布设勘探线。MN 是沿矿体走向通过起始基点 P 布设的一条基线，1—1、2—2、3—3……是垂直于 MN 以一定间距布设的勘探线。

当矿区已有大比例尺地形图且已在地形图上标明矿体边界和走向时，可在地形图上进行勘探网设计。根据矿区形状、边界和地形情况设计勘探基线，小矿区设计成"—"字形状；稍大矿区采用"十"或"口"字形式。勘探线以一定间距与基线垂直相交，其交点为勘探线基点。

当矿区无大比例尺地形图资料时，需通过现场踏勘，由地质人员和测量人员共同在实地选定勘探网起始基点、基线方向和长度。基线位置，应该通过地形平坦、障碍较少、通视较好、土质坚硬、便于安置仪器的地区。

通过勘探基线点与控制点的联测，获取勘探网坐标系统，结合勘探网形状及密度，就可以求出全部勘探网点的设计坐标，用来计算测设数据。

9.3.2 勘探网的测设

1. 勘探网测设的传统方法

如图9-4所示，A、B、C、D 为已知的控制点，根据基线起始点 P 与已知控制点的位置关系，可以算出采用极坐标法测设 P 的测设数据(水平角 β_b 和距离 S_{BP})，根据测设数据，即可测设 P 点。同理，测设基线端点 M、N。

当起始基点 P 及基线端点 M、N 测设后，还应检查三点是否在一条直线上。若误差超过限差要求，需要重新检查计算成果，重新测设，直至满足要求，方可布设勘探线。

将全站仪安置在 P 点，沿着勘探基线方向按设计的勘探线间距测设距离，得各勘探线基点。如图 9-4 中的 $\dfrac{0}{2}$、$\dfrac{0}{4}$、$\dfrac{0}{6}$、$\dfrac{0}{8}$ 和 $\dfrac{0}{1}$、$\dfrac{0}{3}$、$\dfrac{0}{5}$、$\dfrac{0}{7}$。

勘探线一般垂直于勘探基线，在各勘探线基点上安置全站仪，定出与勘探基线垂直的勘探线，然后在各勘探线上，按设计点距，标出一系列测点。

勘探线编号有不同的方法，如图 9-4 所示的各点编号以分数形式表示，分母代表线号，分子代表点号。通过 P 的勘探线为零号勘探线，以其为界，西边的勘探线用奇数号，东边的勘探线用偶数号；以勘探基线为界，以北的点用偶数号，以南的点用奇数号。

在勘探基线、勘探线的两端要埋石并编号，同时测出各点间的水平距离及各点高程，并将所测成果绘出勘探线剖面图。

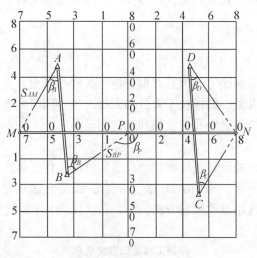

图 9-4 勘探网的布设

2. RTK 技术进行勘探网的测设

RTK 技术的出现，从根本上改变了测量工作的传统作业方式。它是由一台基准站和若干台流动站组成的测量系统，基准站和流动站同时接收卫星信号得到测量数据，基准站同时又把测量修正参数通过无线数据链传送给流动站，使流动站测量数据得到改正而获得所需测量成果，这样流动站就可以实时、方便、快捷地进行各种测量工作。

用 RTK 进行勘探网布设，优点如下：①测量工作简化，免去常规方法中勘探基线布设环节，直接按坐标放样法测设勘探线；②一个以上已知控制点即可工作，这在矿区周围已知控制点破坏严重、资料不好收集情况下不致影响工作；③直观快捷，可以实时观测、记录、使用测量数据，无须再进行复杂的平差计算；④精度高，其测量成果可以达到厘米级；⑤作业半径可以远至 10km 左右。

用 RTK 布设勘探网的作业方法参见 9.5 节。

用 RTK 进行勘探网布设时，为保证测量精度，应注意：①设置好基准站。基准站应设置在地势较高，通信条件较好的地点，根据测区自然地理条件和工作范围，在基准站与流动站之间数据链连接最好的点位上设置基准站，在国家控制点不能满足工作需要时，可用 RTK 单点定位法发展已知点，其精度完全可以满足工作需要。②流动站工作时应注意以下几点：一是基准站和流动站各项参数设置必须保持一致；二是流动站要始终保持与基准站的数据链连接；三是流动站设置时必须注意对中整平和输入数据的准确性；四是线放样时线上偏移距不能过大，遇复杂地形偏移过大时应做好标志以保证地质人员准确找到点位。

9.4　勘探工程的布设

钻孔、探槽、探井等勘探工程通常是按照地质勘察工程设计平面图（如图 9-1 所示），根据控制点或勘探线直接测设工程点位来布设。不同的勘探工程，其精度要求不同，采取的方法也有所区别。

9.4.1　钻孔测量

通常，钻孔布设在勘探线上，但有时根据地形条件可以允许孔位偏离勘探线一定的距离。钻孔定位应由地质人员、钻探技术人员和测量人员共同研究确定。

钻孔测量包括：孔位测设、孔位复测和定位测量。

1. 孔位测设

孔位测设是按照钻孔的设计坐标将其测设于实地的工作。通常以附近控制点为依据直接测设孔位，若控制点不足，采用 RTK 法、导线法或交会法加密控制点。根据控制点、钻孔位置和地形情况，选用点位测设方法，测设精度按表 9-1 的规定放宽 2~3 倍。

表 9-1　　　　　　　　　　　　勘探工程测设精度要求

项目			相对附近图根控制点的平面位置中误差（mm）	相对附近水准点的高程中误差（等高距）
钻孔（包括水文孔）			0.1	1/8
探槽、探井、取样钻孔	重要		0.3	1/6
	一般	平地、丘陵地	0.6	1/3
		山地	0.8	

孔位在实地打桩固定后，应立即在其附近平机台预定范围外建立校正点，一方面，用校正点可以在平整机台后对钻孔位置进行校核；另一方面，一旦钻孔标桩丢失或破坏，可以利用校正点恢复钻孔位置。如图 9-5 所示，校正点的建立可根据钻孔周围的地形采取不同方式。

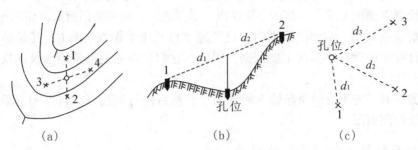

图 9-5　校正点的建立

2. 孔位复测

经过平整机台，钻孔孔位桩可能移位或丢失，因此，在钻孔施工前，要根据埋设的校正点校核或恢复钻孔位置。若校正点桩丢失或破坏，需利用控制点重新测定孔位。

3. 定位测量

在钻探完毕后封孔，这时需要再次测定封孔标石或封孔套管中心坐标及高程。平面位置测量采用全站仪极坐标测量法或 RTK 法等。高程用水准测量或三角高程测量，测至标石或套管口，并量取标石面或套管口至地面高差。孔位坐标和高程的测定精度见表 9-1。

9.4.2　探槽、探井、取样钻孔的布设

探槽、探井、取样钻孔等勘探工程，主要在覆盖层较厚地区内揭露地质现象时使用。其测量工作精度要求相对较低，可分为以下两个步骤。

1. 初测

将图上设计的探孔、探槽位置用 RTK 法、极坐标法或交会法测设于实地。较长的探槽，还要测设两端的位置。

2. 定测

探槽、探井施工完毕后，还要测定探槽两端点及探井的坐标和高程。

9.5　勘探线剖面测量

剖面测量分为一般地质剖面测量和勘探线剖面测量。前者通常没有钻孔和深部工程，对测量的精度要求较低，而勘探线剖面上，则有勘探工程，其对测量的精度要求较高。

勘探线剖面测量(以下简称剖面测量)，是地质勘探工程测量中的一项重要工作，通常是在整条勘探线上的勘探工程完毕后，根据需要进行的剖面测量工作，这时勘探线即为剖面线。但也有的在布设勘探线同时进行剖面测量。

剖面测量就是测出剖面线上的地形特征点、地物点、工程点、地质点及剖面控制点的平面位置及高程，并绘制勘探线剖面图。再绘入勘探所得的地层、矿体资料等，即得矿区综合性的勘探线剖面图。勘探线剖面图是勘探设计、工程布设、储量计算和综合研究的重要参考资料。

地表无矿迹时，可利用地形图和工程位置测量资料编绘地质剖面。但如果地形图精度不能满足绘制剖面图要求、以及在半暴露或全暴露地区，须实测剖面图，而不允许在地形地质图上切绘剖面图。实测剖面图时，应注意剖面线上的勘探工程(尤其是钻孔)位置，它们是设计和矿产储量计算的主要依据，因此，它们比普通地形地物点及地质点精度要求高。

剖面测量时，先测设剖面起始点和剖面线，然后进行剖面点、转点和剖面控制点测量，最后绘制剖面图。

9.5.1　剖面起始点和剖面线的测设

当测区已建有测量控制网时，在设计图上常选定剖面端点作为起始点，根据已知控制点坐标和设计剖面起始点坐标，按照点位放样的方法将起始点测设于实地。也可以结合地形及已知控制点分布情况选用便于联测的任一点作为起始点，这时，起始点测设于实地后，还要据其测设剖面端点。

如图9-6所示，如果剖面线是由地质人员根据设计资料结合实地情况选定的，那么选定后的剖面线端点 A、B 的坐标和高程，就由测量人员用角度后方交会法、极坐标法、导线或 RTK 法与附近控制点联测进行确定。

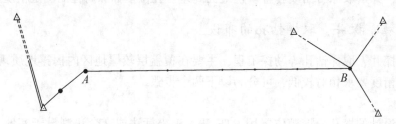

图9-6　剖面起始点的测设

用全站仪极坐标法测设时，依据两个控制点定向，往返测距，其相对误差和长度，不得大于表9-2中第1项的规定。

表9-2　　　　　　　　　　　　勘探线剖面测量的基本精度要求

项目剖面比例尺	1：500	1：1000	1：2000	1：5000
1　极坐标法布设起始点往返距离相对误差	1/700	1/1500		
2　测站点间往返距离相对误差	1/150			
3　剖面控制点间距/km	0.6	0.7	1.5	3.0
4　两剖面控制点间长度相对闭合差	1/700	1/400		
5　两剖面控制点间高程闭合差	1/3 等高距			

用交会法布设时，交会角应在30°~150°之间，个别困难地区，也不得小于20°。点位测设后，应在点上设站，测检查角一测回，观测值与理论值之差，不得大于3′。

对未建立控制网的地区可先进行剖面测量，待控制网建立后，再联测剖面端点坐标。

用RTK法测设剖面起始点，则更加简单、方便。

起始点经检查合格后，按测设数据测设剖面线，剖面线可采用全站仪一次倒镜法或正倒分中法向前延伸。

9.5.2 剖面点、测站点和剖面控制点的测量

在剖面起始点上经过剖面线定向后，开始沿剖面线测量剖面点(地形变坡点、工程地质点、地物点及地质界线点等)的水平距离和高程。剖面点的密度，取决于剖面比例尺、地形条件和必要的地质点，通常是剖面图上距离约1cm测一剖面点。

测站间往返测距离的较差应不大于表9-2中第2项的规定。

搬动若干站后，为了检核，须将测站点与周围控制点联测，该测站点称为剖面控制点，简称剖控点。剖控点也可以事先布设，布设方法与布设起始点相同。剖控点的间距，与剖面比例尺有关，应不大于表9-2中第3项的规定。剖控点应适当埋石，每条剖面线上不少于2点。剖控点的测量技术要求与图根点测量技术要求相同。

剖面测量进行到剖控点时，应及时检查实测长度和高差是否与连测值相符，其闭合差应不大于表9-2中末两项的规定。若闭合差超限，应及时查找原因。当长度和高程闭合差在容许范围内时，则按测站点长度成比例进行分配。

剖面点、测站点和剖控点的测量精度应符合表9-3的规定。

剖控点间的方位与设计方位偏差应不大于

$$\Delta\alpha = \frac{0.6\text{mm} \cdot M}{L} \cdot \rho'' \tag{9-1}$$

式中，L为剖控点间长度，M为地形图比例尺分母。

当测量行进中遇到障碍时，则要通过三角形法、矩形转折法或导线法越过障碍，并回到原方向线上。剖面测量中的计算取位：距离、高差、高程均取至0.01m。

当采用RTK法进行剖面测量时，应用线放样功能测量剖面上各点的坐标和高程。

表9-3　　　　　　　　　　剖面测量各项限差

项目		相对附近图根点平面位置中误差(mm)	相对附近水准点的高程中误差(等高距)	备注
剖控点		0.1	1/8	平面位置中误差指地形图图上距离
测站点		0.25	1/6	
剖面点	平地	0.6	1/3	
	丘陵地	0.6	1/3	
	山地	0.8	1/3	

9.5.3　剖面图的绘制

绘制剖面图前，应先整理和检查观测手簿记录，求出剖面线上各剖控点、测站点、地形地物点、地质工程点、地质点等到起始端点的水平距离和这些点的高程。

剖面图的绘制步骤如下：

1. 展绘图廓

为展绘各剖面点的纵横方向，在绘制剖面图时，应先展绘剖面图图廓(图 9-7)。

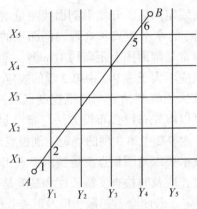

图 9-7　剖面线与格网交点

2. 展绘高程线和剖面点

根据纵向比例尺和需要的高程，绘出一组平行横线，并在每条横线上注记相应的高程值。然后按剖面线上各点与起始点的平距及规定的横向比例尺，在水平方向上展绘出各点，并在各点垂直方向上按其高程展绘各点对应位置，以光滑曲线连接各点，即得地形剖面，并在剖面左右两端注明剖面方位角。剖面上的勘探工程点、主要地质点等也应加以编号和注记。

3. 展绘坐标线

为便于在剖面图上量取地面和地下任一点的坐标，需将剖面线与坐标格网交点位置(图 9-7)展绘于剖面上，并由地表向地下作投影线(图 9-8)，为此需计算以下距离。

①剖面线在相邻 X 坐标线及 Y 坐标线间的距离：

$$d_X = \frac{X_{i+1} - X_i}{\cos\alpha}, \quad d_Y = \frac{Y_{i+1} - Y_i}{\sin\alpha} \tag{9-2}$$

②剖面起始点 A 与邻近坐标线 X_1 和 Y_1 的交点距离：

$$d_{A1} = \frac{X_1 - X_A}{\cos\alpha}, \quad d_{A2} = \frac{Y_1 - Y_A}{\sin\alpha} \tag{9-3}$$

坐标线的展绘方法：首先将剖面线起始点 A 展绘在最下边一条高程线上，然后按距离 d_{A1} 和 d_{A2} 展绘出 X_1、Y_1 线与图廓平行，再分别按距离 d_X 和 d_Y 在图上依次展绘出各条 X 和 Y 坐标线，并注记相应的坐标值。最后，按距离 d_{5B}、d_{6B} 展绘剖面终点 B。

4. 展绘剖面投影平面图

在剖面图的下方首先绘制投影平面图廓，图廓宽约 5cm，上、下图廓线与高程线平行。其次在上、下图廓线中间，绘制一条与高程线平行的横线，作为剖面投影线。再将 X、Y 线垂直投影于剖面投影线上，然后依剖面方位角绘制投影平面图的纵横坐标格网线，并注记坐标值。

最后，在剖面投影线上以相应符号绘出剖面端点、工程点、地物点的位置。工程点偏离剖面线时，按实际位置展绘。

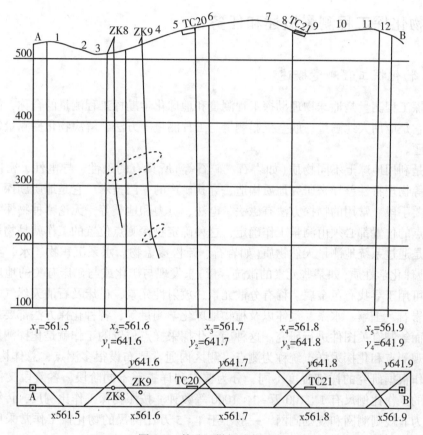

$x_1=561.5$ $x_2=561.6$ $x_3=561.7$ $x_4=561.8$ $x_5=561.9$
$y_1=641.6$ $y_2=641.7$ $y_3=641.8$ $y_4=641.9$

图 9-8 某矿区勘探线剖面图

复习思考题

1. 地质勘探工程测量的任务是什么？
2. 如何进行大比例尺地质填图？
3. 如何进行勘探线、勘探网的布设？
4. 钻孔位置的测定包含哪几个步骤？
5. 试述地质勘探剖面测量的基本内容和方法。

第10章 物化探工程测量

10.1 物化探工程测量概述和任务

10.1.1 物化探工程测量概述

物化探工程测量是地球物理勘探工程测量和地球化学勘探工程测量的合称，简称物化探测量。它是应用大地测量、航空摄影测量与工程测量等方法，解决物化探测量领域内空间定位问题。

物探是利用地球上不同物质(如岩石、矿石等)所具有的磁性、导电性、密度、放射性及弹性等物理特性差异来研究地质构造、寻找矿产的一门技术。它是地质勘探工作不可缺少的重要手段。常用的物探方法有磁法、电法、重力和地震等。无论哪种物探方法，其物理观测点的位置都必须由测量工作确定，这种确定物探测点位置的工作就是物探测量。

化探是通过系统地测量天然物质(如岩石、疏松覆盖物、水系沉积物、水、空气或生物)中的地球化学性质(如某些元素的微迹含量)来发现与矿化或与矿床有关的地球化学异常。化探可用于寻找有色金属、稀有分散元素、放射性元素、矿床及石油天然气等。化探方法分为岩石、土壤、水系、气体以及植物地球化学测量等，各种化探方法都要进行采样分析，进而绘制有关图件进行研究。这种确定化探采样点位置的工作就是化探测量。

物探观测点和化探采样点统称为测点。测区内通常要布设很多测点，总体构成测网。物化探工作根据研究的详细程度不同，分为普查和详查等不同阶段，各阶段又依目的不同，采用的工作比例尺有1∶100万~1∶1000等数种。按照物探工作比例尺，传统的测网形式可分为非规则测网和规则测网。一般小于1∶5万比例尺的物化探工作常采用非规则测网，而大于或等于1∶5万比例尺的物化探工作常采用规则测网。

小比例尺普查要求测点稀、点距大，常采用非规则测网，非规则测网是按照物化探工作比例尺所规定的测点密度，在一定范围内构成具有一定自由度的面状测网。非规则测网通常由物化探人员与测量人员事先共同商定测区范围、路线和点距，然后测量人员在测区内大致均匀布点，有时沿一条路线布点，进行路线测量，以便绘图，再由物化探人员进行物理观测(采样)。

较大比例尺的普查和详查要求测点密度大、点距小，而且要绘制平面图和剖面图等图件，因此要求测点整齐而有规律地排列，常采用规则测网。规则测网是依据物化探工作比例尺规定的网点密度构成的矩形或方形测网。规则测网要求把测点按一定距离(称点距)布设在一条线上，此称测线。在范围较大测区，通常按一定间隔(称线距)整齐排列多条测线。为了规则地布设测线，先布设基线，基线方向平行于矿体走向，最好通过矿体异常轴。在基线方向上按线距设置基线点，然后根据基线点布设测线，测线与基线组成测网。

为确定测网位置，还需把测网与测量控制点联测。测区面积较大时，需布设多条基线形成基线网，根据情况也可以把基线或测线直接与控制点联测。用"线距×点距"表示测网密度，例如，线距为50m，点距为20m时，测网密度表示为"50×20"。测网密度和大小依工作比例尺和测区大小而定。通常采用的工作比例尺越大，线距和点距越小。

布设测网时，对于非规则测网，按计划路线和平均点距，在野外边选点边测定点位，同时进行物理观测（采样）；对于规则测网，通常先由物（化）探人员提出要求，包括测区范围、测线方位、测网密度等，再由测量人员设计测网并实地布设，测网布设完成后，再进行物理观测（采样）。规则测网有两种类型，一是自由网，二是固定网。自由网用于新测区，一般要求测线（或基线）方向可以在一定范围内变动，测点位置不做具体规定，它是先布设基线网，基线网合格后再布设测线形成测网，然后通过联测来确定测网位置；固定网常用于工作过的测区或在已有测网基础上扩展的测区，也用于大面积的新测区。它是先在地形图上设计测网，计算测设数据，然后进行实地测设。图10-1为物化探测网的一般形式。

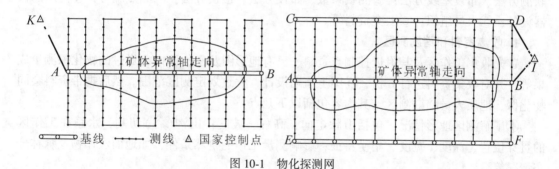

图 10-1　物化探测网

随精度要求不同，测网的布设方法有以下几种：

①利用地形图或影像布设测网；

②利用全站仪、罗盘仪等布设测网；

③利用 GPS RTK 布设测网。

利用地形图或影像布设测网的精度较低，适合工作比例尺小于 1:10000 的普查阶段的测网布设；利用全站仪、罗盘仪或 GPS RTK 布设测网的精度较高，适合较大比例尺的普查阶段或详查阶段测网的布设。对于没有树木遮蔽的测区，多采用 GPS RTK 布设测网。

10.1.2　物化探测量的任务

物化探测量的任务就是根据物化探的任务和要求设计测网的具体布设方案，并将设计的物化探测网施测到实地，或将地面上已布设的物化探测网与国家控制点联测绘制到图上。根据需要建立测量控制点或加密点。有时也要进行剖面测量。

由前述可知，物化探测量工作的任务是：

①物化探控制测量：包括平面控制测量和高程控制测量。

②物化探测网及剖面的布设：按物化探工作要求，布设测网及剖面，并提供物化探观测点坐标和高程。

③重要地质标志、异常点等与测网的联测：将重要的地质标志、异常点、居民点和明显地物点等与测网进行联测。

④工作报告的编写：根据野外实测资料，提供最终成果，编制测量成果图，编写测量工作报告。

10.2　物化探测网的设计与施测

10.2.1　物化探测网的设计

物化探测网的设计，是在充分调研的基础上，根据物化探的任务、要求(包括勘测目的、测区位置、测区范围、工作比例尺、测网密度、测线方位角、测网位置和执行的测量规范等)具体设计测网，包括：①基线条数、方位、通过位置、检核方法、联测控制点、联测方法、布设基线方法；②测线条数、布设方法、检核方法；③测点编号；④使用的仪器设备；⑤人员组织；⑥上交资料等。

1. 收集资料和踏勘测区

首先收集工作区及其附近控制点资料、已有地形图及工作区内已做过的物化探测量成果等，并对收集资料进行分析，在图上概略设计，大致划定测区范围。然后携带资料会同物化探、地质人员踏勘测区。其内容包括以下几点：

①了解测区地形情况：包括山脉走向、高程、坡度；山沟(谷)切割，水系在工作区的贯穿位置、深度、宽度、旱涝特征；影响测量工作的自然条件，如地面农作物及森林分布情况等。

②查明测区行政管辖、村庄分布、当地风俗、生活条件、交通状况及安全生产状况等。

③查明工作区测量控制点是否保存完好。初步拟定测网与控制点联测方案。

④会同物化探人员共同研究协商，初步确定测区边界和物化探测网基线的初步位置。根据资料收集和测区踏勘的情况，拟定设计方案，作为编写设计的依据。

2. 划定测区范围

测区范围应根据物化探工作任务书要求及测区具体条件合理确定。普查工作的测区一般面积较大，包括整个地质条件有利地段；详查工作常要根据普查发现的异常情况划定测区范围，测区范围要大于探测对象或异常分布范围，使获得的异常轮廓完整。同时，还应兼顾测区边界整齐原则和使测区与附近曾做过的物化探测量的工作区相接，也要考虑今后物化探工作的扩展空间。

3. 物化探测网的设计与编号

物化探测网设计的主要内容包括：测网的基线设计、测线方向设计和通过地带设计；设计起始基点位置并提出测设方法和精度要求。

　　基线主要用于布设和控制测线，它的数量随使用的仪器精度和测线要求精度变化，基线方向一般垂直于测线方向，基线位置要考虑通视较好，便于布设，安全，便于联测，便于布设起始点和基线方向。为了测量时取得良好的通视条件，也可以沿主要山岭和河谷布设基线。当测区内已有或设计有物化探工程时，应尽可能兼顾或与其一致，以便资料对比。

　　首先，起始基点的位置应便于联测。其次，对于范围较大的工作区，起始基点位置宜布设在工作区中央制高点上，这样便于延伸布设基线；对于小范围工作区，可将起始基点布设在基线一端。对于多基线测区，为了多组同时布设，应设计固定网，计算多个基线起始点的测设数据，分别按测设数据同时布设。

　　测线方向通常由物探人员提出，用坐标方位角或磁方位角表示，它以垂直于探测对象或已知异常的走向为原则，往往与基线相垂直（或者说与异常走向相垂直）布设测线。当异常走向改变时，测线也应随着改变。但不应过于杂乱。通常是在基点上安置仪器，以基线方向为准，转 90°来布设测线。

　　测网密度的选择，主要取决于物化探的任务、工作比例尺及所研究异常的规模。测网密度与物化探工作比例尺的关系，见表 10-1。从表 10-1 可以看出，线距等于图上 1cm 对应的实地距离，点距等于图上 1~5mm 对应的实地距离。

　　测点编号用分数式表示，分母代表测线号，分子代表测点号，分子和分母都是由南向北、由西向东递增。考虑到今后工作发展，测网西南角点一般不从 $\frac{0}{0}$ 起编，而是从某整数起编，如 $\frac{1000}{1000}$。目前生产中常用编号方法有连续编号法、双号法、跳号法、里程编号法等。

表 10-1　　　　　　　　　　　　不同工作比例尺下网点密度及测点数

比例尺	线距/m	点距/m	测点数/km²
1∶50000	500	50~250	40~8
1∶25000	250	25~100	100~40
1∶10000	100	10~50	1000~200
1∶5000	50	5~20	4000~1000
1∶2000	20	4~10	12500~5000
1∶1000	10	2~5	50000~20000

4. 测量技术设计书的编写

技术设计书是在全面研究测区情况及明确测量任务的基础上编写的，主要内容包括：

①概述物化探测量的任务和要求：包括物化探方法、地区、面积、工作比例尺、测网密度、测网概略坐标、测线方位、测点数量、精度要求和完成日期；

②测区情况、地形特点以及已有控制点情况等；

③控制点布设方案、施测方法及精度要求；

④测网布设方案、精度要求及质量检查方法；

⑤上交资料，如野外观测手簿、内业计算资料、控制点成果、测网图等；

⑥其他，如仪器配备，人员组织等。

10.2.2 物化探测网的施测

物化探测网的施测分为基线的布设和测线的施测。

1. 基线的布设

根据拟定基线位置，先确定起始基点，然后测设基线方向，按线距确定其他基点。

（1）确定起始基点

起始基点可以是基线上任意点，通常先在图上选定，其条件是便于测设或联测、点位安全、便于延长基线。起始基点的布设方法，对固定网，按 8.4 节中平面点位的测设方法施测。对自由网，可在实地选定，然后与控制点联测。

（2）确定基线方向

当基线起始点布设后，要确定基线方向。对固定网，要测设准确方向。如图 10-2 所示，将仪器安置在起始基点 P 上，以控制点 K_2 定向，测设水平角 β_P（根据基线起始点 P 和控制点 K_2 的坐标及基线的设计方向计算 β_P），即可以定出基线方向，为了基线定向和随时检查基线测量的方向，可以在基线方向上树立"远方目标"。基线方向也可以根据要求用罗盘定出。或者通过天文测量方法（太阳高度法或北极星时角法等）测定方位角来布设。

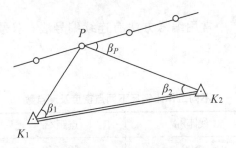

图 10-2　基线方向的测设

对于自由网起始方向，可依精度要求采取罗盘定向、地物定向或依控制点测设等方法。一旦实地确定后，必须保持一定精度向前布设，不能自由变动。

（3）测距定基线点

在起始基点上按基线方向和基线点距，测设距离，定出各基点位置，同时钉桩标号。

（4）转站

因地形条件或接近测距允许长度时，"前尺"员应及时选择既便于安置仪器又便于观测的点作为转站点，最好以基线点作为转站点。当转站点选在基线方向上时，可采用延长基线的方法继续测设距离定出基点。延长基线方法有以下几种：

①一次倒镜法：在转站点上用望远镜一个盘位后视某一基线点，然后纵转望远镜，这时视线方向即为基线的延长方向。该法速度快，但受视准轴误差影响。为减少视准轴误差

影响,转站中可采用盘左、盘右交替使用的方法。

②一次平转法:即半测回平转 180°法。该法可减少视准轴误差影响,但易受度盘偏心和读数误差影响。

当布设基线方向上遇障碍不通视时,可采用图 10-3 所示的等腰三角形法、特殊角法、矩形转折法、导线法等方式选择转站点跨越障碍,继续测设基线。图 10-3 中(e)小角度转折法,通常用在 d 值小于 1m 的情况。因 d 值较小,转折后不用再回到原延长线上。

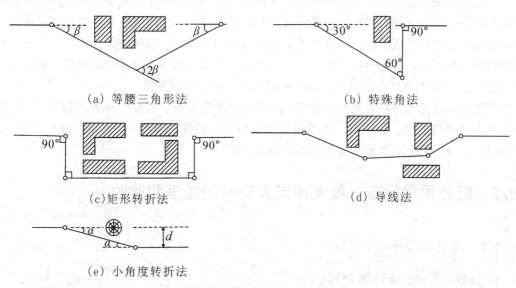

(a) 等腰三角形法　　　　　　　　　　　　(b) 特殊角法

(c)矩形转折法　　　　　　　　　　　　(d) 导线法

(e) 小角度转折法

图 10-3　常规方法测设基线时跨障碍法

(5)基线的检核

为检核基线方向和长度的正确性以及评定基线布设精度,须进行路线检核。检核方法通常是向已知点闭合,或与已知点连测。闭合差应满足《物化探工程测量规范》(DZ/T 0153—2014)要求。

2. 测线的布设

基线布设经检核合格后,方可布设测线。测线可起闭于控制点、基线点、基线转站点中的任何两点。布设方法与基线基本相同,只是精度要求较低,具体要求见《物化探工程测量规范》。布设时,仪器安置在一个基线点上,照准另一基线点,平转 90°(或 270°),即得测线方向,然后按规定点距测设距离布设测点,予以标记并注明点号。转站点则须钉入木桩。一条测线布设完毕,须实地测量出测线闭合差,闭合差应满足《物化探工程测量规范》(DZ/T 0153—2014)要求。

3. 高程测量

重力勘探时,为进行重力值的改正,需要测定所有测点和基点的高程,以确定它们对于重力总基点的高差。根据勘探任务、测区地形、高程控制点分布及重力勘探对高程的精度要求等,确定高程测量方法。一般采用水准测量、三角高程测量、全站仪垂距测量等方法。随着 GPS 技术普及,GPS 高程拟合也成为物化探高程测量的一种有效方法。对于精度要求较高的金属勘探，高程测量容许误差为±0.1m，一般采用水准测量才能满足。对于高程测量较为困难的山区物化探工作，顾及目前重力仪精度提高，高程测量精度可放宽至±0.2m。而对于高程测量精度要求不高的重力预查和普查阶段，高程测量的精度也可以降低至±0.5m 或±1.0m，这时就可以采用地形图上直接读取高程的方法。实测高程时，应构成附合或闭合高程路线进行检查。

4. 测网的联测与埋石

测网联测的目的是取得自由网统一坐标系统，为地质、物化探成果在地形图上的正确表示提供数学基础。埋石是在实地标定测网和异常位置，以便今后恢复测网以及满足进一步布设地质、探矿工程的需要。埋石范围包括测网的四角点、基线端点、异常点及其他有价值的点。埋石点须算出坐标。在同一基线上应至少保证有两个埋石点能通视。埋石后须绘"点之记"，即对其周围绘出大比例尺地形草图，便于今后寻找。

联测点主要是埋石点。此外对重要的地质标志(地质点、探槽、浅井和钻孔等)以及影响异常解释的地物，如铁路，高压线等也要联测。可采用极坐标法、导线法、RTK 技术等确定联测点的平面位置。重要的点位须算出坐标。

10.3 野外质量检查、精度评定及资料的整理和验收

10.3.1 质量检查和精度评定

1. 基线的质量检查和精度评定

基线的质量检查贯穿于布设的全过程，其检查方法有闭合检核、附合到已知点上以及联测检核等。经检查发现问题，及时处理。每条基线布设的精度，以其闭合差 f_G 表示：

$$f_G = \sqrt{\left(X_{联测} - X_{已知}\right)^2 + \left(Y_{联测} - Y_{已知}\right)^2} \tag{10-8}$$

式中，$X_{联测}$、$Y_{联测}$、$X_{已知}$、$Y_{已知}$ 分别为联测坐标和已知坐标。

然后与允许闭合差比较，当小于允许闭合差时，质量合格。

当测区较大、基线条数较多时，整个测区基线点相对于控制点的最弱点点位中误差 $m_基$ 可计算为：

$$m_基 = \pm\sqrt{\frac{\sum\left(\frac{f_G}{2}\right)^2}{N_G}} \tag{10-9}$$

式中，f_G 为基线实测闭合差，N_G 为闭合差个数。

2. 测线的质量检查和精度评定

测线的质量检查地段应均匀分布全测区，尤其对测区最弱点部位应重点检查。检查的数量和要求通常按《物化探工程测量规范》(DZ/T 0153—2014)进行。检查方法有：

①重复观测法：它是对某条测线重新布设测点(检查点)，或在某测线转站点上重新布设部分测点。量取原测点与检查点位置的差值，以及原测点距与检查点距的差值。

②横切测线法：它是起闭于基线点、横穿测线布设一条检查线，在检查线上重新布设

测点(检查点),同时在实地量取原测点与检查点位置之间的差值。

每条测线的精度,以实地量取的测线闭合差衡量,小于允许闭合差时合格。

整个测区测点相对于基线点的最弱点点位中误差 $m_测$,按闭合差计算的公式为:

$$m_测 = \pm \sqrt{\frac{[f_c f_c]}{N_c}} \tag{10-10}$$

式中,f_c 为测线闭合差;N_c 为测线闭合差个数。

测点相对于基线点的点位中误差 m_d 的计算公式为:

$$m_d = \pm \sqrt{\frac{[dd]}{2n}} \tag{10-11}$$

式中,d 为检查点与原测点位置的较差(等精度观测)。

测点相对于基线的点距中误差 m_δ(按重复观测结果)计算公式为:

$$m_\delta = \pm \sqrt{\frac{[\delta\delta]}{2n}} \tag{10-12}$$

式中,δ 为原测点与检查点点距的较差。

3. 测点的最终精度估算

物化探测量工作规范规定,全区野外工作结束后,须计算测点相对于基本控制点的点位中误差 $m_点$,以最终衡量野外观测质量是否符合规定。

当检查观测起闭于基线点时,计算公式如下:

$$m_点 = \sqrt{m_控^2 + m_基^2 + m_d^2} \tag{10-13}$$

式中,$m_控$ 为控制点相对于基本控制点的中误差。所谓基本控制点,这里是指 10″级以上的控制点。

10.3.2 资料的整理、验收与工作报告的编写

每项工作结束,须进行资料整理,以便上级验收和上交。

资料整理工作包括对记录本、计算手簿、各种图件及统计表等进行检查、补充、整饰和分类集成以及装订编录等一系列工作。还要根据成果表绘制测区实测成果图,如图10-4所示,作为正式成果上交。其内容包括各级控制点、联测点、埋石点位置及编号;基线和剖面位置、异常点、重力和磁法基点、采样点、地质工程以及村庄、河流、道路等。

图幅按测区大小,可采用梯形图幅或正方形图幅。绘图比例尺等于或小于物化探工作比例尺。

绘图时先绘制坐标格网,再展绘控制点、联测点等,展绘误差均不得大于 0.2mm。基线点按其误差配赋后的位置展绘。测点则在相应基点间按理论值展绘。不等距或位置变动的点位,则按实际位置展绘。基、测线全部展绘完毕后,每隔 5~10 条测线在其两端注记点线号。还必须注明图名、比例尺、工作单位,年、月、日和测区位置。

检查验收的质量标准以规范和上级批准的设计书为依据。

检查验收一般分三级进行,即分队或工区室内组初步检查验收、分队正式验收和物化探队审查验收。

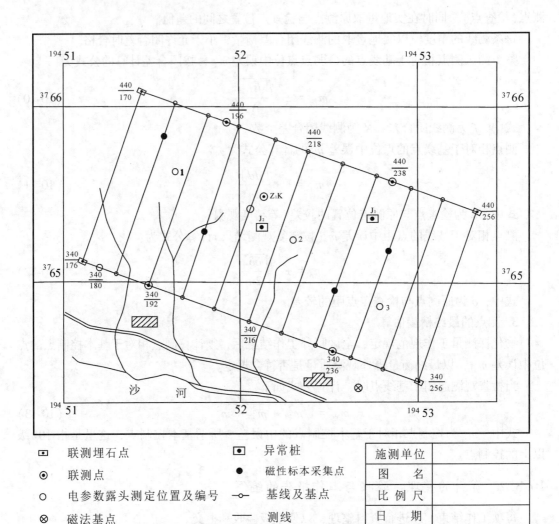

联测埋石点		异常桩	
联测点		磁性标本采集点	
电参数露头测定位置及编号		基线及基点	
磁法基点		测线	

施测单位	
图　　名	
比 例 尺	
日　　期	

图 10-4　××测区实测成果图

　　按照物化探测量技术设计书的相关内容，结合野外的实测资料，整理验收并提供测区实测成果图，编写测量工作报告。

10.4　RTK 物化探测量

　　RTK 技术，是能够在野外实时提供测量点在指定坐标系中三维坐标的厘米级定位精度的测量方法。它具有测站间不需要通视、方便快捷、全天候测量等优点，在没有树木遮蔽的地区，RTK 物化探测量得到了广泛应用。

10.4.1　原理与方法

1. RTK 测量的基本原理

RTK 系统的最低配置包括三部分：①基准站接收机；②流动站接收机，包括支持 RTK 的软件系统；③数据链，包括基准站的发射电台及流动站的接收电台。RTK 的作用距离很大程度上取决于数据链，一般可达 10～40km，当使用 GSM 通信网络作为数据链时，其作用距离更长，目前最大可达 70km。

RTK 测量的基本原理是将基准站的观测信息通过电台数据链发射出去。流动站在对 GPS 卫星进行观测并采集载波相位观测量的同时，也接收来自基准站的电台信号，流动站再对所接收的信号进行解调和实时差分处理，并根据给定的转换参数进行坐标系统的转换，只要保证 4 颗以上卫星相位观测值的跟踪和必要的卫星几何图形，流动站便可实时给出厘米级的定位结果。

2. RTK 物化探测量的作业方法

RTK 是实时动态定位测量技术，可以利用 RTK 坐标放样法测设测点，因而与常规物化探测网比较，可以不用布设基线和确定起始基点，测网仅由一系列平行的测线构成，测线上每隔一定距离设置物化探观测的测点。采用 GPS RTK 进行物化探测量的作业流程如下：

（1）准备工作

①收集测区原有测量成果、坐标转换参数、测区高程异常等资料。

②仪器检验：用于生产的 GPS，按国家计量法有关规定进行定期检测，并取得合格证书。

③踏勘工区内控制点位置，判断地形、觇标对卫星信号的影响程度；了解工区内无线电信号及其他干扰源情况。

④编写技术设计书，包括概述、技术依据、技术要求及作业方法。

（2）控制点的布设

测区的控制点不能满足 GPS 动态测量作业时，可布设加密控制点。加密控制点可采用静态、快速静态等方法进行布设，加密控制点应尽量附合到高级控制点上，点位应尽量选在对天通视良好、地势开阔的工区制高点上。当单点定位求解 WGS-84 坐标的起算点时，应有 1 小时以上的接收时间。在本工区内，若要发展控制点，只能在求解坐标转换参数的网点上进行发展。

（3）坐标转换参数

RTK 相对定位是在 WGS-84 坐标系中计算的，而物化探测量时通常采用的是国家坐标系或地方坐标系，因此，要使 GPS RTK 所测量的数据转换为物化探测量需要的坐标，必须求出两个坐标系（WGS-84 与国家坐标系或地方坐标系）之间的转换参数。一方面，可以利用工区内已有的坐标转换参数；另一方面，也可以利用工区内和周边具有 WGS-84 坐标和国家坐标（或地方坐标）的控制点解算坐标转换参数。当精度要求较高时，可以采用至少三个已知点解算坐标转换参数（七参数）；当精度要求不高时，可以采用一个已知点解算坐标转换参数（三参数）。

（4）测线的布设

布设测网时，当测区在 100 平方千米以内时，如果测区及附近有已知点，则加以利用，若无已知点，则根据工区范围大小和地形情况（主要以数据链是否正常连接为基准），采用静态、快速静态等方法引测两个至多个控制点。

1）基准站

基准站应尽量设立在对天通视良好、位于工区中央且地势较高以利于信号传播的开阔位置，同时为了减小多路径效应的影响，基准站也要远离高大建筑物、大面积水域及电视发射塔等；设立在控制点上的基准站，可以采用 RTK 测量方法向外发展基准站。发展的基准站需进行检核。可以采用复测发展的基准站或由它所测的物理点进行检核，也可以采用快速静态事后处理对比的方法检核。检核的限差规定为：

$$\Delta X \leqslant 0.2\mathrm{m}；\Delta Y \leqslant 0.2\mathrm{m}；\Delta h \leqslant 0.4\mathrm{m}$$

布设测线时，参考站每隔 50km 应进行一次检核。

2）流动站

流动站距基准站的距离一般不超过 15km，海滩、浅海可适当放宽；事后差分流动站距基准站的距离一般不超过 50km。

3）电台频率设置

根据工区内无线电信号的干扰情况，选择建立数据通信链的最佳电台频率。

4）具体作业操作

采用 GPS RTK 技术布设测线时，首先在室内将控制点坐标及设计测线（点）坐标导入手簿，到达测区后，可根据测区实际情况决定基准站架设到已知控制点上，还是架设在任意选定的未知点上，然后基准站 GPS 接收机开机工作。

当基准站架设在未知点上时，基准站开机并用手簿启动正常发射信号后，流动站架设在一个控制点上，流动站开机并进行流动站的一般设置（包括仪高、电台设置等），流动站数据链接收正常后，进行工地校正，校正时要注意对中杆水平气泡一定要居中，观测时间一般不少于 3 分钟，以保证校正精度。这时流动站手簿应显示控制点正确的地方坐标值。接着流动站到另一控制点上进行校核，在限差内，则可进行各测线上测点的 GPS RTK 坐标放样。

当基准站架设在已知控制点上时，输入测区中央子午线、坐标系统、坐标转换参数等，同样，流动站到另一控制点上进行校核，在限差内，就可以选择任意测线（点）开始放样工作。

当复杂地区卫星跟踪受到影响（如森林覆盖率高、村庄建筑物遮挡等）的地段，数据链时好时坏不稳定时，可采用快速静态方法采集数据，布设固定点，然后采用常规方法放样测点。如图 10-5 所示，在该地段两侧分别采用快速静态方法精确测定两个点 A、B，再根据 A、B，采用常规点位放样方法如极坐标法，精确放样出测点 P；或采用 GPS RTK 方法寻找卫星接收正常地段（点）精确测定两个点 A、B，再根据 A、B，采用常规点位放样方法，精确放样出测点 P。

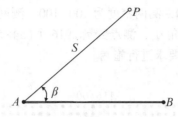

图 10-5　复杂地段常规法放样测点

10.4.2　质量检查与精度分析

1. 质量控制与注意事项

①当 RTK 的数据链是无线电传播时，有效半径为 15km，基准站与流动站的距离不得大于 15km。

②接收卫星数不得少于 5 颗，卫星高度角不得小于 15°，PDOP 不得大于 4。

③每天开始作业时、手簿内的数据或参数更新后，基准站搬至新的控制点等情况下，应重复观测 2 个以上测点或在单个控制点上作 RTK 测量，以检校 RTK 工作的可靠性。因此，在每天工作结束的最后 2 个差分点上应设立固定标志；在基准站位置未作改变之前的最后的 2 个差分点上以及在测线分段作业时测线相接处的测点上都必须设立固定标记，以做复测检核。复测检核的测点与原测点的坐标互差最大限差要求参见《石油物探全球卫星定位系统动态测量技术规范》(SY/T 6291—1997)。为保证测线敷设精度，复测点应占总点数的 3%以上，作业方法可采用各班组自检和互检两种。

④每天施工前，在流动站上应详细检查基准站的有关数据，包括基准站的坐标、基准站的仪器高及坐标转换参数等。

⑤基准站上，必须严格对中、整平仪器。

⑥打桩时，应保证实测与埋设桩号相符合。

2. 精度分析

该方法布设测点的精度取决于基线的解算精度、基准站的坐标精度、坐标转换误差、流动站的误差、大地水准面差距内插误差、野外打桩误差。其中，流动站使用对中杆在每个测点上的整平和对中误差较大，因而流动站误差是 RTK 测量的一项重要误差来源。综合以上六项误差来源，RTK 测量动态平面位置精度能达到±5cm，但高程误差有可能超过±10cm，当然，这也完全可以满足物化探生产的需要。

测线的质量检查和精度评定方法与常规方法相同。

10.4.3　RTK 物化探测量实例

1. 任务概况

测区位于内蒙古中部、锡林郭勒盟西部的苏尼特右旗，苏尼特右旗东邻苏尼特左旗、镶黄旗；南靠乌兰察布盟察右后旗、商都县；西接乌兰察布盟的四子王旗；东北与本盟二连浩特市接壤；北与蒙古国交界，是锡盟的西大门。为探明该地区的金属矿储量，进行重力、磁法、电法、地震勘探测量。工作区面积约 28km²，南北方向和东西方向各 5.3km，物化探工作比例尺为 1∶10000，测网密度为 100×100。测网西南角坐标为 $X = 4681358$m，$Y = 20266106$m，测线坐标方位角 0°，测点数量 2916 个（54×54），如图 10-6 所示。按平面精度±4m，高程精度±0.3m 的要求进行施测。

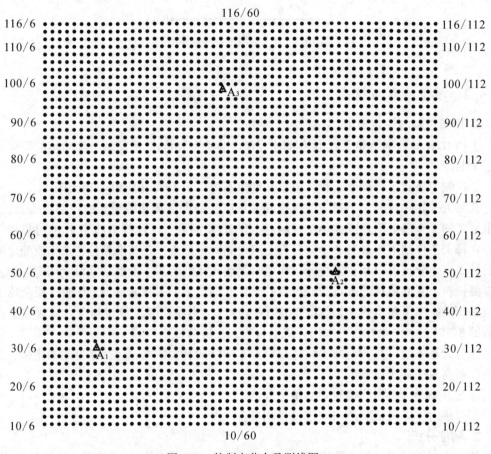

图 10-6 控制点分布及测线图

2. 测区地形特点

苏尼特右旗属古湖盆地上升而形成剥蚀高原，平均海拔高度为 1000~1400m，整个地形南高北低，中北部为坦荡的高原和丘陵，测区海拔高度在 1300m 左右，测区中部地势较高，西北部地形平缓。测区内基本无遮蔽物，为 GPS RTK 测量创造了良好的条件。

3. 测区已知控制点情况和作业依据

委托单位提供了测区附近的 2 个国家 IV 等三角点，根据这 2 个控制点，解算 WGS-84 坐标系和 1954 北京坐标系之间的转换参数。同时连测了覆盖测区范围的 3 个控制点，以进行后续 GPS RTK 坐标放样法测设测点。

作业依据为《石油物探全球卫星定位系统动态测量技术规范》（SYT 6291—1997）、《石油物化探测量规范》（DZ/T 0153—2014）和《工程测量规范》（GB 50026—2007）。

4. 物化探测量方法

（1）控制点的布置及测量

如图 10-6 所示，在踏勘测区的基础上，根据测区范围和地形情况，布设了覆盖测区的 3 个控制点 A_1、A_2、A_3，采用 E 级 GPS 测量规程要求，对测区的 3 个控制点进行静态 GPS 测量，整个静态控制网平面精度达到了±1cm。对所有控制点做点之记，便于查找。

（2）测网的布设及测量方法

如图 10-6 所示，整个测网由 54 条平行的测线组成，测线呈东西排列，线距 100m，每条测线上按 100m 的点距布设了 54 个测点，测网呈方格网状。测网西南角编号为 10/6，考虑今后工作扩展，采用跳号编号法，即测线号由西向东逐渐增加，从 6#测线编至 112# 测线，测点号由南向北逐渐增加，从 10#点编至 116#点。

采用 RTK 坐标放样法进行各测点放样前，先根据设计的测网算出所有测点的设计坐标，实际作业时，一台 GPS 接收机安置在基准站上，另外两台流动站进行各测点的放样。由于测区开阔，无遮蔽物，所有测点都获得了固定解，流动站相对于基准站分别达到了平面精度±5cm，高程精度±10cm，满足物化探测量精度要求。

5. 质量检查和精度评定

为保证成果质量，在作业中采用以下方法进行质量检查：

①对仪器进行一致性检查，即两台流动站测量结果的一致性检查。

②对每天测量的点位抽取 5% 进行复测，以检测测量成果质量。

复测是指观测条件改变以后对已测物理点进行的再次测量，是为了验证测线测量成果可靠性的一种手段，它所反映的是复测成果与原测量（放样）成果差值的大小。

如果差值在允许的范围内，说明原来的测量符合要求，测量成果可靠，如果超出了允许范围，则要进行分析，有两种可能，即复测不合格或原来测量不合格。造成这种情况一般有仪器故障、卫星工作不正常、参数错误、仪器初始化错误等原因。如果查明是复测不合格，则纠正错误或排除故障后重新复测。如果查明是原来测量不合格，则需要返测所有与该点同期测量的物理点，进行重新测量。

根据每天复测的成果与测点的设计坐标对比，计算测点点位中误差。

6. 上交资料

①首级控制点及加密点外业观测原始记录，平差计算资料；

②控制点坐标成果表及展点图；

③测点测量成果表；

④精度评定报告；

⑤技术总结报告。

10.5 利用地形图或影像布设物化探测网

10.5.1 利用地形图布设物化探测网

地形图适用于工作比例尺等于或小于 1：10000 的磁法、激电（面积性）、放射性、化探和区域重力等工作的测网布设。适合于地物较多便于定点的地区。

用于布点的地形图比例尺应等于或大于物化探工作比例尺，应为国家正式出版图，否则应了解其精度、坐标系统等情况。如果是放大图，除符合以上情况外，其原图比例尺不得小于测图比例尺。

该方法常常是布点与物化探观测同时进行。

1. 不规则测网的布点

首先根据设计的点距或每平方千米的点数，在图上圈出点的概略位置。然后拟定布设路线。布点时，沿路线进行，根据实际点位情况，选定测点位置，再将其填绘到图上并标明点号，该方法即图上定点法。它可以根据手持 GPS 测量的坐标定点；也可以根据地形、地物目估定点，或者采用罗盘仪交会法定点。

2. 规则测网的布点

首先按设计的测线方向和测网密度将测网展绘于地形图上，并每隔 5 行写出编号。到实地可利用手持 GPS 测量与地形地物相结合的方式确定点位。选一位于明显地物的测点作为起始点，在该点上利用地物或罗盘将地形图定向，沿测线远方寻找定向目标，如露岩、田角、独立树、树间隙、房屋等。定向目标最好在后方向上也选择 2~3 个定向目标，以作为前方目标被遮挡时应用，或作检核用。定向目标确定后，向目标前进，步测距离，到达测点位置时，察看周围地物、地形，并用手持 GPS 测量坐标，以验证点位。点位确定后，插下标志旗并标以点号。

如果测线上某点(或可以到达的第一个定向目标)地物明显，这时可检核该点离开临近测点的图上与实地距离，以校正测点位置。然后重新进行地形图定向，选择定向目标，继续布点。这样每到一个明显地物点，都作一次检核，以保证布点的正确性。

如果测线上明显地物较少，就可以充分发挥手持 GPS 测量的优越性，或者可以利用后方交会、侧方交会或罗盘仪交会检查所设点位。

利用地形图定点的精度，规范规定，测点点位中误差相对于附近的地物或地物轮廓不超过图上±1.0mm。

如果测点位于池塘、深谷等无法布点的位置，可以空其位置和点号，或在其附近另补一点，但须注明。

10.5.2　利用正射影像布设物化探测网

利用正射影像布设物化探测网，是利用测区内的航片(或遥感影像)建立正射影像图，再将物化探测网展绘到正射影像上，然后到实地布点。

正射影像信息丰富，直观性强，有立体感。用正射影像布设测网，定点容易，劳动强度小，节省人力物力，比用地形图布设测网有更大优越性。但是也受图解精度低和地貌特征是否明显的限制，有其局限性。所以该法适用于高差不超过 20~50m 的平坦和丘陵地区。

该法常用于布设工作比例尺等于或小于 1:1 万的磁法、激电(面积性)、自电、放射性，重力和化探等工作的测网，适用于平原、丘陵、地物地貌特征明显的地区。

如果航摄比例尺大于 1:1.4 万，放大成 1:5000 的正射影像，布点时辅以测绳，也可用于 1∶5000 比例尺平面测网的布设。

复习思考题

1. 物化探网是如何组成和布设的？
2. 物化探网设计的主要任务是什么？
3. 简述物化探网的测设步骤。
4. 如何进行物化探测网的野外质量检查和精度评定？
5. 为什么要进行物化探网的联测？

第 11 章　建筑工程测量

11.1　建筑工程测量概述

建筑工程测量是指在建(构)筑物勘测设计、施工建设、运营管理阶段所做的各种测量工作。包括：勘测设计阶段的地形图测绘及为水文地质、工程地质等勘测工作所进行的测量；施工建设阶段的施工测量；运营管理阶段的变形监测及维修养护测量。其中，勘测阶段的测量工作可参照第 7 章和第 8 章，本章将重点阐述后两个阶段的测量工作。

在建筑施工过程中，测量工作贯穿整个施工环节，对保障施工质量起着重要作用。施工测量主要任务包括：

①场地平整测量：在满足场地填、挖土方量基本平衡的条件下，对建筑区内的自然地貌加以改造，使改造后的地貌适合布置和修建建筑物、便于组织排水、满足交通运输和敷设地下管线的需要。

②施工控制测量：按照测量工作"先整体后局部，先控制后碎部"的原则，在施工阶段，建立施工控制网，作为建(构)筑物定位及细部放样的依据。

③建筑物定位及放样测量：在施工控制测量基础上，放样建筑物外廓轴线交点，进行建筑物定位测量，并据其进行其他轴线和细部的放样。针对工业与民用建筑，不同建筑物类型的施工测量工作参见 11.4 节。

④管道定位及放样测量：地下和架空管道是现代化建筑工程的重要组成部分，地下管道施工期间的放样工作包括挖土前的初步定位和安装前的放样工作；架空管道的施测包括支架基础定位和支架安装放样。具体测量工作参见 11.5 节。

⑤竣工测量：在每个单项工程完成后，进行竣工测量，以检查施工质量。提供的竣工测量成果，可以作为编制竣工总平面图的依据，也可以作为日后维修与改扩建的基础资料。

⑥变形监测和维修养护测量：建筑工程竣工后的运营期间，需要对建筑物的水平位移、沉陷、倾斜以及摆动等进行定期或持续的变形监测，以监视建筑物的安全情况、验证设计理论的正确性。对于重要建(构)筑物，如大型厂房、高层建筑物等，在施工期间也要进行变形监测，以验证设计和施工的合理性。为工程建筑物的设计、施工、管理和科学研究工作提供资料。变形监测和维修养护测量是保证建筑物安全运营的重要测量工作，变形监测工作往往持续到变形终止。

11.2 场地平整测量

建筑场地平整测量的任务是改造场区的地形地貌，使之适合布置和修建建筑物、便于组织排水、交通运输和敷设地下管线。大多数工程要求将地面平整为水平面或斜面。在改造地貌的过程中，既要顾及土石方工程量大小，又要遵循填方和挖方基本平衡的原则。场地平整测量有方格网法和断面法。方格网法进行场地平整测量的主要步骤包括：场地方格网的测设及网格点的高程测量、计算设计高程、计算填挖高度、确定施工零线并实地标定、计算土方量、测设方格点的设计高程。

1. 场地方格网的测设及高程测量

在建筑场地上布设方格网，方格大小，在平坦地区多用 20m×20m；地形起伏较大或较复杂时，可用 10m×10m 的方格；机械施工时，可用 40m×40m 或更大方格。

方格测设于实地后，采用面水准测量方法测出各个方格点地面高程。具体做法是：将水准仪安置于场地中主要方格的适当位置，后视已知水准点，前视多个方格点，如图 11-1 所示，获取方格点的地面高程。根据场地大小和水准测量的可控范围，可以适当增加测站。

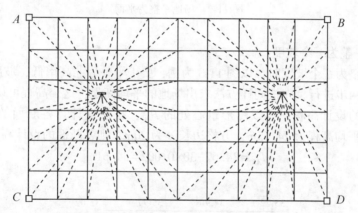

图 11-1 面水准测量法获取方格点地面高程

需要说明的是：当场区已有大比例尺地形图或数字地面模型时，可不采取实测方格网的方法，而是在地形图上设计的待建场地内绘制方格网，并内插出每个方格点高程。

2. 计算设计高程

根据填挖方平衡的原则和场地的平整坡度计算方格点的设计高程。

（1）场地平整为平面

当场地平整为平面时，各方格点设计高程相等，可认为是场地的平均高程。场地的平均高程应是场地各方格的平均高程的平均值，也是各个方格点的高程加权平均值。每个方格点高程的权，是与该方格点相关的方格个数。如图 11-2 所示，方格网外周角点的权为 1，外周边点的权为 2，方格网内部各点的权为 4。因此，当场地平整为平面时，各方格点的设计高程计算如下：

$$H_{设} = H_{平} = \frac{\sum P_i H_i}{\sum P_i} \tag{11-1}$$

图 11-2 中，算得场地平均高程为：$H_{平} = 34.67\text{m}$。

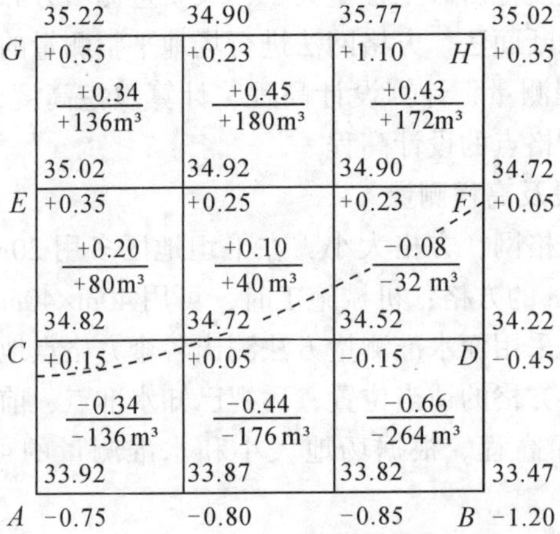

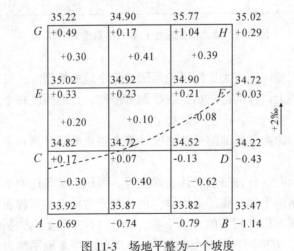

图 11-2　场地平整为平面

（2）场地平整为一个坡度

当场地平整为一个坡度时，以图 11-3 为例，要求平整后北高南低，坡度为 2‰，计算设计高程时分两步进行，先按同样方法求出场地的平均高程，这个高程可认为是整个方格网图形重心处的设计高程；再以图形重心处的 $H_{平}$，按坡度计算各断面的设计高程。图 11-3 中，场地平均高程为 24.65m，方格边长 a 为 20m，则各断面的设计高程为：

$$H_{AB} = 34.67 - 30 \times 0.002 = 34.61\text{m}$$

图 11-3　场地平整为一个坡度

$$H_{CD} = H_{AB} + 20 \times 0.002 = 34.65\text{m}$$
$$H_{EF} = H_{CD} + 20 \times 0.002 = 34.69\text{m}$$
$$H_{GH} = H_{EF} + 20 \times 0.002 = 34.73\text{m}$$

(3)场地平整为两种坡度

当场地平整为两种坡度时，各方格点设计高程的计算稍为复杂。在图 11-2 中，若要求 B 点为场地的最低点，平整后西北高、东南低，B 点向北成2‰坡度，向西成5‰坡度。各方格点设计高程计算如下：

①先按同样方法求出场地的平均高程：$H_{平} = 34.67\text{m}$。

②以最低点 B 的高程为 0，按设计坡度分别计算各方格点相对于 B 点的高差。如图 11-4(a)所示。

③计算这些高差的平均值。对于图 11-4 这种方形或矩形，只需要计算其外周 4 个角点的平均值即可，得 $h_{平} = 0.21\text{m}$。

④由场地平均高程减去这个平均高差，得 B 点设计高程。

$$H_{B设} = H_{平} - h_{平} = 34.67 - 0.21 = 34.46\text{m}$$

⑤把各方格点相对于 B 点的高差加上 B 点的设计高程，即得各方格点设计高程，这些设计高程都标示于图 11-4(a)中。

若场地内由于修建各种地下工程、管道工程和基础工程，共要挖出若干立方米的土方需要就地铺平，则根据预计的土方量除以场地总面积，得出这些土铺到场地上的平均厚度。将这个厚度加到设计高程上，就得到最后的设计高程。

3. 计算填挖高度

在算出场地各方格点的设计高程后，将各方格点的地面高程减去设计高程，即得各点的填挖高度。正号表示"挖"；负号表示"填"。如图 11-2、图 11-3 和图 11-4(b)中各方格点地面高程的下方。

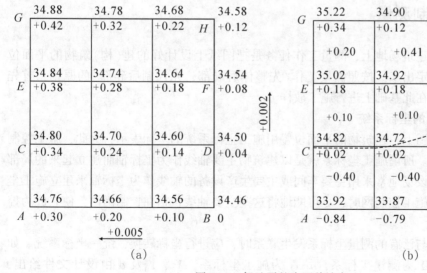

图 11-4　场地平整为两种坡度

4. 确定施工零线并实地标定

施工零线，实际上是高程为 $H_{设}$ 的等高线，也是不填不挖的分界线，可以通过在方格边上按比例内插求得，如图 11-5 所示，AC 为地面线，$A'C'$ 为设计线，O 为零点，则

$$x = \frac{|h_1|}{|h_1| + |h_2|} a \tag{11-2}$$

施工零点位置确定后，将各点连接起来，就得到施工零线，用白石灰标在施工场地上，参见图 11-2、图 11-3 和图 11-4(b)，供施工使用。

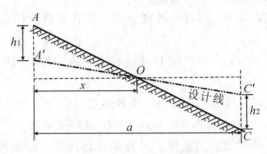

图 11-5　施工零点的确定

5. 土方量的计算

用各个方格面积乘以该方格的施工高度的平均值，即得该方格的应填、挖的土方量。在图 11-2 中，各方格的面积为 400m^2，方格中分数的分母即为应填挖的土方量。由场地的平均高程作为设计高程计算的填、挖土方量，其总和应为零或接近于零。

6. 测设方格点的设计高程

按照 10.2.1 节中的高程放样方法将各方格点的设计高程测设于实地。

11.3　施工控制测量

在工业与民用建筑场地上，测量工作任务是把图纸上设计好的建(构)筑物的平面位置和高程在实地标定出来。按照测量工作"先整体后局部，先控制后碎部"的原则，首先建立施工控制网，在此基础上进行施工放样。

1. 施工控制网的坐标系统

在设计总平面图上，建筑物的平面位置用施工坐标系统的坐标表示，为此，施工控制网采用施工坐标系。所谓施工坐标系就是以建筑物主要轴线作为坐标轴而建立起来的局部坐标系统。工业建设场地常采用主要车间或主要生产设备的轴线作为坐标轴来建立施工坐标系。因此，布设施工控制网时，尽可能地将这些主要轴线包括在控制网内，使它成为控制网的一条边。

当施工坐标系与已有的测量坐标系发生联系时，应进行坐标转换，统一坐标系统。如图 11-6 所示，$O\text{-}XY$ 为测量坐标系，$o\text{-}xy$ 为施工坐标系，X_0、Y_0 及 α 由设计文件给出，则 P 点在两个坐标系统的坐标相互转换的关系式参见 1.3.3 节。

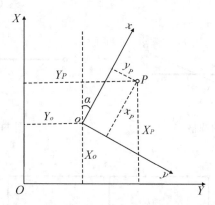

图 11-6　测量坐标系与施工坐标系

若整个场地有几个轴线方向不同的建筑群，可分别建立施工坐标系。

2. 施工控制网的精度

施工控制网的精度可根据建筑物的建筑限差确定，具体参考 8.1 节。

3. 施工控制网的布设

(1) 平面控制网的布设

施工测量平面控制网布设应根据场地地形条件、面积、建筑物密度、尺寸及便于放样等因素综合确定。其形式有建筑方格网、导线网、边角网和 GPS 网等。

工业与民用建筑场地的建筑物大多为矩形，且每个建筑系统中，其轴线基本上都是平行或垂直关系，常采用建筑方格网作为施工控制网，建筑方格网形状和规格主要以施工放样方便为原则，首级基本网常采用"十"字形、"口"字形或"田"字形，然后再加密扩展方格网。

以"十"字形为例，先测设方格网主轴线，然后以主轴线点为依据，测设其余方格点，最后在方格网点间进行角度和距离检查，直至满足限差要求。

主轴线测设采用归化法。如图 11-7 所示，A'、O'、B' 三点为通过一般点位放样方法测设主横轴点的过渡位置，由于测量误差的存在，它们不在一条直线上，这时，可在 O' 点安置全站仪，测量 $\angle A'O'B'$，计算归化值 ε，再根据 ε 使其调整到一条直线上。

$$\varepsilon = \frac{ab}{2(a+b)} \cdot \frac{180° - \beta}{\rho} \tag{11-5}$$

如图 11-8 所示，在放样了主横轴 AOB 后，仪器架于 O 点并转 90° 即可定出主纵轴点 C、D。同样，C、D 的测设也可以用归化法，通过测量角 α'、β' 计算出归化值 d。

$$d = \frac{\beta' - \alpha'}{2\rho} \cdot l \tag{11-6}$$

主轴线测设后，便可采用方向线交会法定出方格网各顶点，并设置标桩，如图 11-9 所示，然后在方格网点间进行角度和距离检查，直至满足限差要求。

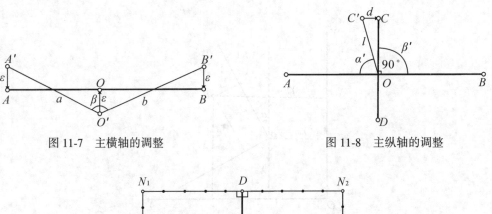

图 11-7　主横轴的调整　　　　　　图 11-8　主纵轴的调整

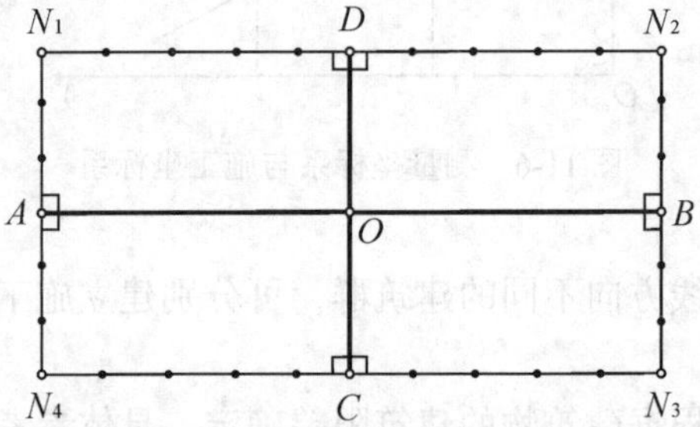

图 11-9　根据主轴线点测设方格网

（2）高程控制网的布设

在建筑场地上，为满足工程施工中高程放样及施工期间建筑物基础沉降观测要求，应建立高程控制网。高程控制网中水准点的密度应尽可能满足一站即可测设出所需点高程。一般方格点也可作为高程控制点。为方便高程放样，通常每幢建筑物还应测设出±0 水准点(其高程为该幢建筑物的室内地坪设计高程)，用于高程放样。

高程控制测量一般为四等水准测量。对于一些连续生产车间下水管道等的高程测量，需采用三等水准测量测定各水准点高程。

11.4　工业与民用建筑施工测量

11.4.1　民用建筑施工测量

民用建筑主要指住宅、学校、办公楼、商店、医院等建筑物。其施工测量就是按照设计要求，把建筑物的位置、形状测设于实地。在施工控制测量的基础上，放样过程包括：建筑物定位测量、龙门板或轴线控制桩的设置、基础施工测量、建筑物上部主体施工测量。

1. 建筑物定位测量

建筑物定位就是测设建筑物外廓轴线交点。定位前，首先熟悉设计图纸、现场踏勘、平整和清理施工现场、拟定放样方案。可根据施工现场情况及设计条件，选用下述方法。

（1）根据控制点定位

如果建筑场地采用方格网作为施工控制网，则可以根据方格网轴线与建筑物轴线的平行关系，如图 11-10 所示，采用直角坐标法测设建筑物外廓轴线的交点进行定位。

若施工控制网采用导线、GPS 网等形式，则可以根据建筑物附近的控制点坐标和建筑物轴线点的设计坐标，如图 11-11 所示，采用极坐标法进行定位。

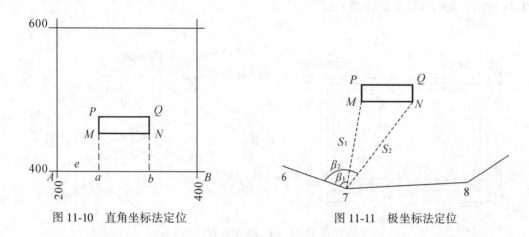

图 11-10　直角坐标法定位　　　　　　图 11-11　极坐标法定位

（2）根据已有建筑物定位

当新建房屋附近无控制点且靠近已有的建筑物，且定位精度要求也不高时，可以根据已有的建筑物进行定位。从总平面设计图上量取与已有建筑物的关系，作为新建房屋的定位测设数据。如图 11-12 所示，绘有斜线的是已有建筑物，无斜线的是新建建筑物。图 11-12(a)、(b)、(c)分别表示利用已有建筑物采用延长直线法、平行线法和直角坐标法进行新建建筑物的定位。

（3）根据建筑红线定位

建筑红线是建筑用地边界点的连线，是经规划部门审批后由土地管理部门在现场直接放样出来的。建筑物必须建造在红线范围之内。如图 11-13 所示，可利用设计的建筑物与建筑红线相隔一定距离的关系，根据建筑红线进行建筑物的定位。

建筑物定位后，应进行检核，经规划部门验线后，方可进行施工。

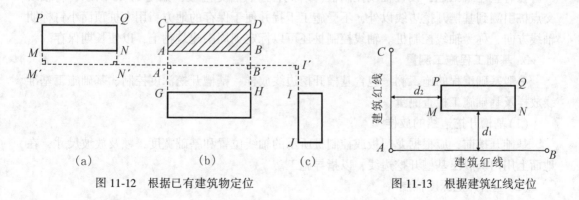

（a）　　　　　　（b）　　　　　（c）　　　　　　
图 11-12　根据已有建筑物定位　　　　图 11-13　根据建筑红线定位

2. 龙门板或轴线控制桩的设置

建筑物定位后，所测设的轴线交点桩(或称角桩)，在施工开槽时将被挖除，为方便施工，必须在挖槽前，将各轴线延长到槽外龙门板上，以便随时恢复各轴线位置。如图 11-14 所示，龙门板设置步骤如下：

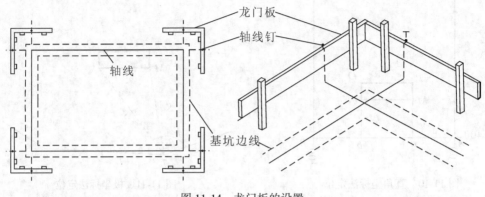

图 11-14　龙门板的设置

①在建筑物四周与内纵、横墙两端基槽开挖边线以外约 1~1.5m 处钉设龙门桩，龙门桩要钉得牢固、竖直且木桩侧面与基槽平行。

②根据建筑场地水准点，在每个龙门桩上测设±0 标高线。若现场条件不允许，可测设比±0 高或低一定数值的标高线。

③沿龙门桩上测设的高程线钉设龙门板。

④根据轴线交点桩，用全站仪将墙、柱轴线投到龙门板上，钉小钉标明，称为轴线钉。

⑤用钢尺检查轴线钉间距，其相对误差不超过 1/2000。并在龙门板上标记墙宽、基槽宽，地上标出基槽开挖边界线。

施工时，随时用系在对应轴线钉间的细线交点，控制建筑物的位置和地坪高程。

在有些建筑工地，设置轴线控制桩(或称引桩)代替龙门板，如图 11-15 所示，将轴线交点桩引测到基槽开挖边线以外，不受施工干扰并便于保存的地方，用木桩顶面小钉标明轴线方向，称为轴线控制桩。轴线控制桩还可以标定到周围建筑物上，以便长期保存。

3. 基础工程施工测量

一般基础工程的施工测量包含基槽开挖边线放样、基槽开挖深度控制、基础施工基准线放样及基础施工检查测量。

(1)基槽开挖边线的放样

基础开挖前，应根据龙门板或控制桩所示的轴线位置和基础宽度，顾及放坡尺寸，在地面上用白灰放出基槽开挖边线，以指导施工。

(2)基槽开挖深度控制

当基槽开挖接近槽底设计标高时，用水准仪在槽壁上每隔 2~3m 或拐角处测设一个距槽底设计标高为 0.5m(或某一整数)的水平桩，并沿水平桩面在槽壁上弹一条墨线，作为

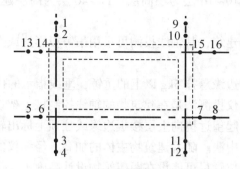

图 11-15　轴线控制桩的设置

挖槽和打基础垫层的依据，如图 11-16 所示。当开挖的基槽较深时，可采用长钢尺代替水准尺，按照 10.3.1 节中的悬尺法向深坑传递高程。

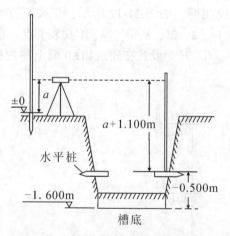

图 11-16　槽底深度控制的水平桩测设

（3）基础施工基准线放样

开挖基槽至设计深度处，进行基槽清理工作，根据龙门板或轴线控制桩放出轴线，结合垫层宽度，放出垫层施工边线；根据槽壁上墨线或水平桩，进行垫层标高控制。接着重新根据龙门板或轴线控制桩，在垫层上用墨线弹出轴线、墙边线、基础边线（俗称撂底），这些基础施工基准线放样后，必须经过复核检查才能施工。

（4）基础施工检查测量

基础施工结束后，要检查各轴线交点上的标高是否符合设计要求，一般建筑物基础面标高允许误差为 10mm；在施工结束后的基础面上，恢复出轴线后，应检查基础面 4 个角点上的角度是否等于 90°。此外，还要对各轴线点间距离进行检查，然后才能进行墙体施工。

4. 建筑物上部主体施工测量

建筑物主体施工测量主要是建筑物轴线投测和标高传递。在我国，4 层以下为一般建筑；5~9 层为多层建筑；10~16 层为小高层；17~40 层为高层建筑；40 层以上为超高层建筑。

对于一般建筑和多层建筑，其轴线投测可采用吊锤投影法或全站仪投测法。高程传递可用悬挂钢尺法。

吊锤投影法即在楼层边缘悬挂 5kg 以上的重锤，垂线指示的位置即为楼层轴线端点位置，该法简单易行；全站仪投测法是在建筑物的轴线控制桩上架设全站仪，照准墙底部已经弹出的轴线位置后，仰起望远镜向上层楼板边缘或柱顶上标出轴线位置。为提高轴线投测精度，可采用正倒镜分中法。随着建筑物主体的加高，经纬仪的仰角不断扩大，为便于投测轴线，轴线控制桩的位置尽可能设在距建筑物设计高度 1.5 倍以上轴线延长线上。

高层建筑物多为框架结构，对施工测量精度提出更高要求，建筑物上部主体施工时，尤其要严格控制垂直度偏差。

（1）垂直度控制

为保证高层建筑物的垂直度、几何形状和截面尺寸满足设计要求，往往以内、外控制网相结合的形式建立施工控制网，如图 11-17 所示，某大厦有 63 层，呈外筒套内筒形，外控制网沿轴线布设了 1、1′、2、2′、3、3′、4、4′共 8 个点，在±0 层面上沿轴线布设了若干内控制点，其中 E、F、G、H 为设置在建筑物±0 面上将内控制网向上传递的主要内控制点。

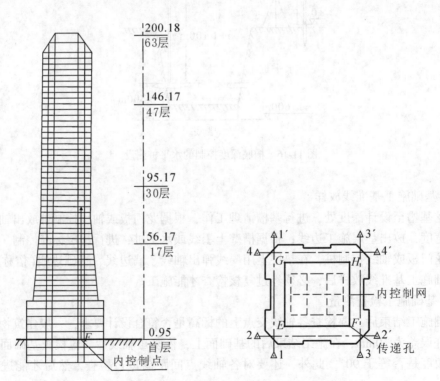

图 11-17　某大厦高层建筑场地内外控制示意图

在内控制点上架设激光铅直仪或光学垂准仪，向上投测内控制点，分别在施工楼层的预留孔位置接收，并作记号。则内控制网就可以传递到各施工楼层上，以传至某层的内控制点为依据，恢复楼层控制网的控制轴线，再用经过校核的控制轴线测设建筑物的楼层轴线，就可以指导模板安装及施工。

为评价和衡量高层建筑施工质量，往往要计算每层的垂直度 k 和全高垂直度 K。方法如下：在楼层的相应位置选择一定数量的有代表性的特征点，拆模后，根据楼层的控制轴线，测量施工后各特征点的实际位置，与设计位置比对，就可以计算出 k 和 K。

$$\left.\begin{array}{l}\Delta x = \dfrac{\sum\limits_{i=1}^{n}\left(x_{\text{实际}} - x_{\text{设计}}\right)}{n}, \quad \Delta y = \dfrac{\sum\limits_{i=1}^{n}\left(y_{\text{实际}} - y_{\text{设计}}\right)}{n} \\[4mm] f = \sqrt{\Delta x^2 + \Delta y^2} \\[2mm] k = \dfrac{f}{h} \\[2mm] K = \dfrac{f}{H}\end{array}\right\} \tag{11-7}$$

式中，n 为特征点个数，h 为层高，H 为相对于 ±0 面的高度。

（2）高程的传递

高层建筑的高程传递可以采用全站仪天顶测距法或悬挂钢尺法。

全站仪天顶测距法进行高程传递，如图 11-18 所示，把全站仪架设在 ±0 面的内控制

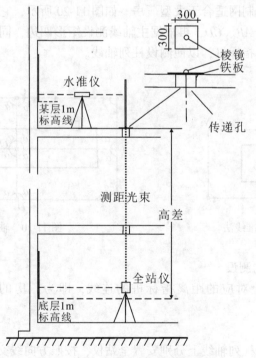

图 11-18　全站仪天顶距法传递高程

点上，首先将仪器视准轴调至水平(天顶距为90°)，照准位于底层1m标高线处的水准尺，以获取全站仪三轴交点处高程。然后，使望远镜朝上(天顶距为0°)，通过各层轴线传递孔向上测距，获取传递孔上安置棱镜处的高程。以其为依据，就可以用水准仪放样该层1m处的标高线，指导施工。

悬挂钢尺法进行高程传递，是将钢尺零端朝下悬挂于高层建筑的侧面，同样，水准仪架设在底层，后视底层1m线处的水准尺，以获取底层水准仪视线高程，前视钢尺；然后，将水准仪搬至需要进行高程放样的楼层，后视钢尺，得到此时水准仪视线高程，再前视水准尺，结合该楼层的设计标高就可以放样出该层1m线。

11.4.2　工业建筑施工测量

工业建筑场地上厂房的施工放样，精度要求较高，不能像一般民用建筑定位时只测设外墙轴线的交点，往往还要测设厂房柱列轴线及进行厂房预制构件的安装测量等。因此，先根据厂区施工控制网(如建筑方格网)，建立专用的厂房控制网，再进行厂房的施工测量。一般厂房为矩形，建立的厂房控制网又称矩形控制网。厂房控制网是厂房柱列轴线及内部独立设备测设的依据。

1. 厂房控制网的建立

厂房控制网的建立方法有基准线法和轴线法。

基准线法建立矩形控制网适合于中小型厂房。如图11-19所示，它是先根据厂区控制网定出矩形网的一条边 $S_1 S_2$，再在基线的两端测设直角，设置矩形的两条短边，得到 N_1-N_2，并根据厂房的柱基位置沿各边丈量距离测设距离指标桩来进行柱列轴线的放样。

轴线法建立矩形控制网适合于大型厂房。如图11-20所示，它是先根据厂区控制网测设厂房控制网的主轴线 AB、CD，再根据主轴线测设矩形四边，同样根据厂房柱基位置沿各边丈量距离测设距离指标桩，以便测设柱列轴线。

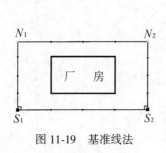

图 11-19　基准线法

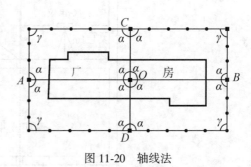

图 11-20　轴线法

2. 厂房柱列轴线的测设

厂房控制网各边上对应的距离指标桩的连线，即为厂房的柱列轴线，如图11-21所示。

3. 柱基施工测量

在柱基所在的两条柱列轴线上分别安置全站仪，按照方向线交会法在实地测设出柱基所在位置。根据基础大样图标示的尺寸，实地标出基坑开挖边线。并在开挖边线外侧一定

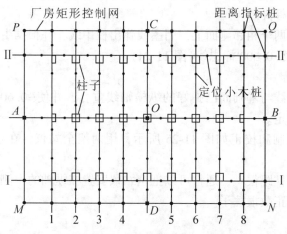

图 11-21 厂房柱列轴线的测设

距离处设置柱基定位轴线桩,如图 11-22 所示。以便随时进行修坑测量和模板定位测量。

当基坑开挖到一定深度处,一般在距坑底设计高程 0.3~0.5m 处,进行水平桩的测设,方法同槽底深度控制的水平桩测设,作为清底和铺设垫层的依据。

垫层铺设后,根据坑边的柱基定位轴线桩,用拉线吊垂球法,把柱基轴线投到垫层上,用墨斗弹出墨线,作为柱基立模和布置钢筋的依据。

立模时,将模板底部中心线对准垫层上的柱基轴线,再用垂球检查模板是否竖直。最后在模板内壁测设出柱基顶面设计高程,即可进行柱基施工。

4. 厂房构件安装测量

装配式工业厂房主要由柱、吊车梁、屋架等构件组成。这里仅介绍柱子安装测量工作。

(1)准备工作

①在柱基轴线控制桩上安置全站仪,检查每个柱子基础中心线偏离轴线的偏差值,是否在规定的限差内。检查无误后,用墨线将纵横轴线弹在基础面上,如图 11-23 所示。

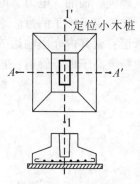

图 11-22 柱基测设

图 11-23 基础顶面检查

②检查各相邻柱子的基础轴线间距，其与设计值的偏差不得大于规定的限差。

③检测基础面的标高。

④在每根柱子的两个相邻侧面上，用墨线弹出柱中线，并根据牛腿面的设计标高，自牛腿面向下量出±0 及−0.600 标志线（图 11-24）。

（2）柱子安装测量

安装时，将柱中线与基础面已弹好的纵横轴线重合，并使−0.600 的标志线与杯口顶面对齐，然后将其固定。

柱子垂直度的控制和校正如图 11-25 所示，用两架全站仪，在柱子两侧纵横轴线上进行。

由于纵轴方向上柱距很小，通常可以把全站仪安置在纵轴的一侧，这样，该方向上安置一次仪器就可以校正数根柱子。

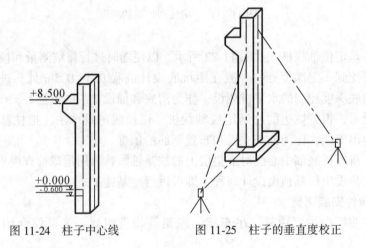

图 11-24　柱子中心线　　　　　图 11-25　柱子的垂直度校正

11.5　管道施工测量

满足工业企业、居民生活等敷设的给水、排水、燃气、输油、电力、电信等管道，需按照管道的设计要求敷设于实地，这部分测量工作，称为管道施工测量。

管道就其铺设方法来说，分为地下管道和架空管道；就其内介质输送的机理，又可分为有压管道和自流管道。一般来说，架空管道的定位精度高于地下管道；自流管道的标高测设精度高于有压管道。

11.5.1　地下管道的施工测量

地下管道施工测量的内容和步骤如下：

1. 准备工作

准备工作包括收集资料、现场踏勘。

①收集资料：收集和熟悉管道的设计图纸，了解管道的性质和铺设方法对施工的要

求，管道与其他建(构)筑物的相互关系；收集施工区内已有管道资料和已有测量控制点资料，以便安排施工测量计划。

②现场踏勘：沿着设计的管道走向进行现场踏勘，了解沿途地物、地貌的实况、平面及高程控制点的分布情况。

2. 施工控制测量

在收集测量控制点资料基础上，沿线布设施工测量控制点。控制点位置应不受施工影响，且点位稳固、标志明显。对于高程控制的水准点间距，自流管道和架空管道以不大于200m 为宜，其他管线以不大于 300m 为宜。高程控制的施测精度不低于四等水准测量。

3. 管道的中线测量

管道的起点、转向点和终点构成管道的主点。管道的中线测量包括主点的测设、里程桩和加桩的测设及施工控制桩的测设。

(1)主点的测设

根据管道设计图，确定主点与附近控制点或建筑物关系，计算主点的测设数据，从而利用控制点或建筑物测设主点，也可以按照管道的设计方向和长度，利用已经放样的主点测设其余主点。但采用该法时，连续放样几个主点后必须用前面的方法检核。如图 11-26 所示，管道的起点、转向点和终点分别是利用控制点、与已有建筑物的关系及主点之间的关系放样到实地的。

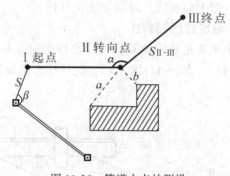

图 11-26 管道主点的测设

(2)里程桩、加桩及附属构筑物的测设

管道的起点、终点和转向点测设到实地后，要对其位置进行检测，检测时对于转角的测量精度应不低于 1′；距离的测量精度应不低于 1/2000。在检测的同时，每隔一定距离(如 20m、30m 或 50m)需要设置里程桩，相邻里程桩之间的重要地物处及坡度变化处应设置加桩。另外，按照设计图纸，各种附属构筑物(如检查井、架空管道支架等)的位置也需要测设出来。

(3)施工控制桩的测设

为了便于在施工开挖后恢复管道中线和附属构筑物的位置，一般在施工范围以外测设施工控制桩。如图 11-27(a)所示，用来恢复管道中线的中线控制桩通常设置在中线的延长线上(如 A、A')，而恢复附属构筑物位置的控制桩设置在与中线垂直的方向上(如

M、M')。

图 11-27(b)是另外一种施工控制桩的布置形式，即测设平行于中线的施工控制桩(如 C、C')，采用直角坐标法恢复中线上各点。

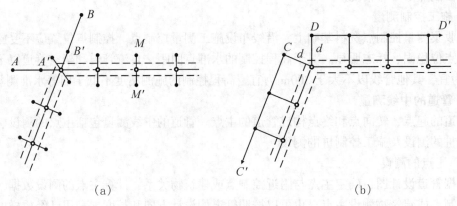

图 11-27　管道施工控制桩的测设

4. 槽口放线

槽口放线是按照管道设计要求的埋深、管径及沿线土质状况，确定开槽宽度，然后在地面上定出槽边线的位置，撒上白灰线，以指导施工开挖。

5. 施工标志(中线钉、坡度钉)的测设

管道施工中的测量工作主要是放样控制管道中心线的施工标志(中线钉)和控制管底设计高程的施工标志(坡度钉)。如图 11-28 所示，这些标志常设置在由中线板和坡度板组成的中线坡度板上。

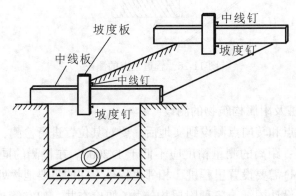

图 11-28　中线坡度板的布置

(1)中线钉的测设

中线钉用来控制管道中心线。开槽前，每隔 10~20m 埋设一中线板，如遇构筑物、转折点等时，需增埋中线板。根据中线控制桩，将管道的中心线引测到各中线板上，钉上中线钉。槽口开挖后，在中线钉上挂上垂球，即可将中线位置投测到管槽内。

（2）坡度钉的测设

坡度钉用来控制管底标高。按照坡度板的一边与已经测设的中线钉对齐的原则，把坡度板钉到中线板上。根据附近水准点，将坡度钉测设到坡度板上，测设时满足坡度钉的连线平行于管道纵向坡度线，即各坡度钉的高程与其对应的管底设计高程之差，是一个常数，称为下返数。测设方法：如图 11-29 所示，先根据附近水准点测量坡度板顶面高程，将管底设计高程加上预定下返数（常为整分米数）得该处坡度钉高程，计算二者高程之差 h。则从高程板顶面起量取 h 并钉一小钉，即坡度钉。施工中，施工人员只需利用一根长度为下返数的木杆，结合坡度钉便可随时检查是否挖到管底设计高程位置。

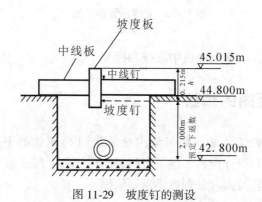

图 11-29 坡度钉的测设

当地下管道穿越重要建筑物或道路，无法实施地面开挖施工时，可采用顶管施工技术，它是一种非开挖施工技术。

目前国内多采用直线顶管。如图 11-30 所示，施工时，先挖好工作井，然后将管道中心线投测到井壁及井底，设置顶管中线桩，同时井内设置临时水准点。在井底中线桩上安置全站仪或激光指向仪，以井壁上的中线桩定向即得管道方向线，指导导轨的安放，进而指导置于导轨上的管道中线放样；在井底安置水准仪，后视临时水准点，前视立于管内的水准尺，则得管底高程，根据管底高程与其设计高程的差值，校正管道置放高度及坡度。顶管安放满足限差要求后，即可一边从管内挖土，一边将顶管向前顶进，顶进过程中，每 0.5m 进行一次中线和高程放样，以保证施工质量，直至贯通。

11.5.2 架空管道施工测量

1. 管道基础施工测量

架空管道包括煤气、蒸汽及其他管道等。其对测量工作的要求与地下管道相同。架空管道的主点测设与地下管道相同，经检查后，即可根据起点、终点及各转折点测设管道基础中心桩。并在管道中线及其垂直方向上打四个定位桩，用以在施工过程中控制和恢复基础中心位置。基础施工中的测量工作与厂房基础相同。

2. 支架安装测量

用以架设管道的钢筋混凝土支架、钢支架，在施工时主要进行垂直度校正和标高测量

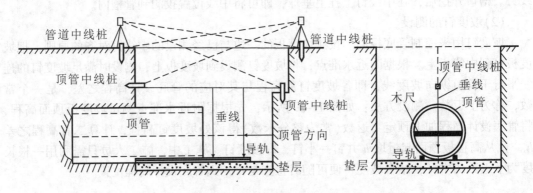

图 11-30 直线顶管施工测量

工作。管道安装前，应在支架上测设中心线和标高。

11.6 竣工总平面图的编绘

竣工总平面图是反映工程竣工后场地内全部建(构)筑物的平面和高程位置的图件。它是综合竣工测量成果和设计资料、施工资料编绘得到的。竣工总平面图为工程验收和日后的管理、维修、改扩建及事故处理提供重要依据。

1. 竣工测量

竣工测量既可以反映施工过程中的设计变更等情况，也可以检查施工质量。因此，在每一单项工程完成后，必须由施工单位进行竣工测量，提供竣工测量成果，作为编制竣工总平面图的依据。

竣工测量时，应采用与原设计总平面图相同的平面及高程系统。

竣工测量除提交 1∶1000 或 1∶500 的竣工图外，还需测定主要地物的细部点坐标和高程及地物属性。在图上注明的测量数据有：

①建(构)筑物的主要角点坐标及高程，圆形建(构)筑物的中心坐标和接地处的半径及其高度。并附房屋编号、结构层数、面积和竣工时间等资料。

②铁路、公路的起止点、转折点、交叉点等坐标，曲线元素，主要附属设施(如桥涵、车挡等)的坐标和高程，并附竣工时间等。

③地下管网的窨井、转折点的坐标，井盖、井底、沟槽和管顶等的高程；并附管道和窨井编号、名称、管径、管材、间距、坡度和流向。

④架空管网的转折点、节点、交叉点的坐标，支架间距，基础面高程。

竣工测量提供的完整资料还包括工程名称、施工依据、施工成果、控制测量资料等。

2. 竣工总平面图的编绘

在竣工测量基础上，结合收集的设计总平面图、施工图及其说明、设计变更说明书、施工测量资料等，编绘竣工总平面图。

对于设施复杂的大型企业，其地面、地下及架空建(构)筑物繁多，难以在一张图上表达清楚且不便于使用，则可采用分类编图，如竣工平面图、交通运输竣工图、综合管线竣工图等。这时，编绘竣工总平面图的工作包括竣工总平面图、专业分图、附表(测量的解析成果资料)等的编绘。

竣工总平面图的图幅大小、比例尺、图例符号和注记应与原设计图一致。

数字化测图可使各专业分图存储在不同图层中，方便专业分图及不同图层内容的叠加显示输出。还可以建立细部点坐标资料库，快速进行图形-数据联动互查。

11.7 建筑物沉降观测

为监视建筑物的安全性，需对其进行变形观测，按照变形观测的内容，变形观测分为沉降观测、位移观测、倾斜观测、挠度观测、裂缝观测等。

沉降观测往往是最主要的变形观测内容。因为一方面沉降观测作业简单、精度高，另一方面，它既能提供沉降量，还可以推算建筑物的倾斜。此外，多数情况下，建筑物在发生其他变形(如位移)的同时，常会产生沉降。

沉降观测主要方法是精密水准测量，也可以采用液体静力水准测量、微距水准测量等。

11.7.1 沉降观测精度的确定

在制定变形观测方案时，首先确定精度要求。变形观测的精度要求取决于观测的目的和允许变形值的大小。如果观测的目的是为了使变形值不超过某一允许的数值而确保建筑物的安全，则其观测的中误差应小于允许变形值的 $1/10 \sim 1/20$；如果观测的目的是为了研究其变形的过程，则其中误差应比这个数小得多。

按照上述思想，沉降观测的精度要求计算举例如下：

对于框架结构的工业与民用建筑，当基础土层为高压缩土时，其相邻柱基的差异沉降应小于 $0.003l$(l 为相邻柱基的距离，以 m 计)。设相邻两沉降观测点(埋设在柱基上)的距离 $l=8m$，则两点间差异沉降量的允许值为：

$$\delta = 0.003l = 0.003 \times 8m = 24mm$$

若取差异沉降量的观测中误差为 $\delta/10$，则

$$m_{差异} = \frac{1}{10}\delta = 0.1 \times 24mm = 2.4mm$$

差异沉降量是两次高差之差，而高差是两点高程之差，则任一观测点高程中误差为：

$$m_{观} = m_{差异} \times \frac{1}{\sqrt{2}} \times \frac{1}{\sqrt{2}} = 2.4 \times \frac{1}{\sqrt{2}} \times \frac{1}{\sqrt{2}} = 1.2mm$$

设沉降监测网中最弱点高程中误差为 $m_{弱}$，由监控点对观测点的施测误差为 $m_{测}$，则

$$m_{弱}^2 + m_{测}^2 = m_{观}^2 \qquad (11-9)$$

根据水准测量—测站单向观测高差的中误差 $m_{单}$(可取 0.5mm)和由监控点出发观测监测点的测站数 n 确定 $m_{测}$，即

$$m_{测} = m_{单}\sqrt{n} \qquad (11-10)$$

结合式(11-9)和式(11-10)，可确定沉降监测网的最弱点高程中误差，进而对照水准测量等级确定沉降监测网的施测精度。

11.7.2 沉降观测系统的布置

沉降观测系统一般由基准点和观测点构成。

基准点用来监测布置在建筑物上的观测点的变形，是观测建筑物变形的依据，因此要求基准点稳定。为达到这个要求，可以采用远离或深埋的方式。对于工业与民用建筑物的变形观测，基准点大多采用深埋的方式。基准点应埋设至最低水位以下，对于冻土区埋设的标志，除了埋至冻土深度以下外，还要注意预制截头锥体的混凝土标志(图 11-31)挖坑埋设比钻机钻孔就地浇灌的混凝土标志稳定。另外，为了检核基准点的高程是否变动，一般最少布设 3 个基准点，构成沉降观测控制网，以便互相校核。

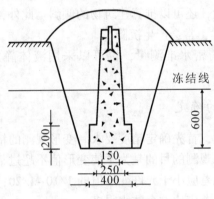

冻结线

图 11-31 基准点标志

观测点布置在能够反映建(构)筑物变形特征和变形明显的部位且与建筑物牢固连接，这样观测点的变化才体现了建筑物的变形。观测点的位置和数目应根据建筑物的结构、基础形式、地质条件以及是否便于观测等因素综合确定。要求布置的观测点能全面反映建筑物的沉降情况。对于工业与民用建筑物，沉降观测点应选在如下位置：建筑物四角或外墙每 10~15m 处或每隔 2~3 根柱基上；沉降缝或伸缩缝两侧；新旧建筑物或高低建筑物交接处；人工地基和天然地基的接壤处；建筑物不同结构分界处；烟囱、水塔和大型储藏罐等高耸建筑物的基础轴线的对称部位且不少于 4 个点。常采用的沉降观测点标志如图 11-32 所示。

11.7.3 沉降观测的实施

1. 观测技术要求

①沉降观测的路线尽量布设成闭合环形式。

②沉降观测前，需对水准仪、水准尺按规范规定检验并定期检查；每次观测前要检查、校正 i 角。

③采用固定作业人员、固定仪器设备、固定测量路线的"三固定"原则，以提高观测

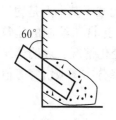   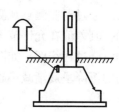

图 11-32 观测点标志

精度和速度。

④要使沉降观测中误差不大于±1mm，仪器至标尺的距离最长不超过 40m，每站前后视距差不大于 0.3m，前后视距累积差不大于 1m，基辅差不大于 0.25mm。

⑤作业环境改变时(如由室外迁至室内)需将仪器在场地架设 20 分钟后再观测。

⑥首次观测结果是计算沉降量的起始值，一般重复观测两次，取平均值作为观测结果，确保成果的可靠性。

⑦定期检查基准点的稳定性。

⑧为便于后续变形分析，每次观测还需记录施工进展情况和荷载增加情况。

2. 观测周期的确定

施工期间，建筑物沉降观测的周期，高层建筑物每增加 1~2 层观测 1 次；其他建筑观测总次数不少于 5 次。埋设于基础底板上的沉降观测点，在浇灌底板前和基础浇灌完毕后应至少各观测 1 次。基坑回弹观测点，宜在基坑开挖前、后及浇灌基础之前，各测定 1 次。

竣工以后，开始时可每隔 1~2 月观测 1 次，随着沉降量的减少，逐渐延长观测周期。

当场地附近有爆炸、暴雨或地震等突发事件或发现异常沉降现象时，宜及时增加观测次数。

11.7.4 沉降观测的数据处理

沉降观测数据分两种：一是沉降监测网的周期观测数据，二是各观测点上的时间序列观测数据。对于前一种数据，需经平差计算得到控制网中各期基准点高程，并检验基准点的稳定性，据此得出观测点高程。对于后一种数据，需计算出各观测点上按时间序列的高程，并作回归分析、相关分析、统计检验，确定变形过程和趋势，以判定建筑物是否安全运营。

11.7.5 沉降观测的成果表达与分析

1. 成果的整理与表达

计算出各观测点上按时间顺序排列的各期高程后，为便于成果分析，常将经检验证明可靠的计算结果整理成便于分析的表格和图形。

某建筑物沉降观测成果见表 11-1，该建筑物在基础施工完成后，对建筑物上设置的

38 个沉降观测点定期观测，其中建筑物封顶前观测 7 次，封顶后观测 6 次，共监测 13 次。通过对监测点观测数据平差结果的比较与分析看出：监测点高程的减小基本上是均匀的，其差值在允许范围内，说明该建筑物沉降是均匀的；其次，根据表 11-1 绘制的建筑物沉降过程线图，如图 11-33 所示，直观反映了各点沉降量随时间的变化情况，表明建筑物的沉降呈逐渐减小趋势，还可以结合观测点分布情况绘出建筑物沉降分布图或沉降等值线图等。

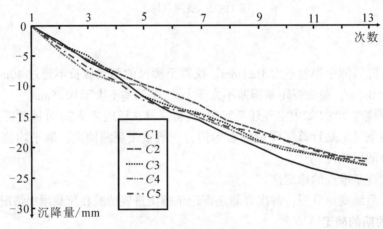

图 11-33　沉降过程线$(C_1 \sim C_5)$

2. 成果的分析

对变形成果的分析需要结合建筑设计理论、施工经验和有关基本理论和专业知识进行。变形成果的分析主要有作图分析、统计分析、对比分析和建模分析等。

建模分析就是采用系统识别方法处理观测资料、建立数学模型，进行实测值预报以实现安全控制。常用的数学模型有：统计模型——主要以逐步回归计算方法处理实测资料建立模型；确定性模型——主要以有限元计算处理实测资料建立模型；混合模型——一部分观测量(如温度)用统计模型、一部分观测量(如变形)用确定性模型。

3. 提交的成果资料

沉降观测结束后应提交下述成果资料：

①技术设计书和测量方案；

②沉降监测网和监测点布置平面图；

③标石、标志规格及埋设图；

④仪器的检校资料；

⑤原始观测记录；

⑥平差计算、成果质量评定资料；

⑦沉降观测数据处理分析和预报成果资料；

⑧沉降过程和沉降分布图表；

⑨沉降观测、分析和预报的技术报告。

表 11-1 　　　　　　　　　　　　　　某建筑物沉降观测成果表

点号	首次成果 2007.05.24 高程 /m	第二次成果 2007.05.30			第三次成果 2007.06.07			第四次成果 2007.06.13			……
		高程 /m	本次沉降量/mm	累积沉降量/mm	高程 /m	本次沉降量/mm	累积沉降量/mm	高程 /m	本次沉降量/mm	累积沉降量/mm	……
C1	7.8317	7.8291	-2.6	-2.6	7.8259	-3.2	-5.8	7.8236	-2.3	-8.1	……
C2	7.8475	7.8445	-3.0	-3.0	7.8419	-2.6	-5.6	7.8399	-2.0	-7.6	……
C3	7.8438	7.8410	-2.8	-2.8	7.8389	-2.1	-4.9	7.8360	-2.9	-7.8	……
C4	7.8661	7.8620	-4.1	-4.1	7.8585	-3.5	-7.6	7.8569	-1.6	-9.2	……
C5	7.8454	7.8418	-3.6	-3.6	7.8386	-3.2	-6.8	7.8365	-2.1	-8.9	……
C6	7.8600	7.8560	-4.0	-4.0	7.8531	-2.9	-6.9	7.8518	-1.3	-8.2	……
C7	7.5745	7.5709	-3.6	-3.6	7.5685	-2.4	-6.0	7.5666	-1.9	-7.9	……
C8	7.5813	7.5785	-2.8	-2.8	7.5748	-3.7	-6.5	7.5717	-3.1	-9.6	……
C9	7.8440	7.8399	-4.1	-4.1	7.8363	-3.6	-7.7	7.8335	-2.8	-10.5	……
C10	7.8509	7.8463	-4.6	-4.6	7.8430	-3.3	-7.9	7.8404	-2.6	-10.5	……
C11	7.8624	7.8582	-4.2	-4.2	7.8556	-2.6	-6.8	7.8525	-3.1	-9.9	……
C12	7.8771	7.8733	-3.8	-3.8	7.8705	-2.8	-6.6	7.8687	-1.8	-8.4	……
C13	7.8736	7.8709	-2.7	-2.7	7.8689	-2.0	-4.7	7.8673	-1.6	-6.3	……
C14	7.8578	7.8545	-3.3	-3.3	7.8514	-3.1	-6.4	7.8494	-2.0	-8.4	……
C15	7.8431	7.8389	-4.2	-4.2	7.8355	-3.4	-7.6	7.8346	-0.9	-8.5	……
⋮	⋮	⋮	⋮	⋮	⋮	⋮	⋮	⋮	⋮	⋮	……
C38	7.8430	7.8391	-3.9	-3.9	7.8365	-2.6	-6.5	7.8347	-1.8	-8.3	⋮
平均沉降量		0.6mm/日	-3.6	-3.6	0.4mm/日	-3.0	-6.6	0.4mm/日	-2.1	-8.8	
施工进度		6 天			14 天			20 天			
静荷载	0t/m²	3t/m²			5t/m²			7t/m²			

复习思考题

1. 如图 11-34 所示，为测设方格网主点 A、O、B，根据已知点测设了 A'、O'、B' 三点，为了检核，又精确地测定了角 $\beta = 179°59'42''$。已知 $a = 150\text{m}$，$b = 200\text{m}$，求：各点改正到正确位置的移动量 ε。

2. 方格网法进行场地平整测量的步骤是什么？

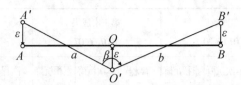

图 11-34　方格网主点的测设

3. 如何进行测量坐标系和施工坐标系的转换？

4. 民用建筑物的定位可采用哪些方法？

5. 工业建筑施工测量与民用建筑施工测量有何不同？

6. 管线施工中如何测设中线钉和坡度钉？

7. 竣工总平面图是如何得到的？

8. 建筑物沉降观测工作如何布置？

第 12 章   道路工程测量

12.1   道路工程测量概述

铁路、公路、架空送电线路以及输油管道等均属于线型工程，在线型工程的勘测设计、施工和运营管理等阶段所做的各种测量工作，称为线路测量。线型工程是工程测量服务于国民经济建设的重要方面。

线型工程可能绵延几十千米至几百千米。它们在勘测设计方面有很多共性，相比之下，铁路、公路的勘测设计更为细致。铁路分为高速铁路、主干铁路和地方铁路，铁路工程项目投资巨大、内容复杂且工程量大，需要进行踏勘选线、线路初测与定测等测量工作。公路，特别是高等级公路，其测量工作内容和方法与铁路工程测量基本相同，所以，将铁路工程测量和公路工程测量统称为道路工程测量。若掌握了道路工程测量内容、方法和精度要求，就可以举一反三，结合其他线型工程的具体情况，完成相应测量工作。因此，本章主要叙述道路工程测量工作。

道路工程测量与道路设计关系密切，随着设计由粗到细，相应测量工作范围由大到小、内容由略到详，精度由低到高。

道路设计与测量的关系如图 12-1 所示。修建道路之初，先作经济调查和踏勘设计，基于 1∶5 万或 1∶10 万比例尺地形图，辅之以地质图、各种统计资料和踏勘资料进行室内选线；方案选定后测量人员进行线路初测，即实测沿线的带状地形图；设计人员根据大比例尺带状地形图进行精密定线设计；测量人员进一步进行线路定测，即把设计线路中线放样到实地并测绘纵横断面图；设计人员结合实测的纵、横断面图进行路线的坡度设计、

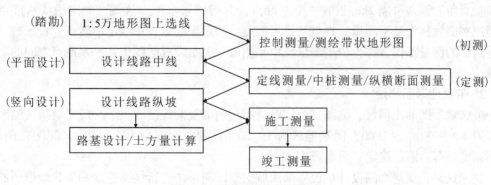

图 12-1   道路设计与道路测量

路基设计及工程量的计算；测量人员在此基础上，进行施工测量工作；接下来是道路竣工测量及维修养护测量。

本章分别阐述道路工程建设不同阶段的初测、定测，施工测量及竣工测量工作，同时也介绍道路工程的伴随工程(桥隧工程)的施工测量工作。

12.2　道路勘测阶段的测量工作

道路勘测阶段的测量工作一般分为初测和定测。

12.2.1　初测

初测的主要任务是按照沿小比例尺地形图上选择的路线，到实地测绘大比例尺带状地形图，使设计人员详细了解实地地形及地质、水文等情况，以便在带状地形图上进行较精密的线路设计，为定测提供依据。

道路初测有航空摄影测量法和全站仪测量法、RTK 法。无论哪种方法，都遵循"先控制后细部"的原则。

1. 控制测量

(1)平面控制测量

首级控制测量多采用 GPS 控制网。在道路的起点、终点和中间部分尽可能搜集国家等级控制点，一般布设成 D 级或 E 级带状 GPS 网，要求起始点分布均匀、有足够的精度。对于国家等级控制点，须经检核后使用。

在首级控制基础上，加密控制测量可以采用 GPS RTK 技术或导线测量。加密控制沿线路中线方向进行，点位选择时应考虑到测图和便于后续定测的需要。精度应符合相应等级的规范要求，每隔一定距离与高等级 GPS 点连测检核，检核时注意使用的控制点是否在同一高斯投影带内，若不在同一高斯投影带内，应进行换带计算。采用导线测量时，检核前还必须把所计算的坐标增量改化至高斯平面上，之后，计算的导线全长相对闭合差不大于 1/2000，认为满足要求。

(2)高程控制测量

高程控制一般采用四等水准测量或图根水准测量，当采用三角高程测量时，应限制边长和垂直角。通常每隔 2km 设置一个水准点，并与国家水准点连测。测定沿线水准点的高程控制测量称为基平测量；根据基平水准点，测定导线点、中线上的转点、百米桩、加桩等高程的测量工作，称为中平测量。中平测量一般布设成起闭于基平水准点之间的附合路线。

2. 带状地形图测绘

带状地形图的比例尺、测图宽度、等高距与地形复杂程度有关。一般平坦地区测图比例尺为 1∶5000～1∶2000，困难地区为 1∶2000；测图宽度为 100～150m。测图比例尺、测图宽度及等高距的确定，可参考表 12-1。

我国铁路、交通勘测设计单位多采用航空摄影测量法进行线路选线和带状地形图的测绘。其作业过程简述如下：

①准备工作：首先，搜集有关勘测地区的地形图、控制资料及航摄像片等，在室内提出选定的线路方案和有价值的其他线路方案。接着进行摄影范围、摄影器材、航摄比例尺及航带的设计。摄影范围应比测图范围略大些；铁路航空摄影时，多采用宽角航摄仪；航摄比例尺与测图比例尺的关系见表 12-2；航带设计包括分段航带长度设计和航带数目设计，设计时要顾及航向重叠和旁向重叠。

表 12-1　　　　　　　　　　　　　带状地形图测绘规定

测图比例尺	导线每侧测绘宽度/m	等高线间距/m	
		一般地段	困难地段
1:10000	250~500	5	10
1:5000	200~300	2	5
1:2000	100~150	1	2
1:1000	按需要	1	1
1:500	按需要	0.5	1

表 12-2　　　　　　　　　　　　航摄比例尺与测图比例尺关系表

测图比例尺	航摄比例尺
1:2000	1:8000~1:12000
1:5000	1:10000~1:20000

②摄影工作：首先编制摄影计划，然后进行航空摄影，经摄影处理后获取航摄像片。

③外业工作：包括像片调绘及控制测量。像片调绘的主要任务是将地面上的地物、地貌及地质水文等资料，准确地描绘到像片上，供内业测图和设计使用；控制测量的任务是将像片上选刺的若干平面及高程控制点，与已知的国家或地方的控制点进行联测，求得外业控制点的坐标和高程，作为内业加密及测图依据。

④内业工作：先根据少量外业控制点，进行加密点测量，然后在数字摄影测量工作站上，进行数字化测图。

上述作业过程可参考图 12-2。

航空摄影测量法在测绘大比例尺地形图的同时，还可以建立地面数字高程模型（DEM），为线路设计提供形象、逼真的地面立体模型，为设计人员提供良好的设计平台。

全站仪数字化测图法测绘大比例尺带状地形图可参考 7.2 节。

12.2.2 定测

定测是将带状地形图上精密设计的线路中线放样到实地，并结合实地情况改善线路。定测工作一般分为定线测量，中桩测量和纵、横断面测绘。

1. 定线测量

定线测量又称中线测设，就是将在带状地形图上设计的线路中线放样到实地的工作。

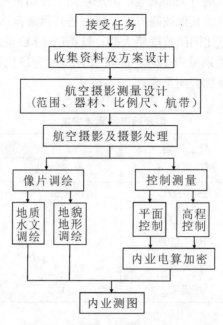

图 12-2　道路航空勘测工作流程图

包括线路起点、交点、终点测设，可采用支距法、拨角法、全站仪极坐标法和 GPS RTK 法。

（1）支距放线法

根据纸上定线交点与控制点位置的相互关系，采用量取支距的方法放出路线上的至少三个点，并据此穿线定出交点。该法适用于地形不太复杂且控制点距离线路中线较近的地区。如图 12-3 所示，C_i 为控制点（如初测导线点、航测外控点或 GPS 点），ZD_i 为根据控制点拨直角后放样支距定出的路线上的点，为使定出的点相互通视以便穿线，有时控制点上的拨角不一定是直角，如图 12-3 中的 ZD_3 的放样。穿线定出交点 JD_i 后，应实测转角 α_i、距离 $S_{JDi-1,JDi}$。后续测定中桩及曲线测设时以实测的转角、距离为准。

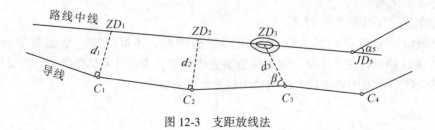

图 12-3　支距放线法

（2）拨角放线法

根据带状地形图上定线交点坐标，计算各交点间距离和各交点上转角，然后到现场拨角量距，定出所设计的线路。拨角放线法适用于控制点较少的地区。该法较支距放线法简便，工效高，但放线误差易累积。因此一般连续放出 3~5 个交点后应与控制点联测检核，对于高速公路和一级公路，水平角闭合差限差为 $\pm 30''\sqrt{n}$（n 为交点数），长度闭合差限差为 1/2000。如图 12-4 所示，C_i 为控制点，JD_i 为定测中线的交点，根据控制点 C_1、C_2 放出 JD_1 后，便可依据计算的各交点间距离 S_i 和各交点上的转角 β_i，放样其他交点。当放样 JD_5 后，为控制误差累积，与控制点 C_5、C_4 联测，计算角度闭合差和长度闭合差。若闭合差满足限差要求，不调整闭合差但应重新计算放线数据；否则，应查找原因，及时纠正放线点位。

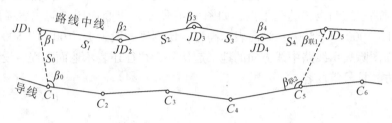

图 12-4 拨角放线法

（3）全站仪极坐标法

全站仪极坐标法放样简单灵活，适用于中线通视差的测区，但放样工作量大，对控制点的密度要求很高。如图 12-5 所示，最后，也要通过穿线确定直线段位置。

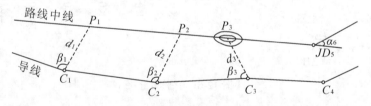

图 12-5 全站仪极坐标法

（4）GPS RTK 法

GPS RTK 技术是 20 世纪 90 年代初发展起来的一种载波相位动态实时差分技术，它能够为固定或移动平台提供指定坐标系中的三维坐标信息，并能达到厘米级精度。该方法作业效率高，在道路测量中应用前景广阔。具体作业方法参见 6.6 节。

2. 中桩测量及曲线测设

测设中线位置后，应沿中线量距，测设线路中桩及放样曲线。

中桩包括控制桩、公里桩、百米桩、整桩、加桩等。控制桩是指控制线路方向的起点、交点、隧道、桥涵的端点、曲线起点、中点、终点处的标桩；公里桩和百米桩是指线路每隔 1km 和 100m 设置的标桩；而线路每隔 50m 或 20m 设置的标桩称为整桩。在地形变换处或与地物相交处，应设置加桩。

中桩编号用其到线路起点的里程表示，所以中桩也叫里程桩。如控制桩编号为 DK2+

256.58，表示该控制桩距线路起点的里程为 2256.58m。

中线距离用全站仪往返测量，在限差(1/2000)以内时取平均值。

中桩测设后，对于控制桩，一般埋设混凝土桩来固定位置。

曲线测设方法参见 8.7 节。

3. 纵、横断面的测绘

纵断面是指线路方向的竖直剖面。纵断面测绘就是测定线路中线上各中桩的高程，并直观地将其投影到纵剖面上形成纵断面图。纵断面图表示线路中线方向的地形起伏。

纵断面测绘时测定沿线各中桩高程的测量工作称中平测量，采用插前视水准测量法，起闭于初测时高程控制设置的基平点，如图 12-6 所示，纵断面图横向代表线路里程，比例尺一般为 1∶1000~1∶5000；纵向表示高程，比例尺一般为 1∶100~1∶500。如图 12-7 所示，纵断面图除表示线路中线方向的地形起伏外，往往还表示地面高程、设计高程、坡度、填挖土方、桩号等内容。

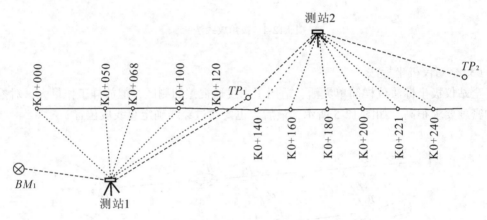

图 12-6　中平测量

横断面是垂直于线路中线的竖直剖面。横断面测绘就是测量各中桩处垂直于线路方向的地形起伏，并绘制横断面图。横断面图可作为路基、桥涵、隧道、站场设计及土石方量计算的依据。

横断面测绘包括定出横断面方向，测量横断面上地形变坡点与中桩点高差及距离，绘制横断面图。

横断面图横向代表距离，纵向表示高程，纵、横向比例尺相同，一般为 1∶200。

12.3　道路施工测量

铁路或公路在定测的基础上，由设计人员进行施工设计，经有关部门批准后即可施工。道路施工测量的主要任务是线路复测、中桩的护桩设置、路基放样和竖曲线测设。实际上，线路中线桩在定测时已在实地标定，但由于施工与定测间隔时间较长，有的中线桩已丢失、损坏或移位。在施工前必须进行中线的恢复工作，同时检查定测资料的可靠性和

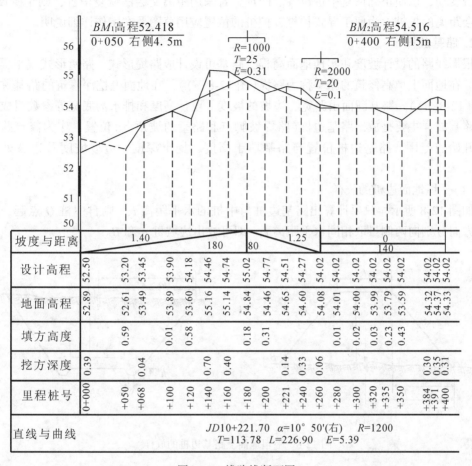

图中标注：

BM₁ 高程52.418　0+050 右侧4.5m　　　　BM₂ 高程54.516　0+400 右侧15m

R=1000　T=25　E=0.31　　　　R=2000　T=20　E=0.1

项目	0+000	+050	+068	+100	+120	+140	+160	+180	+200	+221	+240	+260	+280	+300	+320	+335	+350	+384	+391	+400
坡度与距离	1.40　　　　180							1.25　　80				0　　　　140								
设计高程	52.50	53.20	53.45	53.90	54.18	54.46	54.74	55.02	54.77	54.51	54.27	54.02	54.02	54.02	54.02	54.02	54.02	54.02	54.02	54.02
地面高程	52.89	52.61	53.49	53.89	53.60	55.16	55.14	54.84	54.46	54.65	54.60	54.08	54.01	54.00	53.99	53.79	53.59	54.32	54.37	54.33
填方高度		0.59		0.01	0.58			0.18	0.31				0.01	0.02	0.03	0.23	0.43			
挖方深度	0.39		0.04			0.70	0.40			0.14	0.33	0.06						0.30	0.35	0.31
里程桩号	0+000	+050	+068	+100	+120	+140	+160	+180	+200	+221	+240	+260	+280	+300	+320	+335	+350	+384	+391	+400

直线与曲线：JD10+221.70　α=10°50′(右)　R=1200　T=113.78　L=226.90　E=5.39

图 12-7　线路线断面图

完整性以便应用，这项工作称为线路复测，另外，中桩在施工中将被填挖掉，因此在线路复测后，应进行中桩的护桩设置工作；修筑路基时要把路基的设计线放出来，即进行路基放样；为保证行车安全，在线路的坡度变化处，还应进行竖曲线测设。

1. 线路复测和中桩的护桩设置

线路复测工作内容和方法与定测时基本相同。复测前，施工单位应检查线路测量的有关成果资料，然后会同设计人员进行现场交桩。交桩包括直线转点桩、交点桩、曲线主点桩、控制点以及导线点、水准点等。

线路复测是以定测为基础，主要目的是恢复定测时标定的线路交点、转点和中桩。经复测认为正确的点位，可使用定测时的成果；对有变动或误差过大的桩位，应进行重测；对破坏的点位，应按定测精度要求进行补测，复测完毕后，随即对中桩点进行保护，设置护桩。

护桩位置应选在施工范围以外不易被破坏的地方。如果采用方向线交会法恢复中桩，则护桩尽量设在交角近90°的两条方向线上，且每一方向的护桩不少于3个，用来检查护桩是否变动，以便正确恢复中桩位置。同理，若采用距离交会法恢复中桩，则至少设置 3 个交会距离的护桩。为便于寻找护桩，护桩的位置应用草图及文字作详细说明。

2. 路基放样

根据线路的设计坡度和实地地面高程，路基可设计成路堤形式、路堑形式或半堤半堑形式。在地面上填高修筑的路基称为路堤(图 12-8(a))；在地面上挖深修筑的路基称为路堑(图 12-8(b))。路基断面由路宽、边坡的坡度、设计高度和排水沟底宽等参数组成。

路基放样主要是放出路基边桩(路堤坡脚点和路堑的坡顶点)位置，作为修筑路基填挖方开始的范围。路基边桩位置与路基填土高度、挖土深度、边坡坡度及边坡处地形有关。

(1)平坦地面边桩的放样

如图 12-8 所示，只要计算出路基边桩与中桩的水平距离 l，则自中桩 O 点起，沿横断面方向分别向两侧量取相同水平距离 l，即可放出边坡桩 A 和 B。

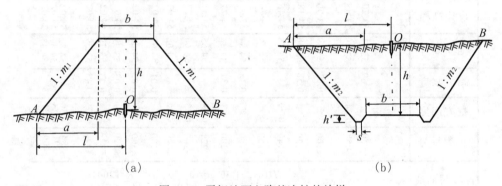

图 12-8　平坦地面上路基边桩的放样

对于路堤

$$l = \frac{b}{2} + a = \frac{b}{2} + m_1 h \tag{12-1}$$

对于路堑

$$l = \frac{b}{2} + a = \frac{b}{2} + s + m_2(h + 2h') \tag{12-2}$$

以上两式中，a 为路肩至边桩的水平距离；b 为路基设计宽度；$1 : m$ 为路基边坡坡度；h 为填土高度或挖土深度；h' 为路堑边沟高度；s 为路堑边沟宽度。

(2)横向倾斜地面边桩的放样

如图 12-9 所示，这时路基边桩与中桩的水平距离受地形倾斜影响，两侧并不相等。

对于路堤

$$l_1 = \frac{b}{2} + m(h - h_1) \tag{12-3}$$

$$l_2 = \frac{b}{2} + m(h + h_2) \tag{12-4}$$

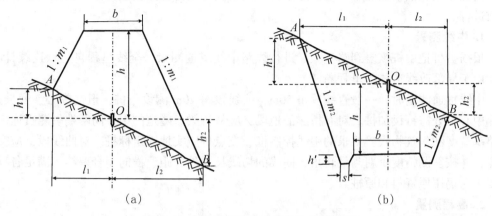

图 12-9 横向倾斜地面上路基边桩的放样

对于路堑

$$l_1 = \frac{b}{2} + s + m(h + 2h' + h_1) \tag{12-5}$$

$$l_2 = \frac{b}{2} + s + m(h + 2h' - h_2) \tag{12-6}$$

式(12-3)~式(12-6)中，h_1、h_2分别是两边桩与中桩之间的高差，与实地地形倾斜有关，在边桩定出前 h_1、h_2 不能确切获得，因此这时边桩放样采用逐渐趋近法，具体作业步骤如下：

①根据路基横断面设计图，按比例量出边桩与中桩的距离 $l_趋$。

②实地按 $l_趋$ 测设趋近边桩，并同时测出趋近边桩与中桩的高差，然后按式(12-3)、式(12-4)或者式(12-5)、式(12-6)计算其对应的边桩与中桩的水平距离 l。若 $l = l_趋$，说明二者相符，趋近边桩就是实际边桩。

③若计算值 $l > l_趋$，则将趋近边桩向路基外侧移动；若 $l < l_趋$，则将趋近边桩向路基内侧移动。重新测量 $l_趋$，并与重新测量的趋近边桩与中桩的高差计算的 l 比较，直至计算值 l 与趋近值 $l_趋$ 相符或非常接近为止，从而通过逐渐趋近定出边桩位置。

设计的路基横断面与实测的横断面线之间所围的面积就是待施工(填或挖)的面积。结合相邻两个横断面的间距，就可以计算施工的土石方量 V：

$$V = \sum V_i = \sum \frac{1}{2}(F_i + F_{i+1}) \cdot S_{i,j+1} \tag{12-7}$$

式中，F_i、F_{i+1} 分别为第 i、$i+1$ 横断面处待施工面积，$S_{i,i+1}$ 为对应横断面间距。

3. 竖曲线测设

竖曲线的测设参见 8.7.4 节。

12.4 道路竣工测量

为检查路基施工质量是否满足设计要求，还要进行道路竣工测量。其内容包括中线测量、高程测量和横断面测量。对铁路而言，竣工测量安排在路基土石方工程完工后、铺轨之前进行。

1. 中线测量

根据护桩把中桩恢复到路基上，进行线路中线贯通测量。全线里程自起点连续计算，消除由于局部改线造成的里程断链。

中线贯通测量时，一般直线段每 50m，曲线段每 20m 测设一桩，道岔中心、变坡点、桥涵中心等处需钉设加桩。对有桥隧的地段，应从桥梁、隧道的中线向两端引测贯通。符合路基宽度和建筑物限界要求的中线控制桩、交点桩应实地固定标桩。对曲线段，应交出交点，并按复测精度重新测量转角、曲线的切线长、外矢距、横向闭合差等。满足各项限差要求，仍用原资料和原桩点。

2. 高程测量

竣工时需要将水准点引测到稳固的建筑物上或埋设永久性标石，间距不大于 2km，其精度与定测时的要求相同，按复测精度测量的中桩路面高程与路基的设计高程之差不得大于 5cm。

3. 横断面测量

横断面测量主要检查路基宽度。侧沟、天沟的深度、宽度与设计值之差不大于 5cm，路基护道宽度误差不大于 10cm。若不符合要求应进行整修。

12.5　桥隧施工测量

桥梁和隧道是线路的重要组成部分。桥梁按结构分为跨越结构(上部结构)和支撑结构(下部结构)。跨越结构包含梁、拱、桥面等；支撑结构包含支座、墩台、基础。桥梁施工测量就是把桥梁的跨越结构和支撑结构按设计意图转移到实地的测量工作。隧道是线路穿越山岭时缩短线路长度的地下工程，也用于城市地铁、人防工程的修建。本节主要介绍桥梁工程和隧道工程的施工测量工作。

12.5.1　桥梁施工测量

桥梁施工测量包括控制测量和桥梁轴线、墩台、梁等的放样。

1. 桥梁施工控制测量

在施工阶段，控制测量的作用是保证桥轴线的长度放样和桥梁墩台及梁的定位要求。通常将平面控制网与高程控制网分开布设。

(1)平面控制测量

平面控制网布设时，考虑桥轴线及墩台、梁等放样要求，桥轴线上须设立控制点，使之成为控制网的一条边。如图 12-10 所示，可布设成三角网((a)~(d))、边角网、精密导线网(e)、GPS 网等。为施工放样时计算方便，桥梁平面控制网采用施工坐标系统。对于直线桥梁，坐标轴可选在桥轴线或平行桥轴线方向；对于曲线桥梁，坐标轴可选在过一岸轴线点(控制点)的切线或其平行线上。当施工控制网与测图控制网发生联系时，则进行联测，统一坐标系。投影面选在精度要求最高的桥墩顶面，以便平差计算获得放样需要的控制点之间实际距离。

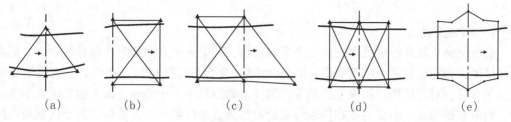

图 12-10 桥梁控制网

平面控制网的精度估算可根据桥梁跨越结构的架设误差及桥墩放样的允许误差分析。一般来说，连续梁比简支梁精度要求高，大跨度比小跨度精度要求高。若根据控制点误差对放样点位不发生显著影响的原则，设桥墩中心在桥轴线方向的位置中误差不大于 M，则控制网误差对放样桥墩的影响 m 应满足：$m \leq 0.4M$。据此，结合放样方法和图形，可推算控制点的点位误差要求。

（2）高程控制测量

作为桥梁施工高程控制的水准点，每岸至少埋设三个且同岸水准点中两个埋设在施工范围以外。施工区内水准点尽量设在免受破坏或施工干扰、便于施工放样的位置。

当水准路线跨越较宽河流或山谷时，应选用跨河水准测量特殊的观测方法建立高程控制，如图 12-11 所示。

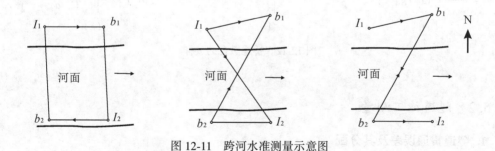

图 12-11 跨河水准测量示意图

2. 桥梁墩台中心及梁的测设

测设桥梁墩台中心的方法有直接丈量法、极坐标法、前方交会法等。

（1）直接丈量法

直接丈量法适合于河床干涸或浅水处的一般直线桥梁。方法是沿着桥轴线，按设计墩台距离，依次从一端量至另一端。其长度闭合差满足要求，则按比例分配到各墩台上，如图 12-12（a）所示。

（2）极坐标法

利用全站仪极坐标法测设墩台方便、灵活。可根据现场条件任意选择控制点设站，选取通视好、目标清晰的较远控制点定向，按照计算好的放样数据（角度和距离）完成墩台中心的放样。为防止出错，最好在两个不同测站采用极坐标放样墩台，进行检核，如图 12-12(b)所示。若两个测站放样的桥墩中心距离不大于 2cm，则两点连线中心即为桥墩中心。

(3)前方交会法

前方交会法放样桥梁墩台应在三个方向进行，其中一个方向最好在桥轴线上，为提高放样精度，合理选取测站点以获得好的交会图形(交会角接近 90°)。当三方向交会出现示误三角形时，对直线桥，示误三角形在桥轴线上的边长不大于 2cm、最大边长不大于 3cm时，则取非桥轴线上的交会点在桥轴线上的投影为桥墩位置。对曲线桥，若示误三角形的最大边长不大于 2.5cm 时，则取三角形的中心为桥墩中心位置，如图 12-12(c)所示。

桥梁的墩台等支撑结构施工完毕，即可进行梁、拱、桥面等跨越结构的施工。桥梁的跨越结构形式很多，有 T 形梁、板梁、现浇普通箱梁、现浇预应力箱梁等。先在墩台上测设出桥梁中心线，然后检查墩台的高程是否符合设计高程，满足要求后，就可以进行预制梁的准确架设或浇筑梁的现场浇筑。

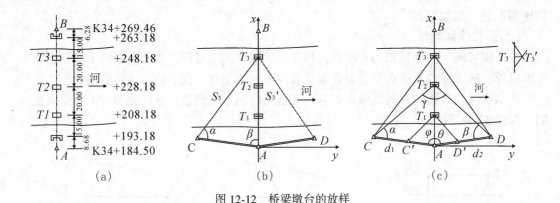

图 12-12　桥梁墩台的放样

12.5.2　隧道施工测量

1. 隧道贯通误差及其分配

隧道是道路工程的重要组成部分，当线路定测后，隧道两端洞口位置在实地标定出来。通过建立地面控制网精确获得洞口点的坐标，进而求得两端洞口处进洞拨角的数据，用以指导施工时进洞方向。

地下施工过程中，进行地下控制测量，通过地下控制点进行隧道中线、腰线放样，以正确指导开挖、衬砌和施工。为提高施工进度，通过开挖横洞、斜井、竖井方式增加工作面，这时，必须将地面控制网的坐标、方向、高程经由横洞、斜井、竖井传递到地下，以保证相向开挖面正确贯通，这些传递工作称为联系测量。

(1)贯通误差

在隧道施工中，由于地面控制测量、联系测量、地下控制测量以及施工放样的误差，使得两个相向开挖工作面的施工中线，不能理想地衔接而产生错开现象，错开的距离即所谓贯通误差。如图 12-13 所示，j、c 为两个相向开挖的施工中线，在贯通面附近产生贯通误差 P_1P_2，其在线路中线方向、垂直中线方向和高程方向的投影，分别被称为纵向贯通误差（δl）、横向贯通误差（δq）和高程贯通误差（δh）。

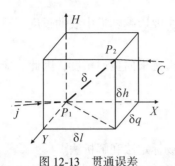

图 12-13　贯通误差

三种贯通误差中，横向贯通误差最难满足要求，因此在隧道工程测量设计中，讨论最多的就是横向贯通误差。各项贯通误差的限差，按照《铁道测量技术规则》（TBJ 105—88），根据两开挖洞口间长度 L 确定，见表 12-3。

表 12-3　　　　　　　　　　　　　　贯通误差的限差

两开挖洞口间长度 L/km	<4	4~8	8~10	10~13	13~17	17~20
横向贯通限差/mm	100	150	200	300	400	500
高程贯通限差/mm	50					
纵向贯通限差/m	$L/2000$					

（2）贯通误差的分配

如果忽略施工误差和放样误差的影响，认为隧道的贯通误差主要来源于隧道控制测量和竖井联系测量的误差，考虑隧道地面地下条件，则贯通误差分配如下：

①对于横向贯通误差，通常将地面控制测量误差作为一个独立因素，两地下相向开挖的洞内导线测量误差各作为一个独立因素，竖井联系测量作为一个独立因素，按等影响原则进行分配。

对于不含竖井的隧道，设隧道总的横向贯通中误差为 M_q，则地面控制测量和一侧地下导线测量误差的影响值为：

$$m^q_{地面} = m^q_{地下} = \frac{M_q}{\sqrt{3}} \tag{12-8}$$

洞内地下导线测量误差总的影响值为：

$$m^q_{地下总} = \sqrt{\frac{2}{3}} M_q \tag{12-9}$$

②对于高程贯通误差，将洞内外高程测量误差各作为一个独立因素，按等影响原则分

配，设高程贯通中误差允许值为 M_h，则地面水准测量误差引起的高程贯通中误差允许值为：

$$m_{\text{地面}}^h = m_{\text{地下}}^h = \frac{M_h}{\sqrt{2}} \tag{12-10}$$

③对于纵向贯通误差，它主要影响隧道中线的长度，只要求满足定测中线的精度，即限差 $\delta l = 2M_l \leqslant L/2000$。

隧道控制测量的关键在于满足横向贯通精度，因此，应根据横向贯通精度影响值进行洞内外平面控制测量设计。

2. 隧道地面控制测量

（1）平面控制测量

洞外平面控制测量分为现场标定法和解析法。

现场标定法主要针对地形简单、长度较短、精度要求较低的直线隧道。该法不需要作测量设计，简单易行。

根据现场选定的隧道洞口位置，从一侧开始，按设计隧道中线方向在地面上标出中线点，视线受阻时，可采用迁站正倒镜延长直线法，直至测设至另一洞口点，看是否与现场选定的洞口点重合，若存在偏差，根据偏差按距离成比例调整已经测设的中线点，直至各中线点与两洞口点在同一直线上为止。在洞口点架设全站仪，后视测设到实地的中线点，就可以得到指导隧道开挖的方向。

解析法主要针对地形较复杂、较长、精度要求较高的隧道，该法先建立地面控制网（尽量包含洞口点），通过测量，获取控制点坐标。若洞口点包含在控制网内，就可以应用控制测量成果（洞口点坐标和后视定向方向）计算进洞关系数据，以便指导施工开挖。

地面控制网常采用隧道中线方向（对直线隧道而言）或隧道的切线方向（对曲线隧道而言）为坐标纵轴的施工坐标系；控制网布设的形式有测角网、边角网、测边网、导线网、GPS 网，可根据地形及仪器状况选取相应控制网形式。尽量靠近隧道中线布设控制网，图 12-14 为某隧道洞外导线网。

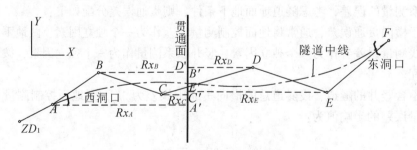

图 12-14 隧道洞外导线网

洞外导线测量误差引起的横向贯通误差可用下式近似估算：

$$m_q = \sqrt{\left(\frac{m_\beta}{\rho}\right)^2 \sum R_x{}^2 + \left(\frac{m_l}{l}\right)^2 \sum d_y{}^2} \tag{12-11}$$

式中，m_β 为导线测角中误差；m_l/l 为导线边长的相对中误差；$\sum R_x^2$ 为测角的各导线点到贯通面的垂直距离的平方和；$\sum d_y^2$ 为各导线边在贯通面上投影长度的平方和。根据式(12-11)，结合横向贯通误差的分配，可确定地面控制导线的测量精度。

需要说明的是，采用 GPS 法建立控制网不仅布点少，工作量小，而且只需进、出口点与相应定向点之间通视，其余点之间不需通视，如图 12-15 所示。

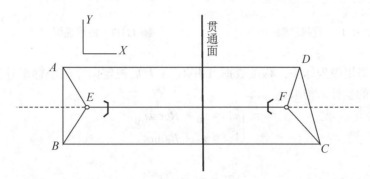

图 12-15　隧道洞外 GPS 控制网

(2)高程控制测量

隧道地面高程控制测量的目的是施测两相向开挖洞口附近水准点间的高差，统一高程系统，以便引入洞内指导施工，保证隧道在竖向正确贯通。可采用水准测量法或三角高程测量法及全站仪垂距测量法等进行高程控制。若采用水准测量，其测量误差对隧道高程贯通误差的影响估计为：

$$m_h = m_\Delta\sqrt{S} \tag{12-12}$$

式中，m_Δ 为每公里水准测量高差中数中误差；S 为洞外两开挖洞口间水准路线长度。根据式(12-12)，结合高程贯通误差的分配，可确定地面水准测量的精度。

3. 进洞关系数据计算和竖井联系测量

(1)进洞关系数据计算

地面控制测量完成后，即可根据控制测量成果指导隧道的进洞开挖。主要是根据地面控制测量中所得的洞口点的坐标和洞口点与其他控制点连线的方向，来推算指导隧道开挖方向的起始数据，即进洞关系数据。进洞关系数据计算随隧道的形状不同而不同。

对于直线进洞，如图 12-16 所示，两洞口点 A、D 都在隧道中线上，N 为用来定向的控制点，则可根据它们的坐标，反算方位角求得两洞口点的进洞关系数据 β。

对于曲线隧道，进洞关系数据计算比较复杂，这里只介绍圆曲线进洞的情况，如图 12-17 所示，由于地面施工控制网精确测量的结果，使得圆曲线的偏角与定测时的数值存在差异，这样，原来按照定测时的曲线位置所选择的洞口投点 A 就不一定在新的曲线(隧道中线)上，而需要沿曲线半径方向将其移至 A' 点。这时的进洞关系数据计算包含两部分：一是将 A 移至 A' 的移桩数据(图 12-17 中的 β 和 S)；二是在 A' 得到其切线方向的进洞数据(图 12-17 中的 β')。

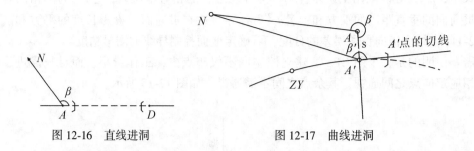

图 12-16　直线进洞　　　　　　　图 12-17　曲线进洞

测设 A' 时采用极坐标法，移桩数据可由 A、A' 及后视定向点的坐标来计算。A' 的坐标可根据圆心 O 的坐标来推求：

$$\begin{cases} x_{A'} = x_O + R\cos\alpha_{OA} \\ y_{A'} = y_O + R\sin\alpha_{OA} \end{cases} \tag{12-13}$$

而

$$\beta' = \alpha_{A'切} - \alpha_{A'N} \tag{12-14}$$

曲线进洞方向(A' 的切线方向)β' 角的计算，可采用式(12-15)进行：

$$\alpha_{OA} = \arctan\frac{y_A - y_O}{x_A - x_O} \tag{12-15}$$

而

$$\left.\begin{array}{l} \alpha_{A'切} = \alpha_{OA} + 90° \\ \alpha_{A'N} = \arctan\dfrac{y_N - y'_A}{x_N - x'_A} \end{array}\right\} \tag{12-16}$$

(2)竖井联系测量

为了加快施工进程，开凿竖井增加施工工作面时，需进行竖井联系测量，把地面控制系统经由竖井传递到地下，以指导施工。其中把坐标和方向传递到井下的工作称为竖井定向测量；把高程传递到井下的工作称为竖井高程联系测量。

1)竖井定向测量

竖井定向测量方式可分为一井定向、两井定向、陀螺经纬仪定向等。

一井定向是经由一个竖井把地面的坐标及方向传递到井下的工作。如图 12-18 所示，在一个井筒内吊两根垂线 O_1、O_2，在地面上根据控制点 A 及已知方向 α_{AB}，通过地面联系三角形 $\triangle AO_1O_2$ 测定两根吊垂线的坐标及其连线的方位角。在井下，地下导线同样借助联系三角形 $\triangle CO_1O_2$ 与两根吊垂线的连接测量，就可以计算出地下导线的起算点 C 的坐标及起算方位角 α_{CD}。

一井定向的测量工作主要包含投点和地面地下控制点与吊垂线的连接测量。如图 12-18 所示，地面连接测量时，观测连接角 ω 和联系三角形 $\triangle AO_1O_2$ 的内角 α 及各边 a、b、c；地下连接测量时，观测连接角 ω' 和联系三角形 $\triangle CO_1O_2$ 的内角 α' 及各边 a'、b'、c'；则地面地下联系三角形中的 β 和 β' 可应用正弦定理计算出来，进而地下导线的起算方位角 α_{CD} 为：

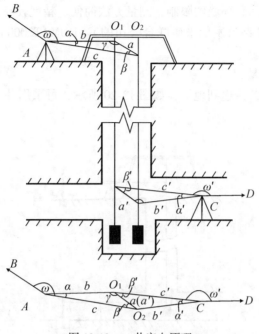

图 12-18　一井定向原理

$$\alpha_{CD} = \alpha_{AB} + \omega + \beta - \beta' + \omega - n \cdot 180° \tag{12-17}$$

　　两井定向是分别在两个井筒内吊一根垂线，通过井上、井下连接测量确定地下导线起、终点坐标和导线方位角的测量工作。与一井定向比，两井定向由于两吊垂线间距离大大增加，因而减少投点引起的方向误差，有利于提高地下导线精度。其次外业测量简单，占用井筒时间短，对生产影响更小。如图 12-19 所示，井上用导线测量联测 A、B 两吊垂线的坐标及方位角，则井下导线测量为起闭于吊垂线 A、B 的无定向导线测量，按无定向导线计算方法进行地下导线各点的坐标计算，达到地面、地下坐标系统的统一。

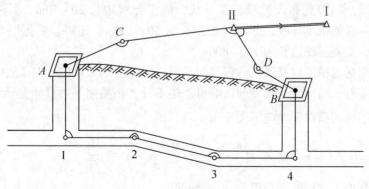

图 12-19　两井定向原理

陀螺经纬仪定向是利用陀螺经纬仪测定某一方向的真方位角的功能完成定向测量工作。其优点在于不受时间和环境的限制，测量方法简便、精度较高。目前，研制出的自动化陀螺经纬仪（如德国威斯特发伦采矿联合公司的 GYROMAT2000）在 10 分钟的测量时间里定向精度可达±3.2″。

2）竖井高程联系测量

将地面高程经由竖井传递到地下，如图 12-20 所示，可采用井上、井下同时安置水准仪的悬吊钢尺法。

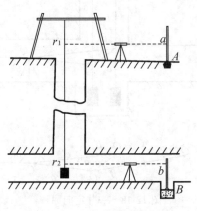

图 12-20　竖井高程联系测量

4. 地下控制测量

地下控制测量包括地下导线测量和地下水准测量。

（1）地下导线测量

地下导线测量是建立与地面控制测量统一的地下控制系统，根据地下导线点坐标，放样中线及衬砌位置，以指导开挖。

地下导线的起始点常设在隧道的洞口、平坑口、斜井口或竖井底部等，这些点的坐标或由地面控制测量测定，或由联系测量获得。随着隧道的不断掘进，沿隧道中线方向逐级敷设地下支导线。一般先布设低级施工导线，施工导线边长 20~50m，掘进到一定距离时，再敷设高等级的基本导线，基本导线边长为 50~100m，还可以根据要求敷设更高等级的主要导线，主要导线边长为 150~800m。

地下导线测量的精度以其满足隧道横向贯通误差的要求来确定。对于直线隧道，地下导线的测边误差对于横向贯通误差的影响可忽略不计，则按照等边直伸支导线估算测角误差引起的导线端点的横向误差应不大于 $M_q/\sqrt{3}$，则

$$m_q = \sqrt{\left(\frac{nsm_\beta}{\rho}\right)^2 \cdot \left(\frac{n+1.5}{3}\right)} \leqslant \frac{M_q}{\sqrt{3}} \tag{12-18}$$

由此可推算地下导线的测角误差 m_β 应满足：

$$m_\beta \leqslant \frac{\frac{M_q}{\sqrt{3}} \cdot \rho''}{n \cdot s} \sqrt{\frac{3}{n+1.5}} \qquad (12\text{-}19)$$

（2）地下水准测量

地下水准测量是在地下建立与地面统一的高程系统，根据地下水准点的高程，放样腰线及衬砌位置，以保证隧道竖向贯通。

地下水准测量应以洞口水准点或由斜井、竖井等将地面高程传递到地下的高程点作为起始依据。地下水准点既可以敷设在底板上，也可以设在侧壁和顶板上，还可以利用地下导线点作为水准点。

地下水准测量的精度以满足竖向高程贯通误差的要求确定。与两洞口间水准路线的长度有关，一般采用三、四等水准测量，具体参照相关测量技术规范的规定。

5. 隧道中线、腰线的放样及断面测量

（1）中线放样

隧道中线放样可根据施工方法的不同分为中线法和穿线法。

当隧道采用全断面开挖法施工时，采用中线法确定施工中线。如图 12-21 所示，利用地下导线点 P_1、P_2 和隧道中线上 A 点坐标，计算放样 A 点的放样数据 β_2 和 L，进而根据隧道中线方位角，计算放样中线 AD 方向的拨角值 β_A。

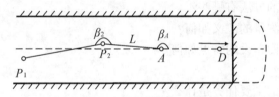

图 12-21　中线放样示意图

需要说明的是，当 AD 方向不断向前延伸到一定距离后，还要重新利用导线点放样中线点和中线方向，步骤同上。

当隧道采用开挖导坑法施工时，因其精度要求不高，可采用串线法放样中线。此法是通过设置在底板或顶板上的三个间距约 5m 的中线点，用肉眼串线确定中线，指导前方掌子面上的中线位置的标定。

（2）腰线放样

腰线是指导隧道竖直面上掘进方向的依据。常设在侧壁上高于底板一定高度处。根据水准点放样腰线的方法如图 12-22 所示，将水准仪置于待放样位置附近，后视已知水准点 P，可以求出视线高程，根据 B、C、D 点的设计高程（高出底板 1m）与视线高程的差值 Δh_1、Δh_2、Δh_3 即可以在边墙上放样出高出设计底板 1m 的腰线。

（3）隧道断面测量

为检查隧道开挖断面是否符合设计要求和随时掌握施工完成的土石方量，还需测量隧道的横断面。一般沿中线每隔一定距离（直线段 50m，曲线段 20m）进行断面测量。

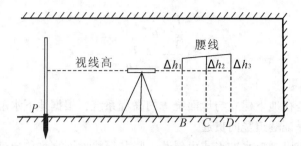

图 12-22　隧道腰线的放样

利用隧道断面激光测量仪可以快速完成断面测量工作。TSS-1 型隧道工程测量系统是铁道部第四勘测设计院与武汉大学遥感信息工程学院研制开发的断面测量系统，由全站仪，与之联机的计算机，具有二旋转自由度的激光经纬仪、软件及辅助工具组成，是一种典型的结构光测量系统，该系统实际精度约 1cm，现场显示横断面超(欠)挖量，具有实时、准确、灵活等特点，从而为先进施工方法(如光面爆破)提供技术保障。

复习思考题

1. 道路测量包含哪几个阶段？其与道路设计的关系如何？
2. 道路定线测量的方法有哪些？
3. 线路纵横断面测量的意义如何？
4. 桥梁施工控制网布设的特点如何？
5. 何谓贯通误差？
6. 竖井联系测量的主要任务是什么？
7. 两井定向与一井定向相比有哪些优点？
8. 如图 12-23 所示，某隧道口 A 点高程 H_A = 428.39m，A 点处的设计底板高为 428.50m，隧道的设计坡度为 15‰的正坡度，现在用水准仪在距 A 点为 26m、28m、30m 处设置腰线点，腰线高出设计底板 1.0m，若 A 点上的标尺读数为 1.328m，应如何设置腰线？简述作业过程。

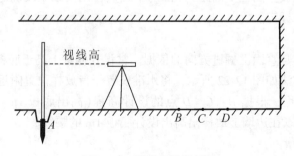

图 12-23　隧道腰线的放样

第13章 地籍测量

13.1 地籍调查概述

13.1.1 地籍及相关概念

"地籍"的"地"指土地，为地球表层的陆地部分，包括海洋滩涂和内陆水域。"籍"有簿册、清册、登记之说，另外"籍"字也有税之意。即税由籍而来，籍为税而设，我国1979 年出版的《辞海》把"地籍"定义为"中国历代政府登记土地作为田赋根据的册籍"，所以，地籍最简要的说法是土地登记册。

虽然地籍的最初含义未变，但随着社会的发展，地籍的概念和内容却有了进一步的拓展。现代地籍已不仅是课税对象的登记清册，而且还包括了土地产权登记、土地分类面积统计和土地等级、地价等内容。由此可见，地籍的作用从最初的以课税为目的，扩大作为产权登记和土地利用的依据，同时，随着科技的发展和社会的进步，地籍成果的存储形式也发生了很大的变化，除采用簿册登记外，现在逐步向运用电子计算机技术建立地籍信息系统的方向发展。

通过以上论述可以看出，地籍是指国家为一定目的，记载土地的权属、位置、数量、质量、价值等基本状况的图簿册及数据。地籍具有空间性、公信性、精确性和现势性等特点。地籍的空间性是由土地的空间特点所决定的；土地的坐落必须与空间位置、界线相联系，地界的变动，必然带来土地使用面积的改变；同时土地的数量、质量都具有空间分布的特点。地籍资料的现势性说明地籍信息不是静态的，随着社会经济的发展和城镇化进程、土地利用与权属的频繁变更，地籍数据必须实时更新，以保持地籍资料的现势性，否则将失去地籍的作用。

13.1.2 地籍调查的分类

地籍的分类方式因其目的、方法特点等的不同而多种多样，通常情况下地籍调查可以分为初始地籍调查和变更地籍调查。初始地籍调查是初始土地登记之前的区域性普遍调查，是工作区域的初始调查。变更地籍调查也叫日常地籍调查，是在土地信息发生变化时利用初始地籍调查成果对变更宗地的调查，是地籍管理的日常性工作，其目的是为了保持地籍资料的现势性和连续性。

按照调查区域或行政管理地籍调查可分为城镇地籍调查和农村地籍调查。城镇地籍调查是对城市、镇城区用地，独立工矿用地，交通用地的调查，由于城镇土地利用率高、建筑物密集、土地价值高等因素,因此相对于农村地籍调查其精度、技术要求都比较高,比例尺也比较大,一般为 1∶500 或 1∶1000。农村地籍调查是对城镇郊区、农村集体所有制土地、农村居民地、国营农场的国有土地的调查。其精度要求相对较低,比例尺一般为 1∶1000 或 1∶2000。

13.1.3 地籍调查的基本内容

为了满足土地登记和制定土地税费标准、土地利用规划、城市规划、区域性规划和有关政策提供科学依据,地籍调查必须对每宗土地进行确切的描述和记载。地籍调查的主要包括权属调查和地籍测量两个内容。其中权属调查又分为宗地权属状况调查、界址点认定调查、土地利用类型调查等三项工作,一般这三项工作是一起完成的;地籍测量又分为地籍平面控制测量、地籍碎部测量、地籍图绘制、面积量算等工作,其中随着测绘新技术的发展和电子仪器的使用,尤其是 GPS 技术的引进,一般控制测量和碎部测量几乎是同步开展的。

地籍调查的单元是宗地。所谓宗地是指被权属界址线所封闭的独立权属地块,是地籍调查的基本单位。宗地的划分主要是以方便权属管理为原则,因此原则上一宗地由一个土地使用单位使用。如果同一个土地使用两块或两块以上不接连的土地,则应该划分为两个或两个以上的宗地;如果一个相对独立的自然地块同时由两个或两个以上的土地使用者共同使用,其间又难以划清使用界限,在这种情况下这个地块也视为一宗地,为了区分,把这种宗地称为混合宗。地籍调查时对土地权属性质和来源调查的内容包括土地的所有权、使用权、他项权利的性质及其来源证明。地籍调查时对土地调查的内容包括土地的界址、面积、坐落、用途(地类)、使用条件、等级和价格等。其他相关内容的调查包括土地及其上建筑物、构筑物的权利限制等。

土地权属调查指通过对土地权属及其权利所涉及的界线的调查,在现场标定土地权属界址点、线,绘制宗地草图,调查用途,填写地籍调查表,为地籍测量提供工作草图和依据。土地权属调查的基本单元是宗地。

地籍测量指在土地权属调查的基础上,借助仪器,以科学的方法,在一定区域内,测量宗地的权属界线、界址位置、形状等,计算面积,测绘地籍图和宗地图,为土地登记提供依据。地籍测量的内容包括地籍控制测量和地籍碎部测量。地籍碎部测量又分为测定界址点位置、测绘地籍图、宗地面积量算、绘制宗地图等。

权属调查和地籍测量有着密切联系,但也存在着质的区别。权属调查主要是遵循规定的法律程序,根据有关政策,利用行政手段,调查核实土地权利状况,确定界址点和权属界线的行政性工作,权属调查工作主要是定性的;地籍测量则主要是测量、计算地籍要素的技术性工作,地籍测量工作主要是定量的。

地籍调查是依照法律程序和技术程序,采用科学方法进行的,调查工作具有法律性质,成果对于维护法律尊严、政府威望、树立国土资源行政主管部门的管理权威和信誉具有重要作用,地籍调查成果经土地登记后具有法律效力。

13.2　权属调查

13.2.1　权属调查的概述

在地籍调查中权属调查主要是土地权属调查，其包括土地所有权调查和土地使用权调查，在地籍调查中权属调查是重点，而地籍测量主要是空间位置的测量，权属调查是属性调查，而地籍测量主要确定界址点和地物的空间几何位置。就权属调查的内容上来说权属调查是对土地权属单位的土地权属来源及其权利所及的位置、界址、数量和用途等基本情况进行的实地核实、调查与记录。调查的成果经过土地产权人认可，可为地籍测量、权属审核和登记发证，提供法律效力的文书凭证。权属调查的核心是界址调查。一般情况下权属调查分为地籍总调查和日常地籍调查，地籍总调查也叫地籍的初始地籍调查，是在一定时间内对辖区或特定区域内土地进行的全面地籍调查。初始地籍调查涉及调查区域内各土地使用单位和个人，因此，开展初始地籍调查前一般均成立以当地政府领导为主，各有关部门参加的领导小组，研究部署、解决工作中的重大问题，处理出现的土地权属纠纷；日常地籍调查是因宗地的设立、消失、界址调整及其他地籍信息的变更而开展的地籍调查，它是在初始地籍基础上开展的一项经常性的地籍管理工作，跟踪土地的变化情况，随时进行变更地籍调查、变更登记、地价评估以及年度统计等工作。

权属调查的基本单元是宗地，宗地是土地权属界址线封闭的地块或空间，是地球表面一块有确定边界、有确定权属的土地，其面积不包括公用的道路、公共绿地、大型市政及公共设施用地等。通常，一宗地是一个权利人所拥有或使用的一个地块。一个权利人拥有或使用不相连的几个地块时，则每一地块应分别划分宗地。当一个地块为两个以上权利人拥有或使用，而在实地又无法划分他们之间的界线，这种地块称为共用宗。在权属调查中除了填写相关表格资料的同时，还应画出宗地草图，如图 13-1 所示，宗地草图是描述宗地的位置、界址点、线和相邻宗地关系的实地记录。宗地草图是地籍资料中的原始记录，宗地草图为界址点的维护、恢复和解决权属纠纷提供依据；宗地草图可配合地籍调查表，为测定界址点坐标和制作宗地图提供重要信息；宗地草图是检核地籍图中个宗地的几何关系、保证地籍图质量的重要图件。宗地草图实地测绘之前，作业人员需搜集本宗地的大比例尺地形图、平面位置图、竣工图等大比例尺平面图中的一种，作为绘制宗地草图的参考图，也可以用参考图作为草图的底图。勘丈数据一定要精确，要顾及墙厚的影响，量测点位，绘图要清楚、数字书写要清楚，数字、注记、字头要向北、向西书写，斜线字头垂直斜线书写，同时宗地草图必须实地绘制，一切注记应实地丈量记录(边长较长的界址边允许用坐标反算)。

13.2.2　地籍区、地籍子区与调查单元的划分

地籍区和地籍子区是根据地籍工作的需要而设立的。在我国，地籍管理的基层单位为县、区级土地管理部门。实际工作中，地籍区相当于街道或乡镇，地籍子区相当于街坊或行政村。地籍区是在县级行政辖区内，以乡(镇)、街道界线为基础结合明显线性地物划

分地籍区。地籍子区是在地籍区内,以行政村、居委会或街坊界线为基础结合明显线性地物划分地籍子区。地籍区和地籍子区划定后,其数量和界线应保持稳定,原则上不随所依附界线或线性地物的变化而调整。表 13-1 为吉林省德惠市地籍区和地籍子区的划分情况。

根据权属性质的不同,宗地可分为土地所有权宗地和土地使用权宗地。依照我国相关法律法规,通常调查集体土地所有权宗地、集体土地使用权宗地和国有土地使用权宗地。

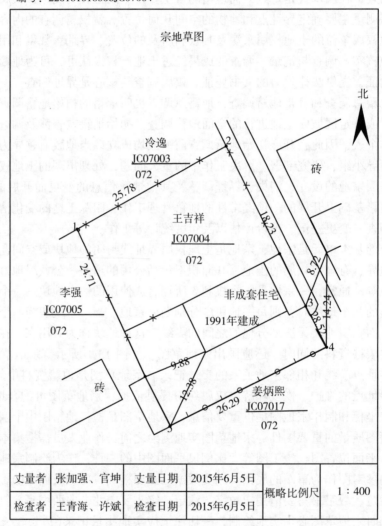

图 13-1 宗地草图样图

宗地的划分原则如下:

①由一个权属主所有或使用的相连成片的用地范围划分为一宗地。

②如果同一个权属主所有或使用不相连的两块或两块以上的土地,则划分为两个或两个以上的宗地。

③两个或两个以上农民集体共同所有地块，且土地所有权界线难以划分的应设共有宗；

④对土地权属有争议的地块可设为一宗地。

⑤对一个权属主拥有的相连成片的用地范围，如果存在土地权属来源不同、楼层数相差太大、用地价款不同、使用年期不同等情况，在实地又可以划清界限，可划分成若干宗地。

⑥公用广场、停车场、市政道路、公共绿地、市政设施用地、城市(镇、村)内部公用地、空闲地等可单独设立宗地。

表 13-1　　　　　　　　德惠市宗地统一编码地籍区、地籍子区分布表

序号	地籍区坐落	地籍区代码	地籍子区代码	备注
1	德惠市城区	001	001-007	220183
2	惠发街道办事处	002	001-008	
3	夏家店街道办事处	003	001-012	
4	布海镇	101	001-018	
5	达家沟镇	102	001-014	
6	菜园子镇	103	001-015	
7	松花江镇	104	001-015	
8	大青咀镇	105	001-015	
9	郭家镇	106	001-019	
10	天台镇	107	001-016	
11	岔路口镇	108	001-019	
12	大房身镇	109	001-027	
13	米沙子镇	110	001-030	
14	朱城子镇	111	001-016	
15	万宝镇	112	001-016	
16	边岗乡	201	001-014	
17	同太乡	202	001-028	
18	朝阳乡	203	001-012	
19	五台乡	204	001-014	
20	德惠市菜园子林场	205	001-003	
21	大跃进水库	206	001	
22	共青团水库	207	001	
23	市苗圃	208	001	
24	德惠市种畜场	209	001	
25	师大农场	210	001	

⑦间隙地和飞地。间隙地是指无土地使用权属主的空置土地。飞地是指镶嵌在另一个土地所有权地块之中的土地所有权地块。这些地块均实行单独分宗。

⑧一个地块被公路、铁路、河流等线状地物分割的分别设立宗地。

⑨一个地块跨越县(市、区)行政界线的分别设立宗地。

13.2.3　地籍编号的基本原则和方法

根据地籍要素的特性,编号系统应遵循下列原则:

1. 适应性

适应性是指各要素的编号释义性强,符合人们的一般习惯,易于掌握使用,同时使得现有某些编号不必做过大的改动。

2. 唯一性

编号中所采用任何名称和术语的定义,在概念上应是唯一的。任何事物(特定地籍单元的特定要素)所对应的编号是唯一的;反之,任意一个编号所描述的事物也应该是唯一的。

3. 统一性

在全国范围内,无论什么地区、什么地点,无论是农村还是城镇地籍,其编号定义应是统一的。即在编号规则上,在简化缩写上,在代码码位上都要求统一。

4. 可扩展性

编号应留有扩展余地,当增加某些事物进入编号系统时,不能破坏原有的完整性。

5. 可更新性

当发生地籍变更时,地籍要素的编号势必会发生变化,这种变化不允许破坏原有编号系统的安全性能。

6. 实用性

各地籍要素的编号在结构上应尽可能的简洁,具有较强的可识别性,并便于地籍图、宗地图及各专题图的图面注记以及计算机信息管理(储存、查询、检索、更新,等等),便于工作人员记忆和操作使用。

(1)宗地的代码编号

宗地代码采用五层 19 位层次码结构,按层次分别表示县级行政区划、地籍区、地籍子区、土地权属类型、宗地顺序号。其编码的具体方法为:①第一层为县级行政区,代码为 6 位,采用国家行政区划代码,比如吉林省长春市南关区为 220102,吉林榆树市代码为 220182;②第二层为地籍区,代码为 3 位,用阿拉伯数字表示,地籍区内不允许重号,一般由乡镇、行政村协调制定。③第三层地籍子区代码也为 3 位,用阿拉伯数字表示。④第四层为土地权属类型代码为 2 位,其中,第一位表示土地所有权类型,用 G(国家土地所有权),J(集体土地所有权),Z(表示土地所有权争议);第二位表示宗地特征码,用 A 集体土地所有权宗地,B 表示建设用地使用权宗地(地表),S 表示建设使用权宗地(地上),X 表示建设用地使用权宗地(地下),C 表示宅基地使用权宗地,W 使用权为确定或有争议的土地 Y 表示其他土地使用权宗地,用于宗地特征扩展。⑤第五层为宗地顺序号,代码为 5 位,用 00001—99999 表示,在相应的宗地特征码后编码。

（2）界址点号

①在地籍子区的范围内，应对界址点统一编号，并保证界址点号唯一。

②在地籍调查表和宗地草图中，可采用地籍子区范围内统一编制的界址点号；也可以宗地为单位，从左上角按顺时针方向，从 1 开始编制界址点号。

③解析界址点编号可采用 J1、J2……表示。图解界址点编号可采用 T1、T2……表示。

④界址变更后，新增界址点号在地籍子区内最大界址点号后续编，废弃的界址点号不再使用。

13.2.4 权属调查的基本过程

在地籍调查中，权属调查是地籍测量的最基本工作，是地籍调查的核心。权属调查的基本内容主要包括：确定土地权属的来源、宗地的界址位置和用途等基本情况的调查，由于权属调查的成果是以后权属审核、登记发证的凭证，而且该凭证具有法律效力，所以地籍调查的过程和程序必须严密、严谨和严格。权属调查一般分准备和实施两个阶段。

（一）准备阶段

1. 组织准备

权属调查由县级以上地方人民政府组织。县级以上地方人民政府成立专门的领导小组，领导小组负责组织制订工作计划，编制技术设计书，负责地籍调查的宣传、培训和试点工作；工作计划的内容应包括调查的范围、任务、方法、经费、时间、步骤、人员和组织等；技术设计书的主要内容包括调查范围、技术路线、技术要求和成果质量控制等确保权属工作的顺利进行。

2. 资料收集与分析

①收集整理土地权属来源资料。权属来源资料是证明权属资料真实性的重要手段，一般有效的权属来源资料包括：

a. 土地审批、转用、占用、转让、登记以及土地勘测定界等资料；

b. 履行指界程序形成的地籍调查表等地籍调查成果；

c. 县级以上人民政府国土资源主管部门的土地权属争议调解书；

d. 县级以上人民政府或者相关行政主管部门的批准文件、处理决定；

e. 人民法院的判决书、仲裁机构生效的法律文书或者调解书。

②收集整理有关大比例尺地形图、高分辨率影像资料、已知控制点等测绘资料，这些资料是进行地籍测量、保证最终成果精度的基础。

③收集整理土地调查和土地规划等资料文字，包括报告、图件（如土地利用现状图、已有地籍图、土地利用总体规划图、城市总体规划图等）、数据库等以作为地籍区、地籍子区的划分依据。

④收集整理区划、地理和社会经济资料，包括行政区划、自然地理、社会经济、房屋普查、标准地名等资料。

⑤收集在农村集体土地所有权调查时地籍区、地籍子区划分的资料。

⑥有关房屋方面的资料。

3. 工作底图的制作

根据已有的资料进行工作底图的制作，在工作底图制作过程中，应尽量使工作底图比例尺、坐标系统与地籍图比例尺和坐标系统一致。已有地形图和航空航天正射影像图等图件可作为调查工作底图，无图件的地区，在地籍子区范围内绘制所有宗地的位置关系图形成调查工作底图，工作底图上应标绘地籍区和地籍子区界线。

4. 地籍区和地籍子区的划分

到实地进行查看，结合工作底图以现状为准，把发生变化的地方在工作底图上标识并改正，再根据双方指界人所指界线结合现状地形地物在工作地图上绘制宗地关系图，在宗地关系图上标绘出界址点、界址线、权利人等相关信息。需要注意的是结合老档案对于某些宗地名称发生改变的，需重新调查清楚，对于批准用途和实际用途不一致的需重新调查清楚。还有一些相邻两宗地界线发生改变，重新要求相邻双方指界签字盖章并重新填写地籍调查表。

5. 预编宗地代码

根据土地登记申请书及土地权属来源证明材料，将每一宗地标绘到工作底图上，在地籍子区范围内，从西到东，从北到南，统一预编宗地代码，并填写到地籍调查表及土地登记申请书上，通过地籍调查正式确定宗地代码。

(二)实施过程

1. 发放指界通知书

分区、分片发放指界通知书，约定权利人在具体时间准备好土地权属资料复印件，单位用地准备土地房产证复印件、法人身份证复印件、土地批文复印件、营业执照(企业单位)或组织机构代码证(行政单位)复印件；个人用地准备户主身份证复印件、户口簿复印件(前两页)、出让合同书交纳地价、税费的凭证，批准用地的文件及征地补偿协议；转让继承等协议书、合同书、证明书；居委会、村委会或主管部门出具的土地权源证明等。

2. 收取权源资料，指界并签字盖章

(1)权源资料的信息获取及指界签章要求

当权利人实际使用面积与档案面积相差较大时，需要重新调查并确认该宗地实际界线。要求双方权利人或代理人同时现场指界并签字盖章，在签字盖章的时候一定要将邻宗的邻宗签章部分一起签，尽可能减少当事人出现场的次数。需要注意签字盖章时指界人签名、指界人签章与日期要对应上，不能因为指界人信息上下一样就省略掉。若本宗地一面临街，则此面只签本宗地，邻宗就不需签字。

(2)对权属来源合法性的调查

权属来源合法性的调查是权属调查的首要问题，其调查内容主要包括：查清宗地权属来源具体方式(划拨、出让)，从已有档案来检查土地来源的真实性和合法性，同时要检查用地的面积大小、用途是否与登记相符。

3. 界址点和界标设置

界址点是宗地权属界线的转折点，即拐点，它是标定宗地权属界线的重要标志。在进行宗地权属调查时，界址点应由宗地相邻双方指界人在现场共同认定，在以下几种情况下应设置界址点：①相邻宗地的界址线交叉处应设置界址点；②土地权属界线依附于沟、渠、路、河流、田坎等线状地物的交叉点应设置界址点；③在一条界址线上存在多种界址线类别时，变化处应设置界址点。

确认的界址点上要设置界标，进行编号，并精确测定其位置，以防止日后界标被破坏时，能用测量方法准确地在实地恢复权属界址。界标类型有界址标桩(混凝土和石灰标桩)、钢钉界标和带塑料套的钢混界标。在空旷地区的界址点和占地面积较大宗地的界址点应埋设混凝土界址桩，泥土地面可埋设石灰界址标桩，而钢钉标或喷涂界址标志一般用在坚硬的路面、墙面或围墙上，在进行喷涂设置界标时，用模板在距离地面以上65厘米处进行喷涂，在喷涂的时候尽量离的远一些，把握好力度，要求喷涂的界标美观大方。若能看到地基，要将界标设在地基上，若只能看到一面墙，可以只喷涂在墙的一边，看不到的一边不用喷涂；若墙共用，在墙中间进行喷涂，喷涂不到的地方可以不喷涂。

4. 量取界址边长

界址边也就是界址线，是指宗地四周的权属界线，即界址点连线构成的折线或曲线，对于界址边长，无法丈量的地方，可从地籍图上量取数据，并在地籍调查表上标注"反算边长"。

5. 画宗地草图

宗地草图前面已经讲述，此处只是强调一点的是宗地草图应现场绘制，界址点设置除了当事人现场指定的外，界址线依附地物的特征点也应设置。

6. 地籍调查表填写

地籍调查表的填写应遵守以下基本原则：①地籍调查表以宗地为单位填写，每宗地填写一份；②表中填写项目不得涂改，每一处只允许划改一次，划改符号用"＼"表示，并在划改处由划改人员签字或盖章，全表划改不超过2处；③地籍调查表必须做到图表内容与实地一致，表达准确无误，字迹清晰整洁；④表中各栏目应填写齐全，不得空项。确属不填的栏目，使用"/"符号填充；⑤文字内容使用蓝黑钢笔或黑色签字笔填写，不得使用谐音字、国家未批准的简化字或缩写名称，签名签字部分须手写；⑥项目栏的内容填写不下的可另加附页。宗地草图可以附贴，并加盖国土资源主管部门印章；⑦地籍调查表中法人代表、委托代理人，指界人必须名章一致，必须与户口簿、法人代表证明书的名字一致，以保证确权指界等工作程序合法有效；⑧地籍调查表的内容应逐项填写，使用者名称必须与土地证、产权证、身份证、户口簿相同。单位应填写全称，如其中有矛盾时应查清原因并在说明栏注明；⑨调查员对土地使用权已经发生转移，按现状调查，未办理变更手续的在说明栏注明；⑩界址标示栏中的界址点号，从宗地西北角按顺时针顺序填写，建库时再按数据库要求统一编号；⑪补充宗地草图应在现场绘制，界标物必须绘制清楚并标清位置，宗地内的建筑物按有关规定绘出。地籍调查表一般包括基本表、界址标示表、界址签章表、调查审核表四个分项表，下面对每一个分表的填写进行介绍。

(1)基本表

基本表中主要包括土地权利人、土地权属性质、法定代表人或负责人姓名、代理人姓名、宗地代码、宗地四至、批准用途和批准面积等，权利人要填写户主或法人的姓名，单位性质要填写单位性质或个人，同时要填写户主或法人的身份证号码。土地权属性质包括国有土地和集体土地之分，其中集体用地分村集体建设用地、宅基地、集体农用地。批准面积要分清宗地占地面积和建筑面积以备不动产所用。其表样式见表 13-2。

表 13-2　　　　　　　　　　　地籍调查基本表样表

基本表			
土地权利人	王××	单位性质	个人
		证件类型	身份证
		证件编号	身份号
		通讯地址	德惠市农安县哈拉海镇二道村二道屯邮编
土地权属性质	宅基地使用权	使用权类型	批准拨用宅基地
土地坐落	德惠市农安县哈拉海镇二道村二道屯		
法定代表人或负责人姓名		证件类型	电话
		证件编号	
代理人姓名		证件类型	电话
		证件编号	
国民经济行业分类代码			
预编宗地代码	220183108009JC07004	宗地代码	220183108009JC07004
所在图幅号	比例尺	1：500	
	图幅号	外业测完进行填写	
宗地四至	北：冷逸		
	东：道路		
	南：姜炳熙		
	西：李强		
批准用途	农村宅基地	实际用途	农村宅基地
	地类编码　072		地类编码　072
批准面积(m^2)	土地证为主	宗地面积(m^2) 外业测完进行填写	建筑占地面积(m^2) 外业测完进行填写
			建筑面积(m^2) 外业测完进行填写
使用期限	年　月　日至　年　月　日		
共有/共用权利人情况			

（2）界址标示表

界址标示表主要包括界标类型、界址线类别和位置，界址点号以宗地为单位编号，从宗地左上角界址点开始按顺时针编列。例如：J1，J2，J3，…，J23，J1。界标种类有钢钉、水泥桩和喷涂，位置一般分为内、外和中三种类型，其表样式见表13-3。

（3）界址签章表

界址签章表主要包括指界人、邻宗指界人的签字盖章，同时要附上指界人的身份证复印件。如果与道路、河流等线状地物以及与空地、荒山、荒滩等未确定使用权的国有土地相邻的，参考"宗地四至"填写，日期要填写外业调查指界日期，其表样式见表13-4。

表 13-3　　　　　　　　　　　　　地籍调查表界址标示样表

界址标示表

界址点号	界标种类					界址间距(m)	界址线类别							界址线位置			说明
	钢钉	水泥柱	喷涂	石灰桩			道路	沟渠	围墙	围栏	田埂	墙壁		内	中	外	
J1			✓							✓					✓		
						25.79											
J2			✓							✓						✓	
						18.23											
J3			✓								✓					✓	
						8.35											
J4			✓					✓								✓	
						6.76											
J5			✓						✓							✓	
						25.79											

表 13-4　　　　　　　　　　　　　　　地籍调查表签字表样表

起点号	中间点号	终点号	相邻宗地权利人（宗地代码）	指界人姓名（签章）	指界人姓名（签章）	日期
J1		J2	220183108009JC07003	冷逸	王吉祥	以签字日期为准
J2	J3J4	J5	道路		王吉祥	以签字日期为准
J5		J6	220183108009JC07017	姜炳熙	王吉祥	以签字日期为准
J6	J7	J1	220183108009JC0703	李强	王吉祥	以签字日期为准

（4）调查审核表

调查审核表主要包括权属调查记事、地籍测量记事。权属记事不要包括指界手续情况，如果有纠纷要写清楚纠纷原因。测量记事主要包括测量前的检查情况，包括界标设置、设备、人员等，其表样式见表 13-5。

(三)资料的归档与保管

按照《中华人民共和国档案法》的有关规定，建立完善地籍档案管理制度。首先检查农村集体建设用地使用权、宅基地使用权和地上房屋等建筑物、构筑物的调查及测量工作成果资料整理应查核资料是否齐全、是否符合要求，凡发现资料不全、不符合要求的、应进行补充修正；然后把成果资料按照统一的规格、要求进行整理、立卷、组卷、编目、归档等。每宗用档案袋装放，档案封面填写：土地使用者名称和土地编号、资料的编号、名称目录及页数。

表 13-5　　　　　　　　　　地籍调查表签字表调查审查表样表

调查审核表	
权属调查记事	本宗地界址清楚，权属来源和资料完整齐全合法，与邻宗无任何争议 调查员签名：王青海、许斌日期：×年×月×日
地籍测量记事	界址清楚，仪器精度满足要求，天气晴朗 　　　　　　测量员签名：　日期：×年×月×日
地籍调查结果 审核意见	 　　　　　审核人签名：　审核日期：

(四)关于疑难问题的处理办法

实际作业过程中，多有疑难问题，对于这种情况，要求各组及时做好记录，由本权属组规定时间(一周一次)对问题做统一规整，对于可由项目部技术人员自行解决的问题应及时由本项目部人员共同商讨解决，对于棘手难自行处理的问题规整好及时上报监理部门以期可尽快解决。

13.3　地籍控制测量

13.3.1　地籍控制网基本要求

地籍控制网是为开展地籍碎部测量以及日常地籍测量而布设的测量控制网。地籍控制网的布设，在精度上要满足测定界址点坐标精度的要求，在密度上要满足辖区内地籍碎部测量的要求，在点位埋设上要顾及日常地籍管理的需要。

地籍控制测量坐标系统尽量采用国家统一坐标系统。地籍控制测量坐标系最好选择国家统一的 3°带平面直角坐标系，使城镇地籍控制网成为国家网的组成部分，使地籍测量能充分利用国家控制点的成果。在条件不具备的地区，地籍控制网可采用地方坐标系或任意坐标系。采用任意坐标系时，起算数据应在较大比例尺的地形图或土地利用现状图上图解获取或者用手持 GPS 量测。

在进行地籍控制测量时，应将实地观测值统一投影到高斯正射投影平面上，进行各项改正。为使不同高度水平面的观测值在统一的平面上计算，要求把各项观测值归化至参考椭球面上(或平均海平面上)，以防止发生距离变形。在这一因素的影响下，换算到参考椭球面上(或平均海平面上)的两点坐标反算出的距离，往往与实地上两点间的水平距离不一致(未顾及测量误差的影响)，这就是坐标系统的长度变形问题。地籍平面控制网的任何两点坐标的要求长度变形小于某个限值，例如，每 1km 长度变形小于 2.5cm(即相对变形小于 1/40000)时，这有利于正确测定界址点的坐标、计算面积等。因此，各地区应根据当地的具体情况，选择合适的坐标系统。

13.3.2 首级地籍控制网的布设

首级地籍控制网应能长期使用，因此布设首级地籍控制网的范围应覆盖中长期的城市规划区域。随着全球定位系统(GPS)技术的广泛应用以及 GPS 定位技术具有精度高、速度快、费用省、操作简便、控制点间无需通视等优势，首级平面控制网应优先以 GPS 网形式布设，采用 GPS 接收机测定控制点的坐标，采用 GPS 布网时，已经淡化了"分级布网，逐级控制"的布设原则。作业方式根据点位的等级、精度、点间距离、仪器类型数量等要求采用静态、快速静态定位原理建立 GPS 网。数据处理一般采用随机商用软件，经过基线解算、网平差、投影转换得到 GPS 点在地面坐标系统中的坐标和正常高。特殊情况下，也可以用导线网进行测量，采用全站仪等测定控制点的坐标。首级地籍控制网的精度，要能保证四等网中最弱相邻点的相对点位中误差，以及四等以下各等级控制点相对于上级控制点的点位中误差不超过±5cm。布设首级地籍控制网时，必须先制定技术设计方案，经上级业务主管部门批准后方可实施。

13.3.3 加密控制网的布设

加密控制网应按地籍碎部测量的要求安排计划，可分期、分片布设，也可以一次整体布设完成。加密控制网可以采用 GPS 网或导线网的形式布设。当调查区域范围较大，并要求一次整体布设加密控制网时，一般多采用 GPS 网形式布设，布设导线网时，导线宜布设成直伸形状，当复合导线长度超过《城镇地籍调查规程》规定时，应布设成节点网。节点与节点、节点与高级点之间的导线长度，不应超过复合导线长度的 7/10。由于目前全站仪和 GPS 接收机的广泛应用，GPS 网和地面控制网计算平差软件的功能增强，因此，加密控制网的等级一般不再分级，计算时应整体平差。与地形测量相比，地籍测量要求平面控制点有较高的密度。一般说来，地籍平面控制点的密度每平方千米不少于 10 点。

13.3.4 地籍图根控制网的布设

为满足地籍碎部测量和日常地籍管理的需要，在基本控制(首级网和加密控制网)点的基础上，加密用于直接测图和界址点的控制网称为地籍图根控制网。

1. 地籍图根控制网相对地形测绘图根控制网特点

①地形测绘的图根控制网由测图比例尺决定，不同比例尺测图，图根控制网的要求相差很大。地籍图根控制网布设规格，应满足测量界址点坐标的精度要求，与地籍图的比例尺大小基本无关。

②地形测绘的图根控制点，是为地形碎部测量而布设的，测图完成后，便失去了其作用。因此，埋点时原则上设临时性标志。而地籍图根控制点不仅要为当前的地籍碎部测量服务，同时还要为日常地籍管理(各种变更地籍测量、土地有偿使用过程中的测量等)服务，因此地籍图根控制点原则上应埋设永久性或半永久性标志。地籍图根控制点在内业处理时，应有示意图、点之记描述。

③由于地籍图根控制点密度是根据界址点位置及其密度决定的，几乎所有的道路上都要敷设地籍图根导线。一般说来，地籍图根控制点密度比地形图根控制点密度要大。

2. 地籍图根控制网布设方式

在城镇建成区，通常采用导线布设地籍图根控制网。为减少图根控制点的二次扩展，应优先布设导线网，以一个或几个街区为单位，布设一级地籍图根导线网，然后采用二级复合导线或导线网加密。在建筑物稀少、通视良好的地区，可以采用 RTK 测量。

3. 地籍图根导线布设的几点特殊规定

①当导线长度小于允许长度的 1/3 时，只要求导线全长的绝对闭合差小于 13cm，而不作导线相对闭合差的检查。

②当单导线中的边长短于 10m 时，允许不作导线角度闭合差检查，但不得用该导线的边长及方位作为起算数据布设低一级导线或支点。

③当用电磁波测距仪或电子全站仪测量导线的边长时，导线总长允许放宽。但这时导线全长绝对闭合差不得大于 ±22cm，而相对闭合差：一级地籍图根导线不得大于 1/5000，二级地籍图根导线不得大于 1/3000。

4. 地籍图根控制测量应符合下列规定

当采用静态和快速静态全球定位系统方法时，观测、计算及技术指标的选择按照 CJJ/T8 规定的二级 GPS 点测量的要求执行；

采用 RTK 方法布设图根点时，应保证每一个图根点至少与一个相邻图根点通视；基准站可以是各级别的 CORS，或级别不低于二级的控制点；流动站观测时应采用三脚架对中、整平；为保证 RTK 测量精度，应进行有效检核。有如下的检核方法：每个图根点均应有两次独立的观测结果，两次测量结果的平面坐标差不得大于 ±3cm、高程的较差不得大于 ±5cm，在限差内取平均值作为图根点的平面坐标和高程。这种检核方法适合于县级行政辖区内所有采用 RTK 方法测量的地籍图根控制点。

图根导线测量的起算点可以是二级以上的 GPS 点(含 RTK 点)或导线点；当采用图根导线测量方法时，导线网宜布设成附合单导线、闭合单导线或节点导线网，其主要技术参数见表 13-6。

在布设导线时还应该注意以下几个问题：

①图根导线点用木桩或水泥钢钉作标志，其数量以能满足界址点测量和地籍图测量的要求为准；

②导线上相邻的短边与长边边长之比不小于1/3。

③如导线总长度超限或测站数超限，则其精度技术指标应作相应的提高。

④图根导线按照相应规范进行平差计算。

⑤对于长度变形值大于2.5cm/km的部分区域，当采用附合导线或节点导线网的形式布设时，如果观测数据无误，但导线全长相对闭合差超限，则仅采用闭合导线或支导线的布设形式测设地籍图根控制点。

⑥布设的图根支导线，总边数不超过2条，总长度不超过起算边的2倍。支导线边长往返观测，转折角观测一测回。

13.3.5 控制网的施测

控制测量作业包括技术设计、实地选点、标石埋设、观测和平差计算等主要步骤。

表13-6 图根导线测量技术指标

技术指标		等级	
		一级	二级
附合导线长度/km		1.2	0.7
平均边长/m		120	70
测回数	DJ2	1	
	DJ6	2	1
技术指标		等级	
		一级	二级
测回差	″	18	
方位角闭合差/″		±24	±40
坐标闭合差/m		0.22	0.22
导线全长相对闭合差		1/5000	1/3000

1. 点名及点号

为便于今后的使用，控制网中各等级控制点的点名和点号命名如下：四等以上的点数量不多，除了统一编号如Ⅲ-13、Ⅳ-26以外，还要取点名。点名通常取其所在地或其邻近的地名或单位名，这样便于今后寻找，如水厂Ⅳ-26，天王山Ⅲ-13等。这里的Ⅲ表示三等点，Ⅳ表示四等点。

如果测区大，实际工作时可分片编号，即一个片的编号是另一片的同等级控制点编号最大值后的流水号。在两片间允许跳号。例如，一个片一级图根点编号为C1—C98，另一片一级图根点编号为C100—C195，再一个片一级图根点编号为C200—C261。

另外，同等级的导线点可以统一编号，也可以分别编号。至今编号方法还没有统一的规定，只要有一定的规律就行。它既便于使用，又不会混淆。在测区内不允许有两个点具有相同的点号，但点号允许跳漏；也不允许同一个控制点有两个或两个以上的点号。

点号在选点编定以后，一般不再改动，以后一切工作(如控制点成果表输出、地籍图和宗地图绘制等)都沿用这个点号。

2. GPS 测量外业实施

(1)外业准备

外业准备阶段的主要工作是进行技术设计和选点埋石。技术设计首先应根据有关规程说明、测区范围、测量任务的目的及精度要求，测区已有测量资料的状况以及测区所采用的参考坐标系统，考虑 GPS 技术的特点，在实地踏勘的基础上，优化设计 GPS 网布设方案。还需要根据作业日期的卫星状态图表，制订作业进程安排计划。

GPS 网的各点之间一般不要求通视，但应适当考虑下一级测量对通视的要求。GPS点的点位应选在视野开阔处，要避开高压电线、变电站、电视台等设施，尤其是大面积的水域，以减弱多路径效应的影响，还应尽量选在交通方便的地方。当所选点位需要进行水准联测时，选点人员应实地踏勘水准路线，提出有关建议。

(2)数据观测

GPS 外业施测是指用 GPS 接收机获取 GPS 卫星信号，其主要工作包括天线设置、接收机操作和测站记录等。天线应与周围物体相隔一定的距离。天线的对中、整平应符合精度要求，并应精确地测天线高。为了保证 GPS 观测的质量，在施测前应对 GPS 进行检测，并且宜在 GPS 网中加测部分电磁波测距边。

(3)外业数据整理

外业成果整理包括外业手簿整理、GPS 基线向量解算，并及时计算同步观测环闭合差，非同步多边形闭合差及重复边的较差。检查它们是否超过规定的限差。如果超限，应分析其原因后，进行重测或补测。

3. GPS 控制网平差

GPS 外业计算得到了构成基线向量的三维坐标差 ΔX_{ij}、ΔY_{ij} 和 ΔZ_{ij} 以及它们的协方差阵。在建立 GPS 控制网时，根据地区的特点和需要，建立该地区的坐标系统，或采用该地区原有的坐标系统。为此，常常以已有的地面已知点作为起算点。同时，为了检验和提高 GPS 控制网的精度，还在网中加测了部分高精度电磁波测距边，有时还可能加测有其他地面观测数据，所以，一般来说 GPS 网的平差计算是 GPS 与地面数据的联合平差，因此，在 GPS 网平差时，应考虑 GPS 坐标系统与地面参考坐标系统的尺度和方位的转换关系。GPS 网平差中，通常以待定点在地面参考坐标系统的大地坐标以及尺度和方位转换参数(E_x、E_y、E_z)等作为未知参数。由 GPS 网平差可求得地面参考坐标系中各点的大地坐标，然后将它们变换为相应的高斯平面坐标，并计算点位精度。

13.4　地籍碎部测量及地籍图测绘

13.4.1　界址点测量方法

通常以地籍基本控制点或地籍图根控制点为基础(视界址点精度要求)测定界址点坐

标。具体的方法有极坐标法、交会法、内外分点法、直角坐标法等。在野外作业过程中可根据不同的情况选用不同的方法。

1. 极坐标法

见 7.2 节。

2. 交会法

交会法可分为角度交会法和距离交会法。角度交会法是分别在两个测站上对同一界址点测量两个角度进行交会以确定界址点的位置。角度交会法一般适用于在测站上能看见界址点位置，但无法测量出测站点至界址点的距离。距离交会法就是从两个已知点分别量出至未知界址点的距离以确定出未知界址点的位置的方法。计算的方法是根据余弦定理计算出某夹角，然后推算出方位角，根据极坐标公式计算出未知点坐标。

由于测设的各类控制点有限，因此可用这种方法来解析交会出一些控制点上不能直接测量的界址点。以上两种交会法进行交会时，应有检核条件，即对同一界址点应有两组交会图形，计算出两组坐标，并比较其差值。若两组坐标的差值在允许范围以内，则取平均值作为最后界址点的坐标。或把求出的界址点坐标和邻近的其他界址点坐标反算出的边长与实量边长进行检核，其差值如在规范所允许范围以内，则可确定所求出的界址点坐标是正确的。

3. 内外分点法

当未知界址点在两已知点的连线上时，则分别量测出两已知点至未知界址点的距离，从而确定出未知界址点的位置。如图 13-2 所示，已知 $A(X_A、Y_A)$，$B(X_B、Y_B)$，观测距离 $S_1=AP$，$S_2=BP$，此时可用内外分点坐标公式和极坐标法公式计算出未知界址点 P 的坐标。

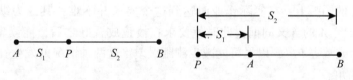

图 13-2 内外分点法

由距离交会图可知：当 $\beta=0$，$S_2<S_{AB}$ 时，可得到内分点图形；当 $\beta=180°$，$S_2>S_{AB}$ 时，可得到外分点图形。

从公式中可以看出，P 点坐标与 S_2 无关，但要求作业人员量出 S_2 以供检核之用，以便发现观测错误和已知点 A、B 两点的错误。由于内外分点法是距离交会法的特例，因此距离交会法中的各项说明、解释和要求都适用于内外分点法。

4. 直角坐标法

直角坐标法又称截距法，通常以一导线边或其他控制线作为轴线，测出某界址点在轴线上的投影位置，量测出投影位置至轴线一端点的位置。如图 13-3 所示，$A(X_A，X_B)$，$B(X_B，Y_B)$ 为已知点，以 A 点作为起点，B 点作为终点，在 A、B 间放上一根测绳或卷尺作为投影轴线，然后用设角器从界址点 P 引设垂线，定出 P 点的垂足 P_1 点，再用鉴定过的

钢尺量出 S_1 和 S_2，之后根据计算公式计算出未知点坐标，这种方法操作简单，使用的工具价格低廉，要求的技术也不高，为确保 P 点坐标的精度，引设垂足时的操作要仔细。

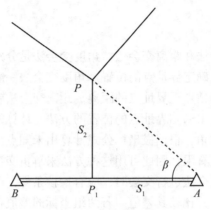

图 13-3　直角坐标法

5. 全站仪坐标法

全站仪实际上测出来的数据只是距离和夹角，根据这些数据再进行换算和自动处理，我们看到的就是坐标，当然前提是全站仪需要进行相应的设置。这些设置主要包括设站、定向和界址点测量三部分。

在用全站仪进行界址点测量时，由于目标是一个有体积的单棱镜，因此会产生目标偏心的问题。偏心有两种情况：其一为横向偏心。如图 13-4 所示，P 点为界址点的位置，P' 点为棱镜中心的位置，A 为测站点，要使 $AP = AP'$，则在放置棱镜时必须使 P、P' 两点在以 A 点为圆心的圆弧上，在实际作业时达到这个要求并不难；其二为纵向偏心。如图 13-5 所示，P、P'、A 的含义同前，此时就要求在棱镜放置好之后，能读出 PP'，用实际测出的距离加上或减去 PP'，以尽可能减少测距误差。这两种情况的发生往往是因为界址点 P 的位置是墙角。

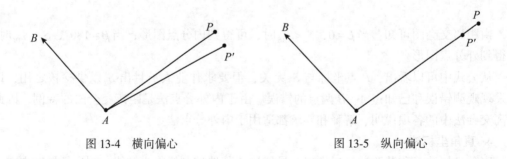

图 13-4　横向偏心　　　　　　　　　　　图 13-5　纵向偏心

6. RTK 坐标法界址点测量

采用实时动态定位方法（RTK）、网络 GPS（RTK 和 CORS）定位方法进行界址点定位。

13.4.2 界址点的外业施测

1. 准备工作

界址点测量的准备工作包括资料准备、野外踏勘和资料整理。

(1)界址点位的资料准备

在土地权属调查时所填写的地籍调查表中详细地说明了界址点实地位置的情况,并丈量了大量的界址边长,草编了宗地号,详细绘有宗地草图。这些资料都是进行界址点测量所必需的。

(2)界址点位置野外踏勘

踏勘时应有参加地籍调查的工作人员引导,实地查找界址点位置,了解权属主的用地范围,并在工作图件上用红笔清晰地标记出界址点的位置和权属主的用地范围。如无参考图件,则要详细画好草图。对于面积较小的宗地,最好能在一张纸上连续画上若干个相邻宗地的用地情况,并充分注意界址点的共用情况。对于面积较大的宗地,要认真地注记好四至关系和共用界址点情况。在画好的草图上标记权属主的姓名和草编宗地号。在未定界线附近则可选择若干固定的地物点或埋设参考标志,测定时按界址点坐标的精度要求测定这些点的坐标值,待权属界线确定后,可据此补测确认后的界址点坐标。这些辅助点也要在草图上标注。

(3)踏勘后的资料整理

这里主要是指草编界址点号和制作界址点观测及面积计算草图。进行地籍调查时,一般不知道各地籍调查区内的界址点数量,只知道每宗地有多少界址点,其编号只标识本宗地的界址点。因此,在地籍调查区内统一编制野外界址点观测草图,并统一编上草编界址点号,在草图上注记出与地籍调查表中相一致的实量边长及草编宗地号或权属主姓名,主要目的是为外业观测记簿和内业计算带来方便。

2. 野外界址点测量的实施

①极坐标法。凡在规定距离内全站仪能观测到的界址点,均可使用极坐标法。

②角度交会法。对于角度观测方便而距离测量有困难或放置棱镜特别耗时的界址点,可采用角度交会法施测,但交会角应控制在 30°~150° 的范围内。

③距离交会法。其他方法施测困难或不能施测的界址点,可采用距离交会法施测,但交会角应控制在 30°~150° 的范围内。此种方法一般用于施测城镇村庄内部的界址点。

④直角坐标法。其他方法施测的界址点,可采用直角坐标法施测,但界址点到控制线的水平距离应小于两个起算点直角的水平距离。此种方法一般用于施测城镇村庄内部的界址点。

⑤全球定位系统(GPS)测量方法。能满足规范精度要求的 GPS 定位方法主要有 GPS 实时动态定位方法(RTK)、网络 GPS(RTK 和 CORS)定位方法。观测时,界址点周围的环境条件符合 GPS 接收机的观测条件。

3. 界址点误差的检验

界址点误差包括界址点点位误差、界址间距误差。计算出界址点点位误差、界址点坐标反算出的边长与地籍调查表中实量的边长之差,检测边长与地籍调查表中实量的边长之差。ΔS_1 和 ΔS_2 为界址点间距误差。

13.4.3　地籍图测绘

1. 地籍图的概述

所谓地籍图是按照特定的投影方法、比例关系和专用符号把地籍要素及其有关的地物和地貌测绘在平面图纸上的图形，是地籍的基础资料之一。通过标识符使地籍图、地籍数据和地籍簿册建立有序的对应关系。

地籍图按表示的内容可分为基本地籍图和专题地籍图；按城乡地域的差别可分为农村地籍图和城镇地籍图；按图的表达方式可分为模拟地籍图和数字地籍图；按用途可分为税收地籍图、产权地籍图和多用途地籍图。经过多年的努力我国已完成制作了城镇分幅地籍图、宗地图、农村居民地地籍图、土地利用现状图、土地所有权属图等。

2. 地籍图的特点

相对于地形图而言地籍图具有自己显著的特点，主要表现为以下几点：

①从内容上说，地籍图包括地籍要素和必要的地物要素，一般不表示地形要素（等高线、地形点）。而地形图主要包括地物要素和地形要素。

②在精度方面地籍图的精度要比地形图高。

③工作量大。由于地籍图精度要求高于地形图，所以无论是测量方法、测量流程上还是数据处理上要远远比地形图复杂，所以从工作量上说，地籍图工作量远高于地形测图。

④应用范围小。地籍图是一种土地管理图，内容以地籍要素为主，应用范围也主要是地籍管理和土地登记。而地形图是一种基础图件，应用范围比较广。

⑤地籍图是一种具有法律效力的技术资料。

3. 地籍图比例尺

选择地籍图比例尺的依据：①繁华程度和土地价值，②建设密度和细部要求，③测量方法。根据我国的国情，我国地籍图比例尺系列一般规定为：城镇地区（指大、中、小城市及建制镇以上地区）地籍图的比例尺选用 1：500、1：1000、1：2000，其基本比例尺为 1：1000；农村地区（含土地利用现状图和土地所有权属图）地籍图的测图比例尺可选用 1：5000、1：1 万、1：2.5 万、1：5 万。

4. 地籍图的内容及表示方法

地籍图的内容包括行政区划要素、地籍要素、地形要素、数学要素和整饰要素。

（1）行政区划要素

行政区划要素主要指行政区界线和名称，不同等级的行政界线重合时要遵循高级覆盖低级的原则，只表示高级界线，在拐点处不得间断。对地籍图进行分幅时，乡镇的驻地除了注记名称外，还得在内外图廓线之间、行政界线和内图廓的交会处的两边注记乡镇的名称，地籍图上不注记行政区代码和邮编。

（2）地籍要素

界址是地籍中的主要要素，它主要包括各级行政界址和土地权属界址。不同等级的行政境界相重合时只表示高级行政境界，境界线在拐角处不得间断，应在转角处绘出点或线。当土地权属界址线与行政界线、地籍区（街道）界或地籍子区（街坊）界重合时，应结合线状地物符号突出表示土地权属界址线，行政界线可移位表示。为了便于管理和数据入库，地籍要素需要编号主要包括街道(地籍区)号、街坊(地籍子区)号、宗地号或地块号、房屋栋号、土地利用分类代码、土地等级等，分别注记在所属范围内的适中位置，当被图幅分割时应分别进行注记。如宗地或地块面积太小注记不下时，允许移注在宗地或地块外空白处并以指示线标明。地籍要素除了界址外还有土地坐落和土地权属主名，土地坐落一般由行政区名、街道名(或地名)及门牌号组成。门牌号除在街道首尾及拐弯处注记外，其余可跳号注记；土地权属主名称选择较大宗地注记土地权属主名称。

(3)地形要素

地形要素主要包括界标地物、建筑物、露天设备、道路、独立地物、通信系统、水系等，下面分别介绍每一种地物所包含的主要内容。

①作为界标物的地物包括围墙、道路、房屋边线及各类垣栅等。

②建筑物，绘出固定建筑物的占地状况，临时性的建筑物可以舍去。

③工矿企业露天设备、粮仓、公共设施、广场、空地等绘出其用地范围界线，内置相应符号和材质。

④道路，要绘出道路的边线。与道路相连接的桥梁、涵洞等要在地籍图上表示。

⑤塔、亭、碑、像、楼等独立地物应择要表示，图上占地面积大于符号尺寸时应绘出用地范围线，内置相应符号或注记。公园内一般的碑、亭、塔等可不表示。

⑥电力线、通信线及一般架空管线不表示，但占地塔位的高压线及其塔位应表示。

⑦大面积绿化地、街心公园、园地等应表示。

⑧水系，河流、湖泊、坑塘等水域在地籍图上绘出其边界。

⑨地理注记，除地籍要素外，选择性地注记一些地名、地物名称。

(4)数学要素

数学要素包括内外图廓，内图廓点坐标、坐标各位、控制点、比例尺、坐标系等。

(5)整饰要素

整饰要素是一组为方便使用而附加的文字和工具性资料，常包括外图廓、图名、接图表、图例、坡度尺、三北方向、图解和文字比例尺、编图单位、编图时间和依据等。

13.5　面积的量算与汇总

13.5.1　地籍数据的面积量算

面积量算是地籍图与房产图测绘过程中必不可少的工作。为了使面积量算工作做到准确无误，一般要求分级量算，分级平差。目前，面积的计算方法主要采用几何图形法和坐标法。

几何图形法是根据实地测量的有关边、角元素进行面积计算的方法。将较规则的图形分割成简单的几何图形，如三角形、梯形、矩形等，然后分别计算简单图形的面积并求和，即可得到所要量算图形的面积。在房产测量中一般采用这种方法。

坐标法是指对不规则的地块，利用界址点的测量方法测定其边界转折点的坐标，并依次排序，然后利用坐标法的面积计算公式，计算地块的面积，详见 7.3 节。

1. 地籍测量面积量算的主要目的和内容

面积量算的主要目的是为土地登记发证、汇总统计、出让、转让、征用土地等提供宗地准确面积数据。同时面积数据还是调整土地利用结构、合理分配土地、收取土地税费的依据，是制订国民经济计划、农业区划、土地利用规划的基础数据。面积数据经土地登记后，具有法律效力。

在地籍测量中面积量算的主要内容包括：行政辖区的总面积、宗地面积、地类面积、宗地内建筑占地面积、建筑面积量算与面积汇总统计等。

2. 面积量算的要求和平差方法

土地面积测算，无论采用哪种方法，均应独立进行两次测算（坐标法除外）。两次测算结果的较差要求与测算方法和面积大小有关。

土地面积的平差应遵循"从整体到局部，层层控制，逐级按比例平差"的原则。

①按两级控制、三级测算。第一级：以图幅理论面积为首级控制。当各区块（街坊或村）面积之和与图幅理论面积之差小于限差值时，将闭合差按面积比例配赋给各区块，得出各分区的面积。第二级：以平差后的区块面积为二级控制。当测算完区块内各宗地（或图斑）面积之后，其面积和与区块面积之差小于限差值时，将闭合差按面积比例配赋给各宗地（或图斑），则得宗地（或图斑）面积的平差值。

②在图幅或区块内，采用解析法测算的地块面积，只参加闭合差的计算，不参加闭合差的配赋。

13.5.2 地籍数据的面积汇总

面积测算工作结束之后，要对测算的原始资料加以整理、汇总。整理、汇总后的面积才能为土地登记、土地统计提供基础数据，为社会提供服务。

面积汇总包括宗地（块地）面积汇总和城镇土地分类面积汇总，宗地（块地）面积汇总以地籍区为单位，按地籍子区的次序进行；同一地籍子区内按先宗地后地块的方式，依其编号的次序进行编列汇总，形成以地籍区为单位宗地（快地）面积汇总表。

城镇土地分类面积汇总以地籍区为单位，按土地利用类别进行，由地籍子区开始，逐级汇总统计街道、城镇土地分类面积，形成城镇土地分类面积统计表。

13.6 地籍数据入库

在权属调查、房屋调查、地籍测量以及房产测量的基础上，将所形成的图、表、卡、册和有关法律文书纳入数字管理。依据《地籍调查规程》（TD/T 1001—2012）和《城镇地籍数据库标准》（TD/T 1015—2007），建立集图形、属性、电子档案为一体的数据库。

对于《城镇地籍数据库标准》（TD/T 1015—2007）中不存在，但必不可少的属性字段，根据需要在《城镇地籍数据库标准》（TD/T 1015—2007）基础上进行自定义扩充。

地籍数据库一般涉及以下一些定义和名词：

①要素：真实世界现象的抽象。

②类：具有共同特性和关系的一组要素的集合。

③层：具有相同应用特性的类的集合。

④标识码：对某一要素个体进行唯一标识的代码。

⑤土地利用：人类通过一定的活动，利用土地的属性来满足自己需要的过程。

⑥矢量数据：用 x，y（或 x，y，z）坐标表示地图图形或地理实体的位置和形状的数据。

⑦栅格数据：按照栅格单元的行和列排列的有不同"灰度值"的像片数据。

⑧图形数据：表示地理物体的位置、形态、大小和分布特征以及几何类型的数据。

⑨属性数据：描述地理实体质量和数量特征的数据。

⑩元数据：关于数据的数据，用于描述数据的内容、覆盖范围、质量、管理方式、数据的所有者、数据的提供方式等有关的信息。

13.6.1 数据库建设流程

数据库建设一般包括资料的收集整理、数据的分类、图形数据拓扑、闭合等检查、数据逻辑性的检查、图像资料的扫描整理等内容，地籍数据库建设的一般流程如图 13-6 所示。数据整理主要包括包括属性数据和图形数据两个方面。

1. 属性数据整理

属性数据整理主要是完整性和逻辑性检查，地籍数据库属性主要包括：

①检查属性数据的完整性，对达不到建库要求的档案加以补充、完善。

②检查地籍区号、地籍子区号、宗地号的唯一性，改正重号、错号。

③检查属性数据逻辑一致性，保证与地图关联的一致性。

2. 图形数据整理

图形数据是地籍数据库中非常重要的一项数据，它涉及的内容比较多，包括拓扑关系、图形面积、图数关联、坐标转换等，一般包括：

①地籍数据分层编码与建库有关规定兼容；

②界址线拓扑关系正确；

③地籍要素图形与地理要素图形关联的一致性；

④图形与属性数据关联的一致性；

⑤各类图形的编码与符号符合规程和图式的要求；

⑥各类注记与图形的对应关系正确。

13.6.2 属性数据的采集与处理

属性数据即空间实体的特征数据，一般包括名称、等级、数量、代码等多种形式，地籍属性数据的处理一般包括以下内容：

①将宗地属性内容通过统一软件录入，再导成 mdb 格式数据。检查属性数据的完整性，对达不到建库要求的档案加以补充、完善；检查地籍区号、地籍子区号、宗地号的唯一性，改正重号、错号；检查属性数据的逻辑一致性、保证与地籍图关联的一致性。

②权属要素的标识码，数据编码由入库软件自动生成；地籍调查表内容需要手动录入

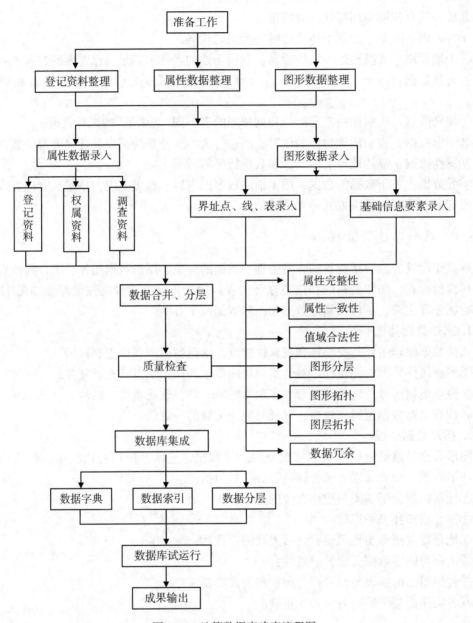

图 13-6　地籍数据库建库流程图

库中；

③矢量的影像数据加载到数据库中。

④数据库录入过程的属性对应检查，从宗地的图形将地类码、宗地面积、权利人等属性提取，与纸制的档案资料相同的字段内容比对，要求完全一致，如发现不一致的情况，录入人员与调查人员联系核实、校对、修改，用数据库自带的拓扑检查功能校检录入数据的全面性与准确性。

13.6.3　图形数据的采集与处理

空间数据采集的任务包括对地图数据、野外实测数据、空间定位数据、摄影测量与遥感图像、多媒体数据等进行采集。将现有的地图、外业观测成果、航空像片、遥感图片数据、文本资料等转换成 GIS 可以接受的数字形式，地籍测量的空间数据处理主要包括以下几个方面：

①使用统一软件编辑成图。

②在图形数据中准确表达宗地、房屋、界址点、界址线、地类图斑、道路、围墙等要素的位置及关系。

③对图形数据进行拓扑错误检查；界址线闭合检查，界址线与有关房屋、围墙的重合情况检查；数据分层正确性检查；图面整饰要素检查。

④矢量图形数据文件转换，转换时利用编辑好的程序模板直接分层。转换的结果以地籍子区为单位矢量图形数据文件。处理过程始终贯穿图形检查，主要采用人机交换式将转换后的数据对照原图，对转换出现的问题及时修改。

⑤地类图斑层的编辑，以地籍子区为单位按土地用途，对全部调查区域其中包括道路、绿地、空地、旱地、林地、园地等划分图斑，并拓扑成区。一般在一个权属单位内保留一种用地类型。

地类图斑编号一般根据地籍子区从上到下，从左到右统一编号。方法是在土地利用要素下面，右键"地类图斑"节点，选择"重编地类图斑编号"，将自动获取图斑编号。

13.6.4　数据库成果

地籍数据作为完整的数据包统一汇交，包括空间数据、非空间数据和文档材料。

1. 空间数据

空间数据包括地籍区、地籍子区、乡镇(街道)行政区划、所有权宗地、使用权宗地、房屋。

2. 非空间数据

非空间数据包括宗地、宗地权利人、房屋权利人、他项权利、查封解封等数据表，以及数据库的元数据。

3. 文档材料

地籍数据库整理汇交工作报告，地籍数据库整理汇交技术报告，地籍区和地籍子区划分说明。另外还有数据字典、建库区的图幅结合表、各种专题数据和基础地理要素信息等。

复习思考题

1. 地籍(多用途地籍)，其含义是什么？
2. 地籍测量的含义和内容分别是什么？
3. 土地权属的确认方式有哪几种？

4. 简述宗地的概念和划分原则。

5. 简述土地权属调查的内容和基本程序。

6. 试述实测土地权属界址点坐标的原理、方法和应用条件。

7. 什么是地籍图？我国现在主要测绘制作的地籍图有哪些？

8. 简述地籍图的内容及表示方法。

9. 地籍数据入库前，数据整理一般包括哪些内容？

第 14 章　地理信息系统技术及其在地学中的应用

在国民经济建设和社会发展的实践活动以及人们日常生活所接触和利用的现实世界中，约有 80% 的信息与地理位置和属性及其时空分布有关；而地理信息系统（Geographic Information Systems，GIS）的产生和发展，正在深刻改变着人类社会的生产和生活方式。GIS 是多种学科交叉的产物，它以地理空间为基础，采用地理模型分析方法，实时提供多种空间和动态的地理信息，是一种为地理研究和地理决策服务的计算机技术系统。其基本功能是将具有空间属性的数据转换为地理图形显示，然后对显示结果浏览、操作和分析。其显示范围可以从洲际地图到非常详细的街区地图，现实对象包括人口、销售、运输线路以及其他内容。

14.1　地理信息系统技术简介

地理信息系统（GIS）技术是近些年迅速发展起来的一门空间信息分析技术，在资源与环境应用领域中，发挥着技术先导作用。GIS 技术不仅可以有效地管理具有空间属性的各种资源环境信息，对资源环境管理和实践模式进行快速和重复的分析测试，便于制定决策、进行科学和政策的标准评价，而且可以有效地对多时期的资源环境状况及生产活动变化进行动态监测和分析比较，也可将数据收集、空间分析和决策过程综合为一个共同的信息流，明显地提高工作效率和经济效益，为解决资源环境问题及保障可持续发展提供技术支持。

地理信息系统技术是一门综合性的技术，它的发展是与地理学、地图学、摄影测量学、遥感技术、数学和统计科学、信息技术等有关学科的发展分不开的。GIS 的发展可分为四个阶段：第一个阶段是初始发展阶段，20 世纪 60 年代世界上第一个 GIS 系统由加拿大测量学家 R. F. Tomlison 提出并建立，主要用于自然资源的管理和规划；第二个阶段是发展巩固阶段，20 世纪 70 年代由于计算机硬件和软件技术的飞速发展，尤其是大容量存储设备的使用，促进了 GIS 朝实用的方向发展，不同专题、不同规模、不同类型的各具特色的地理信息系统在世界各地纷纷付诸研制，如美国、英国、德国、瑞典和日本等国对 GIS 的研究都投入了大量的人力、物力和财力；第三个阶段是推广应用阶段，20 世纪 80 年代，GIS 逐步走向成熟，在全世界范围内全面推广，应用领域不断扩大，并与卫星遥感技术结合，开始应用于全球性的问题，这个阶段涌现出一大批 GIS 软件，如 ARC/INFO，GENAMAP，SPANS，MapInfo，ERDAS，Microstation 等；第四个阶段是蓬勃发展阶段，20 世纪 90 年代，随着地理信息产品的建立和数字化信息产品在全世界的普及，GIS 成为确定性的产业，并逐渐渗透到各行各业，成为人们生活、学习和工作不可缺少的工具和助手。

地理信息系统的研制与应用在我国起步较晚，虽然历史较短，但发展势头迅猛。我国 GIS 的发展可分为三个阶段。第一阶段从 1970 年到 1980 年，为准备阶段，主要经历了提出倡议、组建队伍、培训人才、组织个别实验研究等阶段。机械制图和遥感应用为 GIS 的研制和应用做了理论和技术上的准备。第二阶段从 1981 年到 1985 年，为起步阶段，完成了技术引进、数据规范和标准的研究、空间数据库的建立、数据处理和分析算法及应用软件的开发等环节，对 GIS 进行了理论探索和区域性的实验研究。第三个阶段从 1986 年到 2013 年，为初步发展阶段，我国 GIS 的研究和应用进入有组织、有计划、有目标的阶段，逐步建立了不同层次、不同规模的组织机构、研究中心和实验室。GIS 研究逐步与国民经济建设和社会生活需求相结合，并取得了重要进展和实际应用效益。主要表现在四个方面：

①制定了国家地理信息系统规范，解决信息共享和系统兼容问题，为全国地理信息系统的建立做准备；

②应用型 GIS 发展迅速；

③在引进的基础上扩充和研制了一批软件；

④开始出版有关地理信息系统理论、技术和应用等方面的书籍，设立了地理信息系统专业，培养了大批人才，并积极开展国际合作，参与全球性地理信息系统的讨论和实验。

在科技部等国家有关部门的大力组织和支持下，国产 GIS 基础软件开发工作取得了重要进展，出现了一批 GIS 高技术企业，开发出了较为成熟的国产 GIS 软件，如 MapGIS、GeoStar、CityStar、SuperMap 等，并形成了一定的产业规模。这些国产 GIS 软件以较高的性价比，打破了国外 GIS 软件对我国市场的垄断，有力促进了我国地理信息系统技术的发展。这些年，GIS 技术在我国得到了广泛应用，其应用面从传统的城市规划、土地利用、测绘、环境保护、电力、电信、减灾防灾等领域渗透到矿产资源调查、海洋资源调查与管理等各方面，取得了丰硕的成果和巨大的经济效益。当前，国家有关部门正逐步将 GIS 嵌入到电子政务系统中。

随着计算机和信息技术的快速发展，GIS 技术得到了迅猛的发展。GIS 系统正朝着专业或大型化、社会化方向不断发展着。"大型化"体现在系统和数据规模两个方面；"社会化"则要求 GIS 要面向整个社会，满足社会各界对有关地理信息的需求，简言之，就是"开放数据"、"简化操作"，"面向服务"，通过网络实现从数据乃至系统之间的完全共享和互动。下面我们从地理信息系统技术角度来讨论和分析当前 GIS 的相关技术及其发展趋势。

14.2　地理信息系统数据组织

数据结构(Data Structure)即为数据组织的形式，是适合于计算机存储、管理和处理的数据逻辑结构。空间数据结构(Spatial Data Structure)则是地理实体的空间排列方式和相互关系的抽象描述；空间数据结构是 GIS 沟通信息的桥梁，只有充分理解 GIS 所采用的特定数据结构，才能正确有效地使用 GIS。目前，GIS 的空间数据结构主要包括矢量(Vector)和栅格(Raster)两种。

14.2.1 矢量数据

矢量数据是通过记录坐标的方式尽可能精确地表示点、线、面、体等地理实体，坐标空间设为连续，允许任意位置、长度和面积的精确定义。

1. 矢量数据的输入方式

矢量数据的常见输入方式包括：

①利用各种定位仪器采集空间坐标数据(GPS、平板测图仪)，依此来描述点、线、面等地理实体的空间位置；

②通过栅格数据转换而来，此方法在利用遥感数据动态更新 GIS 数据库时常用；

③通过纸质地图数字化得到；

④通过已有的数据进行模型计算得到。

2. 矢量数据的输出方式

矢量制图通常采用矢量数据方式输入，根据坐标数据和属性数据将其符号化，然后通过制图指令驱动制图设备；也可以采用栅格数据作为输入，将制图范围划分为单元，在每一单元中通过点、线构成颜色、模式表示，其驱动设备的指令依然是点、线。矢量制图指令在矢量制图设备上可以直接实现，也可以在栅格制图设备上通过插补，将点、线指令转化为需要输出的点阵单元，其质量取决于制图单元的大小。

3. 矢量数据编码

(1)点实体

点实体包括由单独一对 x，y 坐标定位的一切地理或制图实体。在矢量数据结构中，除点实体的 x，y 坐标外还应存储其他一些与点实体有关的属性数据来描述点实体的类型、制图符号和显示要求等。点是空间上不可再分的地理实体，可以是具体的也可以是抽象的，如野外地质露头点、GPS 采集点、道路交叉点等，如果点是一个与其他信息无关的符号，则记录时应包括符号类型、大小、方向等有关信息；如果点是文本实体，记录的数据应包括字符大小、字体、排列方式、比例、方向以及与其他非图形属性的联系方式等信息。

(2)线实体

线实体可以定义为直线元素组成的各种线型要素，直线元素由两对及以上的 x，y 坐标定义。最简单的线实体只存储它的起止点坐标、属性、显示符等有关数据。弧、链是 n 个坐标对的集合，这些坐标可以描述任何连续而又复杂的曲线。组成曲线的线元素越短，x，y 坐标数量越多，就越逼近于一条复杂曲线，既要节省存储空间，又要求较为精确地描绘曲线，唯一的办法是增加数据处理工作量。线实体主要用来表示线状地物(公路、水系、山脊线等)、符号线和多边形边界，有时也称为"弧"、"链"、"串"等。

(3)面实体

多边形(有时称为区域或面实体)数据是在二维平面空间描述地理空间信息的最重要一类数据。在区域实体中，具有名称属性和分类属性的，多用多边形表示，如行政区域、土地类型、矿产分布等；具有标量属性的，有时也用等值线来描述（如地形起伏、降水量等）。多边形矢量编码，不但要表示位置和属性，更重要的是能表达区域的拓扑特征，如形状、邻域和层次结构等，以便使这些基本的空间单元可以作为专题图的资料进行显示和操作，由于要表达的信息十分丰富，基于多边形的运算量大而复杂，因此多边形矢量编码比点和线实体的矢量编码要复杂得多，也更为重要。

（4）体实体

体实体是指具有三维坐标(x, y, z)的空间对象，具有长、宽、高等属性，通常用来表示人工或自然的三维目标，如建筑物、矿体等三维目标。体实体不属于本教材的主要研究内容，感兴趣者可查阅相关书籍。

4. 矢量数据的拓扑关系

在 GIS 中，为了真实地反映地理实体，不仅要包括实体的位置、形状、大小和属性，还必须反映实体之间的相互关系。这些关系是指它们之间的邻接关系、关联关系和包含关系等拓扑关系。

拓扑关系在地图上是通过图形来识别和解释的，而在计算机中，则必须按照拓扑结构加以定义。

①邻接关系：空间图形中同类元素之间的拓扑关系。

②关联关系：空间图形中不同元素之间的拓扑关系。

③包含关系：空间图形中同类但不同级元素之间的拓扑关系。

点、线、面矢量数据之间的关系，代表了空间实体之间的位置关系。分析点、线、面三种类型的数据，得出其可能存在的空间关系有以下几种：

（1）点-点关系

点和点之间的关系主要有两点（通过某条线）是否相连，两点之间的距离是多少；如城市中某两个点之间可否有通路，距离是多少。这是在现实生活中最为常见的点和点之间的空间关系问题。

（2）点-线关系

点和线的关系主要表现在点和线的关联关系上。如点是否位于线上，点和线之间的距离，等等。

（3）点-面关系

点和面的关系主要表现在空间包含关系上。如某个村庄是否位于某个县内，或某个县共有多少个村庄。

（4）线-线关系

线和线是否邻接、相交是线和线关系的主要表现形式。如河流和铁路的相交，两条公路是否通过某个点邻接。

（5）线-面关系

线和面的关系表现为线是否通过面或与面关联或包含在面之内。

（6）面-面关系

面和面之间的关系主要表现为邻接和包含的关系。

矢量数据的拓扑关系，对数据处理和空间分析具有重要的意义，因为：

①根据拓扑关系，可以确定一种空间实体相对于另一种空间实体的位置关系。拓扑关系能清楚地反映实体之间的逻辑结构关系，它比几何数据具有更大的稳定性，不随地图投影而变化。

②利用拓扑关系有利于空间要素的查询，例如，某条铁路通过哪些地区，某县与哪些县邻接等。又如分析某河流能为哪些地区的居民提供水源，某湖泊周围的土地类型及对生物栖息环境做出评价等。

③可以根据拓扑关系重建地理实体。例如，根据弧段构建多边形，实现道路的选取，进行最佳路径的选择等。

14.2.2　栅格数据

栅格结构是最简单最直观的空间数据结构，又称为网格结构(raster 或 grid cell)或像元结构(pixel)，是指将地球表面划分为大小均匀、紧密相邻的网格阵列，每个网格作为一个像元或像素，由行、列号定义，并包含一个代码，表示该像素的属性类型或量值，或仅仅包含指向其属性记录的指针。因此，栅格结构是以规则的阵列来表示空间地物或现象分布的数据组织，组织中的每个数据表示地物或现象的非几何属性特征。如图 14-1 所示，在栅格结构中，点用一个栅格单元表示；线状地物则用沿线走向的一组相邻栅格单元表示，每个栅格单元最多只有两个相邻单元在线上；面或区域用记有区域属性的相邻栅格单元的集合表示。

0	0	0	0	9	0	0	0
0	0	0	9	0	0	0	0
0	0	0	9	0	7	7	0
0	0	0	9	0	7	7	0
0	6	9	0	7	7	7	7
0	9	0	0	7	7	7	0
0	9	0	0	7	7	7	0
9	0	0	0	0	0	0	0

图 14-1　点、线、面数据的栅格结构表示

每个栅格单元可有多于两个的相邻单元同属一个区域。任何以面状分布的对象(土地利用、土壤类型、地势起伏、环境污染等)，都可以用栅格数据逼近。遥感影像就属于典型的栅格结构，每个像元的数字表示影像的灰度等级。

1. 栅格数据的输入与输出

(1)扫描仪简介

扫描仪是直接将图形(如地形图、地质图)和图像(如遥感影像、胶片相片)扫描输入到计算机中，以像素信息进行存储表示的设备。按其所支持的颜色分类，可分为单色扫描仪和彩色扫描仪；按所采用的固态器件又分为电荷耦合器件(CCD)扫描仪、MOS 电路扫描仪、紧贴型扫描仪等；按扫描宽度和操作方式分为大型扫描仪、台式扫描仪和手动式扫

描仪。

（2）扫描过程

扫描时，必须先进行扫描参数的设置，包括：

①扫描模式的设置（分二值、灰度、百万种彩色），对地形图扫描一般采用二值扫描或灰度扫描。对彩色航片或卫片采用百万种彩色扫描，对黑白航片或卫片采用灰度扫描；

②扫描分辨率的设置，根据扫描要求，对地形图的扫描一般采用 300dpi 或更高分辨率；

③针对一些特殊的需要，还可以调整亮度、对比度、色调、GAMMA 曲线等；

④设定扫描范围。

扫描参数设置完后，即可通过扫描获得某个地区的栅格数据。因为通过扫描获得的是栅格数据，所以数据量比较大。如一张地质图采用 300dpi 灰度扫描其数据量就有 20MB 左右。除此之外，扫描获得的数据还存在着噪声和中间色调像元的处理问题。噪声是指不属于地图内容的斑点污渍和其他模糊不清的东西形成的像元灰度值。噪音范围很广，没有简单有效的方法加以完全消除，有的软件能去除一些小的脏点，但有些地图内容如小数点等和小的脏点很难区分。对于中间色调像元，则可以通过选择合适的阈值选用一些软件如 Photoshop 等来处理。

（3）图像输出

打印输出一般是直接由栅格方式进行的，可利用以下几种打印机：

①行式打印机：打印速度快，成本低，但通常还需要由不同的字符组合表示像元的灰度值，精度太低，十分粗糙，且横纵比例不一，总比例也难以调整，是比较落后的方法。

②点阵打印机：点阵打印可用每个针打出一个像元点，可打印精美的、比例准确的彩色地图，且设备便宜，成本低，速度与矢量绘图相近，但渲染图比矢量绘图均匀，便于小型 GIS 采用，但主要问题是幅面有限，大的输出图需拼接。

③喷墨打印机（亦称喷墨绘图仪）：是十分高档的点阵输出设备，输出质量高、速度快，随着技术的不断完善与价格的降低，目前已经取代矢量绘图仪的地位，成为 GIS 产品主要的输出设备之一。

④激光打印机：是一种既可用于打印又可用于绘图的设备，其绘图的基本特点是高品质、快速，代表了计算机图形输出的发展方向。

⑤3D 打印机：是一种以数字模型文件为基础，运用粉末状金属或塑料等可粘合材料，通过逐层打印的方式来构造物体的技术。3D 打印机与传统打印机最大的区别在于它使用的"墨水"是实实在在的原材料，过去其常在模具制造、工业设计等领域被用于制造模型，现正逐渐用于一些产品的直接制造，意味着这项技术正在普及。3D 打印将是未来三维 GIS 产品输出的重要技术手段。

2. 栅格数据的基本特征

栅格数据结构的显著特点是"属性明显、位置隐含"，即数据直接记录属性的指针或属性本身，而所在位置则根据行列号转换为相应的坐标给出，也就是说定位是根据数据在数据集中的位置得到的。由于栅格结构是按一定的规则排列的，所表示实体的位置很容易隐含在网格文件的存储结构中，每个存储单元的行列位置可以方便地根据其在文件中的记录位置得到，且行列坐标可以很容易地转换为其他坐标系下的坐标。在网格文件中每个代码本身明确地代表了实体的属性或属性的编码，如果为属性的编码，则该编码可作为指向实体属性表的指针。由于栅格阵列容易为计算机存储、操作和显示，因此这种结构容易实现，算法简单，且易于扩充、修改，也很直观，特别是易于同遥感影像结合处理，给地理空间数据处理带来了极大的方便，受到普遍欢迎，许多 GIS 都部分和全部采取了栅格结构，栅格结构的另一个优点是，特别适合于 C/C++、JAVA/C#等高级程序设计语言作为文件或矩阵处理，这也是栅格结构易于为多数 GIS 设计者所接受的重要原因之一。

栅格结构表示的地表是不连续的，是量化和近似离散的数据。在栅格结构中，地表被分成相互邻接、规则排列的矩形方块（特殊的情况下也可以是三角形或菱形、六边形等（如图 14-2 所示），每个地块与一个栅格单元相对应。栅格数据的比例尺就是栅格大小与地表相应单元大小之比。在许多栅格数据处理时，常假设栅格所表示的量化表面是连续的，以便使用某些连续函数。由于栅格结构对地表的量化，在计算面积、长度、距离、形状等空间指标时，若栅格尺寸较大，则会造成较大的误差，同时由于在一个栅格的地表范围内，可能存在多于一种的地物，而表示在相应的栅格结构中常常只能是一个代码，这类似于遥感影像的混合像元问题。

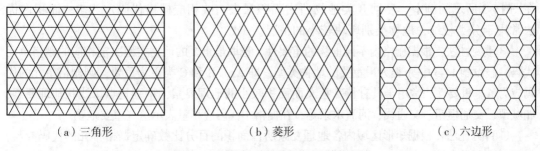

（a）三角形　　　　　　　（b）菱形　　　　　　　（c）六边形

图 14-2　栅格数据结构的几种其他形式

栅格数据主要可由四个途径得到，即

①目读法：在专题图上均匀划分网格，逐个网格地决定其代码，最后形成栅格数字地图文件；

②数字化仪手扶或自动跟踪数字化地图，得到矢量结构数据后，再转换为栅格结构；

③扫描数字化：逐点扫描专题地图，将扫描数据重采样和再编码得到栅格数据文件；

④分类影像输入：将经过分类解译的遥感影像数据直接或重采样后输入系统，作为栅格数据结构的专题地图。

在转换和重新采样时，需尽可能保持原图或原始数据精度，通常有两种办法：

第一，在决定栅格代码时尽量保持地表的真实性，保证最大的信息容量。图 14-3 所示的一块矩形地表区域。内部含有 A、B、C 三种地物类型，O 点为中心点，将这个矩形区域近似地表示为栅格结构中的一个栅格单元时，可根据需要，采取如下方案之一决定该栅格单元的代码：

①中心点法：用处于栅格中心处的地物类型或现象特性决定栅格代码。在图 14-3 所

示的矩形区域中，中心点 O 落在代码为 C 的地物范围内，按中心点法的规则，该矩形区域相应的栅格单元代码应为 C，中心点法常用于具有连续分布特性的地理要素，如降雨量分布、人口密度图等。

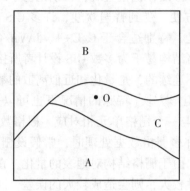

图 14-3 栅格单元代码的确定

②面积占优法：以占矩形区域面积最大的地物类型或现象特性决定栅格单元的代码。在图 14-3 所示的例中，显见 B 类地物所占面积最大，故相应栅格代码定为 B。面积占优法常用于分类较细，地物类别斑块较小的情况。

③重要性法：根据栅格内不同地物的重要性，选取最重要的地物类型决定相应的栅格单元代码。假设图 14-3 中 A 类为最重要的地物类型，即 A 比 B 和 C 类更为重要，则栅格单元的代码应为 A。重要性法常用于具有特殊意义而面积较小的地理要素，特别是点、线状地理要素，如城镇、交通枢纽、交通线、河流水系等，在栅格中代码应尽量表示这些重要地物。

④百分比法：根据矩形区域内各地理要素所占面积的百分比数确定栅格单元的代码参与，如可记面积最大的两类 BA，也可根据 B 类和 A 类所占面积百分比数在代码中加入数字。

第二，是缩小单个栅格单元的面积，即增加栅格单元的总数，行列数也相应地增加。这样，每个栅格单元可代表更为精细的地面矩形单元，混合单元减少。混合类别和混合的面积都大大减小，可以大大提高量算的精度；接近真实的形态，表现更细小的地物类型。

然而增加栅格个数、提高数据精度的同时也带来了一个严重的问题，那就是数据量的大幅度增加，数据冗余严重。为了解决这个难题，已发展了一系列栅格数据的压缩编码方法，如链式编码、游程长度编码、块状编码和四叉树编码等。

14.3 常用地理信息系统软件简介

14.3.1 国外 GIS 软件

1. ArcGIS

美国 ESRI 公司在全面整合了 GIS 与数据库、软件工程、人工智能、网络技术及其他多方面的计算机主流技术之后成功地推出了代表 GIS 最高技术水平的全系列 GIS 平台

ArcGIS。ArcGIS 是一个统一的地理信息系统平台(图 14-4)，由三个重要部分组成：

①ArcGIS 桌面软件：一个一体化的、高级的 GIS 应用；

②ArcSDE 通路：一个用数据库管理系统(DBMS)管理空间数据库的接口；

③ArcIMS 软件：基于 Internet 的分布式数据和服务的 WebGIS。

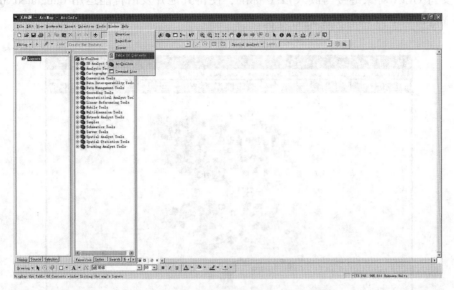

图 14-4　ArcGIS 界面图(来源：百度图库)

其中，ArcGIS 桌面软件是指 ArcView、ArcEditor 和 ArcInfo，它们分享通用的结构、通用的代码基础、通用的扩展模块和统一的开发环境，从 ArcView 到 ArcEditor 到 ArcInfo 的功能由简到繁。所有的 ArcGIS 桌面软件都由一组相同的应用环境构成：ArcMap、ArcCatalog 和 ArcToolbox。通过这三个应用的协调工作可以完成任何从简单到复杂的 GIS 工作，包括制图、数据管理、地理分析和空间处理。还包括与 Internet 地图和服务的整合、地理编码、高级数据编辑、高质量的制图、动态投影元数据管理、基于向导的截面和对近 40 种数据格式的直接支持等。此外，通过 ArcIMS 和 ArcSDE，ArcGIS 还可以获取更丰富的空间数据资源。

总之，ArcGIS 是一个强大的、统一的、可伸缩的系统，它可以适应广大 GIS 用户的广泛需求。

2. MapInfo

在美国 MapInfo 公司开发的 GIS 系列软件产品中，被使用最多的是 MapInfo Professional 和 MapBasic。其中，MapInfo Professional 是基于普通微机的桌面地图信息软件，如图 14-5 所示，其主要特点是：

①快速数据查询，高速屏幕刷新，使用户界面具有良好的图形显示效果；

②集成能力强，是能够根据数据的地理属性分析信息的应用开发工具，是功能强大的地图数据组织和显示软件包；

③数据可视化和数据分析能力较强，可以直接访问多种数据库的数据；

④专题地图制作方便，且数据地图化方便；

⑤同时支持 32/64 位的应用开发，适用于多种计算机操作系统；

⑥完整的客户机/服务器体系结构；

⑦完善的图形无缝连接技术；

⑧支持 OLE(对象链接与嵌入)2.0 标准，使得其他开发语言能运用 Integrated Mapping 技术将 MapInfo 作为 OLE 对象进行开发。

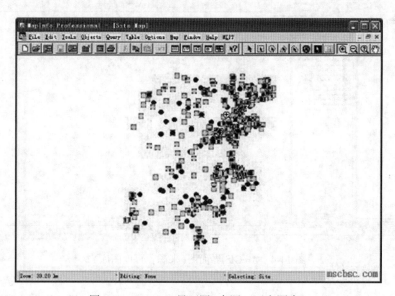

图 14-5　MapInfo 界面图(来源：百度图库)

MapBasic 是基于 MapInfo 平台的用户开发语言，包括 300 多条语句和功能。通过 MapBasic 的二次开发，能够扩展 MapInfo 的功能，实现程序的自动操作，而且可以方便地将 MapInfo 与其他软件进行集成，其主要特点是：

①由于 MapBasic 是一种类 Basic 程序语言，所以使用简单；

②便于 MapInfo 界面的改造，功能的扩展与应用的可视化；

③支持 OLE Automation 和 DDE(动态数据交换)技术，易与其他应用软件进行连接；

④包含嵌入的 SQL 语句，数据查询、检索更加方便。

MapInfo Professional 和 MapBasic 都提供放大、缩小、漫游、选择、空间实体组合/分割等基本的图形操作功能。同时，MapBasic 可以直接读取点、线、面、体等空间实体和属性数据库，并提供条件分析、统计分析、缓冲区分析等空间分析功能。

14.3.2　国内 GIS 软件

1. MapGIS

MapGIS 是武汉中地数码科技有限公司研发的 GIS 软件，是一套可对空间数据进行采集、存储、检索、分析和图形表示的计算机系统，如图 14-6 所示。该软件产品在由国家科技部组织的国产 GIS 软件测评中连续三年均名列前茅，是国家科技部向全国推荐的唯一国产 GIS 软件平台。以该软件为平台，开发出了用于城市规划、通信管网及配线、城镇供水、城镇煤气、综合管网、电力配网、地籍管理、土地详查、GPS 导航与监控、作战指挥、公安报警、环保监测、大众地理信息制作等一系列应用系统。

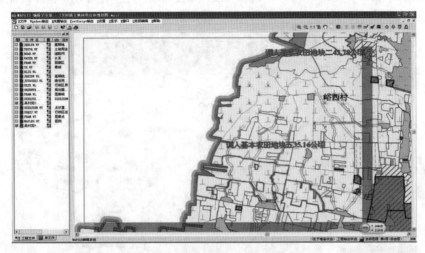

图 14-6　MapGIS 界面图（来源：百度图库）

其主要功能特点包括：

①以 Windows 为平台，采用 C++语言开发；

②支持大型网络数据库管理；

③具有扫描仪和数字化仪输入等主要输入手段及完备的误差校正方法；

④具有丰富的图像编辑工具及强大的图形处理能力；

⑤具有实用的属性动态定义编辑功能和多媒体数据、外挂数据库的管理能力；

⑥地图库管理具有较强的地图拼接、管理、显示、漫游和灵活、方便的跨图幅检索能力，可管理多达千幅地图；

⑦采用矢量数据和栅格数据并存的结构，两种数据结构的信息可以有效、方便地互相转换和准确套合；

⑧具有功能齐全、性能优良的矢量空间分析、DTM 分析、网格分析、图像分析功能及拓扑空间查询和三维实体叠加分析能力；

⑨提供开发函数库，可方便地进行二次开发；

⑩齐全的外设驱动能力和国际标准页面语言 PostScript 接口，可输出符合地图公开出版质量要求的图件；

⑪电子沙盘系统提供了强大的三维交互可视化环境，利用 DEM 数据与专业图像数据，可生成二维和三维透视景观；

⑫图像配准镶嵌系统提供了强大的控制点环境，以完成图像的几何控制点的编辑处理，从而实时完成图像之间的配准、图像与图形的配准、图像的镶嵌、图像的几何校正、几何变换和灰度变换等功能。

2. SuperMap

北京超图软件股份有限公司是亚洲领先的 GIS 平台软件企业，从事 GIS 软件的研究、开发、推广和服务，如图 14-7 所示。依托中国科学院强大的科研实力，超图软件立足技术创新，研制了新一代 GIS 软件——SuperMap GIS，形成了全系列 GIS 软件产品。

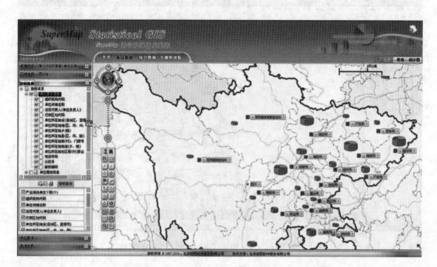

图 14-7　SuperMap 界面图(来源：百度图库)

14.4　地理信息系统技术应用

14.4.1　GIS 技术在城乡规划中的应用

城市与区域规划中要处理许多不同性质和不同特点的问题，它涉及资源、环境、人口、交通、经济、教育、文化和金融等多个地理变量和大量数据。GIS 的数据库管理有利于将这些数据信息归并到统一系统中，最后进行城市与区域多目标的开发和规划，包括城镇总体规划、城市建设用地适宜性评价、环境质量评价、道路交通规划、公共设施配置，以及城市环境的动态监测等。这些规划功能的实现，是以 GIS 的空间搜索方法、多种信息的叠加处理和一系列分析软件予以保证的。我国大城市数量居于世界前列，根据加快中心城市的规划建设，加强城市建设决策科学化的要求，利用 GIS 作为城市规划、管理和分析的工具，具有十分重要的意义。如图 14-8 所示：以城市大比例尺地形图为基础图形数据，在此基础上综合叠加地下及地面的八大类管线(包括上水、污水、电力、通信、燃气、工程管线)以及测量控制网，规划路等基础测绘信息，形成一个基于测绘数据的城市地下管线 GIS 系统。从而实现了对地下管线信息的全面、现代化管理，为城市规划设计与管理部门、市政工程设计与管理部门、城市交通部门与道路建设部门等提供地下管线的查询服务。

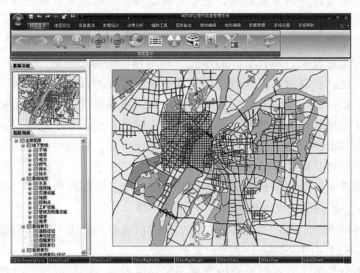

图 14-8　城市管网 GIS(来源：百度图库)

14.4.2　GIS 技术在农业中的应用

在我国，从 20 世纪 80 年代中期开始，GIS 技术就被应用于农业领域，从国土资源决策管理、农业资源信息、区域农业规划、粮食流通管理与粮食生产辅助决策到农业生产潜力研究、农作物估产研究、区域农业可持续发展研究、农用土地适宜性评价、农业生态环境监测、基于 GPS 和 GIS 的精细农业信息处理系统研究等，都取得了很大的进步，一些研究成果直接应用于农业生产，取得了很大的经济效益。随着 GIS 理论的产生发展以及方法和技术的成熟，在农业领域的应用也逐步深入。从技术角度看，GIS 在我国农业资源与环境领域中的应用进展主要体现在四个方面：

①作为农业资源调查的工具，建立了农业资源地理数据库，实现了空间数据库的浏览、检索等，利用 GIS 绘制农业资源分布图和产生正规的报表。

②作为农业资源分析的工具，GIS 技术已不限于制图和空间数据库的简单查询，而是以图形及数据的重新处理等分析工作为特征，用于各种目标的分析和重新导出新的信息，产生专题地图和进行地图数据的叠加分析等。

③作为农业生产管理的工具：主要是建立了各种模型和拟订各种决策方案，直接用于农业生产。

④作为农业管理的辅助决策工具：利用 GIS 的模型功能和空间动态分析以及预测能力，并与专家系统、决策支持系统及其他的现代技术(如 RS 和 GPS)有机结合，我国农业生产的管理和辅助决策。

14.4.3　GIS 技术在林业中的应用

林业生产领域的管理决策人员面对着各种数据，如林地使用状况、植被分布特征、立地条件、社会经济等许多因子的数据，这些数据既有空间数据又有属性数据，对这些数据进行综合分析并及时找出解决问题的合理方案，借用传统方法不是一件容易的事，而利用 GIS 方法却轻松自如。

社会经济在迅速发展，森林资源的开发、利用和保护需要随时跟上经济发展的步伐，掌握资源动态变化，及时做出决策就显得异常重要。常规的森林资源监测，从资源清查到数据整理成册，最后制定经营方案，需要的时间长，造成经营方案和现实情况不相符。这种滞后现象势必出现管理方案的不合理，甚至无法接受。利用 GIS 就可以完全解决这一问题，及时掌握森林资源及有关因子的空间时序的变化特征，从而对症下药。

林业 GIS 就是将林业生产管理的方式和特点融入 GIS 之中，形成一套为林业生产管理服务的信息管理系统。以减少林业信息处理的劳动强度，节省经费开支，提高管理效率。

GIS 在林业上的应用过程大致分为 3 个阶段，即

①作为森林调查的工具：主要特点是建立地理信息库，利用 GIS 绘制森林分布图及产生正规报表。GIS 的应用主要限于制图和简单查询。

②作为资源分析的工具：已不再限于制图和简单查询，而是以图形及数据的重新处理等分析工作为特征，用于各种目标的分析和推导出新的信息。

③作为森林经营管理的工具：主要在于建立各种模型和拟定经营方案等，直接用于决策过程。

三个阶段反映了林业工作者对 GIS 认识的逐步深入。GIS 在林业上的应用主要有：

①环境与森林灾害监测和管理方面中的应用，包括林火、病虫害、荒漠化等管理，如在防火管理中，其主要内容有：林火信息管理、林火扑救指挥和时实监测、林火的预测预报、林火设施的布局分析等。

②在森林调查方面的应用，包括森林资源清查和数据管理，这是 GIS 最初应用于林业的主要方面、制定森林经营决策方案、林业制图。

③森林资源分析和评价方面，包括林业土地利用变化监测与管理、用于分析林分、树种、林种、蓄积等因子的空间分布、森林资源动态管理、林权。

④森林结构调整方面，包括林种结构调整、龄组结构调整。

⑤森林经营方面，包括采伐、抚育间伐、造林规划、速生丰产林、基地培育、封山育林等。

⑥野生动物植物监测与管理。

1993—1997 年，由联合国开发计划署（UNDP）援助的"中国森林资源调查技术现代化"项目顺利执行。以全国林业监测站点数据和遥感数据为主要信息源，进行全国林地生态类型数据库的建设工作，在空间上和时间序列上完整、系统地反映林地区域不同的生态系统特点、林种、群落特征及其林（树）龄等。

14.4.4　GIS 技术在土地资源管理中的应用

GIS 技术最初在土地资源开发与管理上的应用主要是土地利用现状调查和城镇地籍调查图件和属性数据的存储、查询等管理工作等，基本上没有数据的空间分析及其他决策功能。随着技术的不断发展，在土地科学中的应用主要包括土地评价工作（土地的适宜性或

多宜性评价、土地的生产潜力评价、土地持续利用评价、城市地价评估、耕地地价评价等）；土地利用规划（包括土地利用总体规划、土地利用多目标规划）；土地利用与土地覆被现状分类与制图以及土地利用与土地覆被动态监测。

为了查清我国的土地资源，特别是耕地资源，国务院于1984年正式布置开展全国土地资源调查。此次调查历时15年，采用以航空为主、航天为辅的遥感技术，结合大比例尺地形图，实行全野外调查。在土地利用图件编制、数据量算汇总与空间分析等方面，GIS技术发挥了重要作用。通过土地资源详查，初步摸清了我国土地资源的家底，为全国土地利用规划、土地开发与管理提供了科学基础。

从1996年开始，国家科委、国家土地管理局和农业部实施"全国基本农田保护与监测"工作。GIS成为全国土地利用动态遥感监测数据库建设的核心支撑技术，主要用于管理与分析矢量数据（土地利用年度变化信息）、栅格数据（遥感影像、DEM等）和属性数据。

在国土资源部统一规划和组织下，在新一轮国土资源大调查纲要和实施方案的部署和安排下，以1∶1万比例尺为主的县（市）级土地利用数据库建设工作于1999年9月在数字国土工程中立项，1999年10月正式启动。其中，GIS技术在数据库管理与数据挖掘方面具有不可替代的优势。

14.4.5　GIS技术在环境资源分析中的应用

地理信息系统在生态环境研究中应用广泛，主要有：
①生态环境背景调查；
②遥感信息与地面站点监测信息相结合，对环境（水、大气及固体废气物等）进行动态、连续监测；
③利用"3S"技术支持自然生态环境监测、预报与评估；
④面源污染的监测、分析与评价；
⑤生态环境影响评价；生态区划与规划；环境规划与管理。

国家环境保护总局先后组织有关单位进行了我国西部和中东部地区生态环境现状调查，第一次全面摸清了我国的生态环境现状。为了提高我国环境信息技术的整体实力，国家环保局在27个省开展了"中国省级环境信息系统"项目，它以环境数学模型为基础，对管理信息系统提供大量数据分析和处理，给出决策原则上的辅助信息，该系统将先进的地理信息系统空间分析技术基础数据库和空间数据库综合起来，使环境问题决策的过程更加直观、快速、适时和有效。

2002年在科技部主持下，环保、农业、林业等部门开展了"全国环境背景数据库建设与服务"工作，通过该项目规范了我国的环境背景元数据的标准与代码，建设了环境背景元数据库，并将继续建设与完善环境背景数据库，从而进一步促进我国环境保护工作的科学分析与决策。

资源环境管理的内容包括资源环境状况、动态变化、开发利用及保护的合理性评估、监督、治理、跟踪等方面。由于资源环境的空间和时间的非均匀性，利用以空间信息管理及分析为主要功能的地理信息系统（GIS）对资源环境进行管理才能够实现真正的有效管理。

国外 GIS 在资源环境管理中的应用有着成功的经验，加拿大于 20 世纪 70 年代已经开始用 GIS 进行土地与其他基础设施的管理，美国、欧洲等一些发达国家也于 20 世纪 80 年代相继开展了 GIS 在土地、林业、生物资源等方面管理业务中的应用。我国 GIS 在一些资源环境管理领域已得到了应用，如林业领域已经建立了森林资源地理信息系统、荒漠化监测地理信息系统、湿地保护地理信息系统等；农业领域已经建立我国土壤地理信息系统、草地生态监测地理信息系统等；水利领域的流域水资源管理信息系统、各种灌区地理信息系统、全国水资源地理信息系统等；海洋领域的海洋渔业资源地理信息系统、海洋矿产地理信息系统等；土地领域建立了土地资源地理信息系统、矿产资源地理信息系统等；这些地理信息系统在资源环境管理方面发挥了一定的作用。

基于 GIS 建立区域空气、水、土壤等环境指标的监测、分析及预报信息系统；为实现环境监测与管理的科学化、自动化提供最基本的条件；在区域环境质量现状评价过程中，利用 GIS 技术的辅助，能够实现对整个区域的环境质量进行客观、全面地评价，以反映出区域中受污染的程度以及空间、时间分布状态等信息。

资源清查是 GIS 最基本的职能之一，这时系统的主要任务是将各种来源的数据汇集在一起，并通过系统的统计和分析功能，按多种边界和属性条件，提供区域多种条件组合形式的资源统计和进行原始数据的快速再现。矿产资源评价 GIS 是在矿产预测工作中，借助 GIS 的数据获取、管理、分析、模拟和展示空间相关的计算机系统功能，进行地质、矿产、物探、化探、遥感等信息的综合分析和自动化的矿产预测工作。另外，以土地利用 GIS 为例，可以输出不同土地利用类型的分布和面积，按不同高程带划分的土地利用类型，不同坡度区内的土地利用现状，以及不同时期的土地利用变化等，为资源的合理利用、开发和科学管理提供依据。

14.4.6　GIS 技术在灾害预警中的应用

从国内外发展状况看，地理信息系统技术在重大自然灾害和灾情评估中有广泛的应用领域。从灾害的类型看，它既可用于火灾、洪灾、泥石流、雪灾和地震等突发性自然灾害，又可应用于干旱灾害、土地沙漠化、森林虫灾和环境危害等非突发性事故。就其作用而言，从灾害预警预报、灾害监测调查到灾情评估分析各个方面，综合起来有如下几点：
①灾情预警预报；
②灾情动态监测；
③灾情发生的成因与规律；
④灾害调查；
⑤灾害监测；
⑥灾害评估等。

由联合国环境署、联合国人居中心与国家环保总局共同支持的"长江流域洪水易损性评价"首次全面地从多因子、全方位对洪水灾害进行了综合研究与评估，改变了传统防洪观念，对未来洪水灾害控制提供了新的思路，报告明确指出了哪些区域可合理开发，哪些区域需进行严格保护，针对性强，对洞庭湖区产业结构调整、避洪农业发展、水资源开发利用、生态环境保护、土地利用与规划布局有现实意义，对地方政府及相关部门编制环境、社会和经济发展规划以及政策制定与措施实施等提供了科学依据。

利用 GIS 并借助遥感遥测数据，可以有效应用于地震、泥石流、山体滑坡、森林火灾、农田受旱、洪水等多种灾情的监测和预警，能够为救灾抢险提供及时准确的信息。在 2008 年"5·12"汶川大地震(图 14-9)、2010 年墨西哥湾漏油事件、2012 年北京暴雨内涝等灾害发生后，GIS 技术在抢险救灾工作中均发挥了重要作用。

14.4.7　社会宏观决策支持

GIS 利用数据库技术，通过一系列决策模型的构建和比较分析，为国家宏观决策提供依据。例如，系统支持下的土地承载力的研究，可以解决土地资源与人口容量的规划。我国在三峡地区研究中，通过利用 GIS 等技术方法建立环境监测系统，为三峡宏观决策提供了建库前后环境变化的数量、速度和演变趋势等可靠的数据。

总之，GIS 正逐渐成为国民经济各有关领域中必不可少的应用工具，它的不断成熟和完善必将为社会的进步与发展作出更大的贡献。

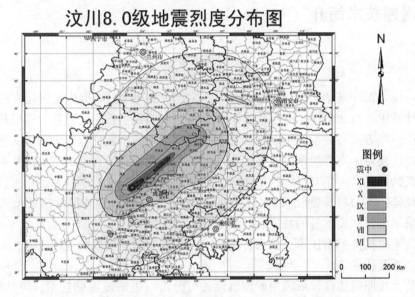

图 14-9　2008 年汶川 8.0 级地震烈度分布图(来源：百度图库)

复习思考题

1. 什么是地理信息系统？它与一般的计算机应用系统有哪些异同点？

2. 地理信息系统可应用于哪些领域？根据你的了解论述地理信息系统的应用和发展前景。

3. 比较矢量与栅格数据结构各自的特征。

第15章　遥感技术及其在地学中的应用

遥感是通过人造地球卫星上的传感器对地球表面实施感应遥测和资源管理的监视技术。传感器在远离目标和非接触目标条件下探测目标地物，获取其反射、辐射或散射的电磁波信息(如电场、磁场、电磁波、地震波等信息)，并进行信息提取、判定、加工处理、分析与应用。根据不同的任务，遥感技术可选用不同波段和遥感仪器来获取信息。例如，可采用可见光探测物体，也可采用紫外线、红外线和微波探测物体。利用不同波段对物体的穿透性，可获取地物内部信息；例如，地面深层、水的下层、冰层下的水体，沙漠下面的地物特性等；微波波段还可以全天候地工作。

15.1　遥感技术简介

15.1.1　遥感概念

遥感一词来源于英语"Remote Sensing"，遥感是 20 世纪 60 年代发展起来的一门对地观测综合性技术。自 20 世纪 80 年代以来，遥感技术得到了长足的发展，遥感技术的应用也日趋广泛。随着遥感技术的不断进步和遥感技术应用的不断深入，未来的遥感技术将在我国国民经济建设中发挥越来越重要的作用。关于遥感的科学含义通常有广义和狭义两种解释，广义的解释：一切与目标物不接触的远距离探测。狭义的解释：运用现代光学、电子学探测仪器，不与目标物相接触，从远距离把目标物的电磁波特性记录下来，通过分析、解译揭示出目标物本身的特征、性质及其变化规律。

遥感技术包括传感器技术、信息传输技术、信息处理、提取和应用技术，目标信息特征的分析与测量技术等。

遥感技术按照遥感仪器所选用的波谱性质可分为：电磁波遥感技术、声呐遥感技术、物理场(如重力和磁力场)遥感技术。按照感测目标的能源作用可分为：主动式遥感技术和被动式遥感技术。按照记录信息的表现形式可分为：图像方式和非图像方式。按照遥感器使用的平台可分为：航天遥感技术、航空遥感技术、地面遥感技术。按照遥感的应用领域可分为：地球资源遥感技术、环境遥感技术、气象遥感技术、海洋遥感技术等。

15.1.2　传感器类型

常用的传感器：航空摄影机(航摄仪)、全景摄影机、多光谱摄影机、多光谱扫描仪(Multi-Spectral Scanner, MSS)、专题制图仪(Thematic Mapper, TM)、反束光导摄像管(Return Beam Vidicon, RBV)、HRV(High Resolution Visible range instruments)扫描仪、合

成孔径侧视雷达(Side-Looking Airborne Radar，SLAR)。

15.1.3 遥感数据的分辨率

1. 空间分辨率

空间分辨率是指遥感影像上能够识别的两个相邻地物的最小距离。对于摄影影像，通常用单位长度内包含可分辨的黑白"线对"数表示(线对/毫米)；对于扫描影像，通常用瞬时视场角(IFOV)的大小来表示(毫弧度 mrad)，即像元，像元是扫描影像中能够分辨的最小面积。空间分辨率数值在地面上的实际尺寸称为地面分辨率。

2. 时间分辨率

时间分辨率是指在同一区域进行的相邻两次遥感观测的最小时间间隔。时间分辨率是评价遥感系统动态监测能力和"多日摄影"系列遥感资料在多时相分析中应用能力的重要指标。根据地球资源与环境动态信息变化的快慢，可选择适当的时间分辨率范围。按研究对象的自然历史演变和社会生产过程的周期划分为 5 种类型：

①超短期的：如台风、寒潮、海况、鱼情、城市热岛等，需以小时计；

②短期的：如洪水、冰凌、旱涝、森林火灾或虫害、作物长势、绿被指数等，要求以日数计；

③中期的：如土地利用、作物估产、生物量统计等，一般需要以月或季度计；

④长期的：如水土保持、自然保护、冰川进退、湖泊消长、海岸变迁、沙化与绿化等，则以年计；

⑤超长期的：如新构造运动、火山喷发等地质现象，可长达数十年以上。

3. 光谱分辨率

光谱分辨率是指传感器在接收目标辐射的光谱时能分辨的最小波长间隔。光谱分辨率为探测光谱辐射能量的最小波长间隔，而确切地讲，为光谱探测能力。成像的波段范围，分得愈细，波段愈多，光谱分辨率就愈高。

15.1.4 遥感数据的选择

不同研究对象要求不同时间获取遥感数据，具体包括两个方面：在资源环境现状研究中，针对内容需要更清晰、更全面反映研究对象的遥感数据，土地利用和土地覆盖研究一般更多地要了解地表植被的信息，因而多选择植被生长旺期获取的遥感数据。为了了解植被的变化，以及在某些区域和植被类型间的关系，还会要求相邻时相的遥感数据。大区域研究要求相邻景之间具有最接近的时相。资源环境动态变化的遥感监测与研究，通常需要对不同年度相近似的季相遥感数据进行对比分析，年内变化则选择不同季节时间序列的同种遥感信息。

15.1.5 遥感在资源环境探测方面的应用

遥感应用是指采用远程遥感数据采集对资源、环境、灾害、区域、城市等进行调查、监测、分析和预测、预报等方面的工作。资源环境遥感探测的基本任务如下：

①理论研究：理论研究包括元素直至各地质体在地球各圈层中的迁移、富集、演化规

律，元素的成矿作用和机理；资源环境遥感探测最佳波段、地物波谱和遥感图像特征信息的形成机理。

②技术研究：研究资源环境遥感探测的技术方法，其中包括遥感平台、遥感传感器和资源环境遥感特征信息的提取、分析、处理等研究方法。

③应用研究：研究资源环境遥感探测在水资源调查、土地资源调查、植被资源调查、地质调查、城市遥感调查、海洋资源调查、测绘、考古调查、环境监测和规划管理等方面的应用。

15.2　遥感图像处理

遥感图像处理是对图像进行辐射校正和几何纠正、图像处理、投影变换、镶嵌、特征提取、分类以及各种专题处理等一系列操作，以求达到预期目的的技术。遥感图像处理可分为两类：一是利用光学、照相和电子学的方法对遥感模拟图像（照片、底片）进行处理，简称为光学处理；二是利用计算机对遥感数字图像进行一系列操作，从而获得某种预期结果的技术，称为遥感数字图像处理。

遥感影像数字图像处理的内容主要有：

①图像恢复：即校正在成像、记录、传输或回放过程中引入的数据错误、噪声与畸变，包括辐射校正、几何校正等。

②数据压缩：改进传输、存储和处理数据的效率。

③影像增强：突出数据的某些特征，以提高影像目视质量，包括彩色增强、反差增强、边缘增强、密度分割、比值运算、去模糊等。

④信息提取：从经过增强处理的影像中提取有用的遥感信息。包括采用各种统计分析、集群分析、频谱分析等自动识别与分类。通常利用专用数字图像处理系统来实现，且依据目的不同采用不同的算法和技术。

15.2.1　遥感图像增强方法

1. 空间域处理

卫星图像的像元虽然用 256 个灰度等级来表示，但地物反射的电磁波强度常常只占 256 个等级中的很小一部分，使得图像平淡而难以解译，天气阴霾时更是如此。为了使图像能显示出丰富的层次，必须充分利用灰度等级范围，这种处理称为图像的灰度增强。

常用的灰度增强方法有线性增强、分段线性增强、等概率分布增强、对数增强、指数增强和自适应灰度增强 6 种。

①线性增强：把像元的灰度值线性地扩展到指定的最小和最大灰度值之间。

②分段线性增强：把像元的灰度值分成几个区间，每一区间的灰度值线性地变换到另一指定的灰度区间。

③等概率分布增强：使像元灰度的概率分布函数接近直线的变换。

④对数增强：扩展灰度值小的像元的灰度范围，压缩灰度值大的像元的灰度范围。

⑤指数增强：扩展灰度值大的和压缩灰度值小的像元的灰度范围。

⑥自适应灰度增强：根据图像的局部灰度分布情况进行灰度增强，使图像的每一部分都有尽可能丰富的层次。

2. 图像卷积

图像卷积是一种重要的图像处理方法，其基本原理是：像元的灰度值等于以此像元为中心的若干个像元的灰度值分别乘以特定的系数后相加的平均值。由这些系数排列成的矩阵叫卷积核。选用不同的卷积核进行图像卷积，可以取得各种处理效果。例如，除去图像上的噪声斑点使图像显得更为平滑；增强图像上景物的边缘以使图像锐化；提取图像上景物的边缘或特定方向的边缘等。常用的卷积核为 3×3 或 5×5 的系数矩阵，有时也使用 7×7 或更大的卷积核以得到更好的处理效果，但计算时间与卷积核行列数的乘积成正比地增加。

3. 空间频率域处理

经傅里叶变换、滤波和反变换以提高图像质量的处理，称为图像的空间频率域处理。在数字信号处理中常用离散的傅里叶变换，把信号转换成不同幅度和相位的频率分量，经滤波后再用傅里叶反变换恢复成信号，以提高信号的质量。图像是二维信息，可以用二维的离散傅里叶变换把图像的灰度分布转换成空间频率分量。图像灰度变化剧烈的部分对应于高的空间频率，变化缓慢的部分对应于低的空间频率。滤去部分高频分量可消除图像上的斑点条纹而显得较为平滑，增强高频分量可突出景物的细节而使图像锐化，滤去部分低频分量可使图像上被成片阴影覆盖的部分的细节更清晰地显现出来。精心设计的滤波器能有效地提高图像的质量。

15.2.2 遥感图像处理流程

1. 预处理

（1）降噪处理

由于传感器的因素，一些获取的遥感图像中，会出现周期性的噪声，必须对其进行消除或减弱方可使用。

周期性噪声一般重叠在原图像上，成为周期性的干涉图形，具有不同的幅度、频率、和相位。它形成一系列的尖峰或者亮斑，代表在某些空间频率位置最为突出。一般可以用带通或者槽形滤波的方法来消除。消除尖峰噪声，特别是与扫描方向不平行的，一般用傅里叶变换进行滤波处理的方法比较方便。

遥感图像中通常会出现与扫描方向平行的条带，还有一些与辐射信号无关的条带噪声，一般称为坏线。一般采用傅里叶变换和低通滤波进行消除或减弱。

（2）薄云处理

由于天气原因，对于有些遥感图形中出现的薄云可以进行减弱处理。

（3）阴影处理

由于太阳高度角的原因，有些图像会出现山体阴影，可以采用比值法对其进行消除。

2. 几何纠正

通常我们获取的遥感影像一般都是 Level2 级产品，为使其定位准确，我们在使用遥感图像前，必须对其进行几何精纠正，在地形起伏较大地区，还必须对其进行正射纠正。

特殊情况下还须对遥感图像进行大气纠正，此处不做阐述。

（1）图像配准

为使同一地区的两种数据源能在同一个地理坐标系中进行叠加显示和数学运算，必须先将其中一种数据源的地理坐标配准到另一种数据源的地理坐标上，这个过程叫做配准。

影像对栅格图像的配准：将一幅遥感影像配准到相同地区另一幅影像或栅格地图中，使其在空间位置上能重合叠加显示。

影像对矢量图形的配准：将一幅遥感影像配准到相同地区一幅矢量图形中，使其在空间位置上能进行重合叠加显示。

（2）几何粗纠正

这种纠正是针对引起几何畸变的原因进行的，地面接收站在提供给用户资料前，已按常规处理方案与图像同时接收到的有关运行姿态、传感器性能指标、大气状态、太阳高度角对该幅图像几何畸变进行了校正。

（3）几何精纠正

为准确对遥感数据进行地理定位，需要将遥感数据准确定位到特定的地理坐标系，这个过程称为几何精纠正。

图像对图像的纠正利用已有准确地理坐标和投影信息的遥感影像，对原始遥感影像进行纠正，使其具有准确的地理坐标和投影信息。

图像对地图（栅格或矢量）利用已有准确地理坐标和投影信息的扫描地形图或矢量地形图，对原始遥感影像进行纠正，使其具有准确的地理坐标和投影信息。

3. 图像增强

为使遥感图像所包含的地物信息可读性更强，感兴趣目标更突出，需要对遥感图像进行增强处理。

（1）彩色合成

为了充分利用色彩在遥感图像判读和信息提取中的优势，常常利用彩色合成的方法对多光谱图像进行处理，以得到彩色图像。

彩色图像可以分为真彩色图像和假彩色图像。

（2）直方图变换

统计每幅图像的各亮度的像元数而得到的随机分布图，即为该幅图像的直方图。

一般来说，包含大量像元的图像，像元的亮度随机分布应是正态分布。直方图为非正态分布，说明图像的亮度分布偏亮、偏暗或亮度过于集中，图像的对比度小，需要调整该直方图到正态分布，以改善图像的质量。

（3）密度分割

将灰度图像按照像元的灰度值进行分级，再分级赋以不同的颜色，使原有灰度图像变成伪彩色图像，达到图像增强的目的。

（4）灰度颠倒

灰度颠倒是将图像的灰度范围先拉伸到显示设备的动态范围（如 0~255）到饱和状态，然后再进行颠倒，使正像和负像互换。

4. 图像裁剪

在日常遥感应用中，常常只对遥感影像中的一个特定范围内的信息感兴趣，这就需要将遥感影像裁剪成研究范围的大小。

5. 图像镶嵌和影像匀色

(1)图像镶嵌

图像镶嵌也叫图像拼接，是将两幅或多幅数字影像(它们有可能是在不同的摄影条件下获取的)拼在一起，构成一幅整体图像的技术过程。

通常是先对每幅图像进行几何校正，将它们规划到统一的坐标系中，然后对它们进行裁剪，去掉重叠的部分，再将裁剪后的多幅影像装配起来形成一幅大幅面的影像。

(2)影像匀色

在实际应用中，我们用来进行图像镶嵌的遥感影像，经常来源于不同传感器、不同时相的遥感数据，在做图像镶嵌时经常会出现色调不一致，这时就需要结合实际情况和整体协调性对参与镶嵌的影像进行匀色。

6. 遥感信息提取

遥感图像中目标地物的特征是地物电磁波的辐射差异在遥感影像上的反映。依据遥感图像上的地物特征，识别地物类型、性质、空间位置、形状、大小等属性的过程即为遥感信息提取。

15.3　遥感影像解译标志

遥感影像的解译标志，是遥感图像上能直接反映和判别地物或现象信息的影像特征，包括色调、形状、大小、阴影、颜色、纹理、图案、水系、位置和布局等。对每一个解译标志，从遥感信息库的角度来看，包含特征描述、地面意义、解译特征、典型样图这四个方面的内容；而在实际应用中，又可进行更为细致的分类。

1. 色调

色调是指遥感图像上黑白深浅的程度，是地物电磁辐射能量大小或地物波谱特征的综合反映。地物的几何形状、分布范围等都是通过色调差别反映在遥感图像上，是识别目标地物的基本依据。同一地物在同一波段具有相同或相近的色调，同一地物在不同波段具有不同的色调，不同地物在同一波段具有不同的色调。例如，黑白航空像片上针叶林为浅黑灰色，阔叶林为灰白色。

色调是地物反射、发射能力的强弱在遥感上的表现，不同类型的遥感图像上，其物理意义不同：在可见光近红外的图像上，色调深浅反映了地物反射波谱能量的差异；热红外图像上色调深浅代表地物温度的高低；雷达图像上色调的深浅表示微波后向散射能力的大小，浅色调的后向散射能力强。

色调(彩)就是地物在遥感图像上的直接解译标志。在彩色合成图像上，色彩以红、绿、蓝三基色为基础，可以组成常见的红、橙、黄、绿、青、蓝、紫七色，还可以根据不同的组合形成各种颜色；在全色黑白图像或多光谱单波段黑白图像上，色调分为肉眼可以识别的白色、浅灰……淡黑、浅黑、黑色等十一个级别，不同的色调可以具有不同的地面特征和应用意义。

2. 形状

形状是目标物在影像上的外形、轮廓，是识别地物性质的重要而明显的标志。不少地物往往可以直接根据它特殊的形状加以判定，如房屋呈长方形、河流呈自然弯曲的条带状等。各类目标物在图像中的形态特征是以点、线、面等组合形式的形状加以区别：

(1) 点影像特征

在遥感影像上，点往往是由数个或数十个色调(彩)相近的像元组成的，代表了地面一定范围内各种目标的综合辐射特征。在遥感影像上，点状地物是属性相同或相近的地物按照一定规律的排列形成的，往往表现为疏点、密点、斑点等组合。

(2) 线影像特征

线影像是相同性质点的连续排列，它可以是人文活动或自然形态，如公路、铁路、街道、地形地貌、河流水系等线状形迹，也可以是线状地质体或地质现象的线性特征。从形态上，线影像可分为直线型、折线型、弧线型、曲线型、环线型等；从其表现的清晰度和排列形式上可分为明显的、隐现的、连续的、稀疏的等，不同的清晰度和排列形式，代表着不同的地面意义。

(3) 面影像特征

面影像是属性相同的点影像在二维投影平面显示出的形态特征，常见的面状影像有方形、长方形、平行四边形、脉状、透镜状、浑圆状、椭圆状、环状等，这些面状形态特征往往以独特的色调(彩)表现出来。与面状影像相关的地物属性有耕地、建筑物顶部、运动场、湖泊、侵入岩体、岩脉、断面层、岩层面及不同组合的岩层条带、构造岩块等。

3. 大小

大小是指遥感影像上目标物的长度、面积和体积的度量。影像上地物的大小，不仅能反映地物相关的量的信息，而且还能据此判断地物的属性，如某地区植被覆盖情况、盐碱化程度、居民地的规模等，是遥感影像上测量目标地物的最重要的数量特征之一。地物影像之间存在相关的大小，如大的居民地与小型居民地的对比等；地物绝对大小取决于影像比例尺，根据比例尺，可以计算影像上地物的实际大小。一般来说，地物越小，在图像上的数目越多。

4. 影纹图案

遥感影像上的地物，其细节大多由点、斑、线、纹、链、格等所组成，并在影像上有规律地重复出现而构成各种图案，就是影纹图案，是地物的形状、大小、色调、阴影、小水系、植被、微地貌、环境因素等在影像上的综合反映。

影纹图案是判读地物类型的重要依据，反映地物的空间分布特征，如大面积分布的某一种地物(如某一种岩类、耕地、草地、建筑群等)。

5. 纹理

纹理是影像上色调变化的频率，常由成群细小的、具有不同色调、形状的地物多次重复所产生，造成视觉上粗糙、平滑或细腻的印象。它是大量个体的形状、大小、阴影、色调在影像上的综合反映。如在中比例尺影像上的林、灌、草，针叶林粗糙，灌丛较粗糙，幼林有绒感，草地细腻、平滑感强。

6. 阴影

阴影是地物自身遮挡辐射源或因温度较低、后向散射能力较弱等原因而造成影像上的暗色调，具有不同的形状、大小、方向，是形态和色调的派生解译标志，反映了地物的空间结构特征。在图像上，阴影可以增强影像的立体感，根据阴影的形状、大小可判读地物的属性、地物的相对高度等，还可以借助阴影判定航片的方位。

7. 空间位置

空间位置是指地物所处的环境部位。各种地物都有特定的环境部位，是判读地物属性的重要标志。目标地物与其周围地理环境总是存在着一定的空间联系，并受周围地理环境的制约。位置分为地理位置和相对位置。地理位置依据遥感图像的经纬度信息得到，可以推断出区域所处的温度带；相对位置，可以为具体目标地物解译提供重要依据，如位于沼泽地的土壤多为沼泽土，飞机场通常位于大城市郊区的平坦开阔地，菜地多分布于居民地周围及河流两侧，道路与居民点相连，滑坡、崩塌都在较陡山坡上发生等。

8. 相关布局

相关布局是指地物间的相互联系，通过这种密切关系或相互依存关系的分析，可从已知地物证实另一种地物的存在及其属性和规模。这是一种逻辑推理判读地物的方法，对于判读自然地物或人工地物都有重要意义。如通过灰窑和采石场的存在可说明是石灰岩地区；根据运动场的大小，可判断学校及其规模；货运码头要有码头，有存储货物的仓库，并有运送货物的道路等。

9. 土壤、植被标志

土壤与当地的松散沉积物有关，松散沉积物与母岩有关，植被发育在土壤上面，它们有很密切的相关性。因此，通过对土壤、植被的相关分析，推断其下伏基岩的性质：基性、超基性侵入岩风化土壤较贫瘠，并含有不利于植被生长的成分，植被发育较差；中酸性岩浆岩风化后形成亚黏土和黏土，土壤肥沃，裂隙水较多，植被和经济林多；碳酸盐岩风化地区，土质贫瘠而薄，加上缺水，植被发育不良。因此，植被类型不同、植被的局部异常(繁茂或空白)都可以提供遥感解译信息。

10. 人类活动标志

古代与现代的采石场、采矿坑、矿冶遗址、碴堆是找矿标志；耕地的排布反映地形地貌特征，如火山口周围耕地呈环状布列；村落与耕地的密集程度反映当地土壤的宜耕性。

11. 水系标志

水系是在一定集水区内的大小河流、地表冲沟所构成的系统，体现出区域地形的基本框架。它与该地区的岩性、地质构造和地貌形态密切相关，是一种非常重要的解译标志。

(1)水系分析

水系密度分析：水系密度的不同，代表了当地区域气候环境、地形、岩性等的总体特征；密度大，反映地表径流发育，土壤与岩石透水性不良，在泥岩、页岩、黏土地区常见；密度小，表示地表径流小，表明岩石裂隙发育，砂岩、石英砂岩区常见。

水系的均匀性、对称性、方向性分析：水系均匀的地区，表示该区岩性风化剥蚀能力和裂隙发育都比较相近，在大片花岗岩或同一种沉积岩出露区较常见；水的对称性反映区域地形或大片成层性岩层向一侧倾斜，如四川盆地长江以北支流发育，南岸则支流较少，反映盆地北高南低；水系的方向性，主要反映区域山系走向、岩层走向及构造走向，如由于滇西川西横断山脉的约束，金沙江、澜沧江等平行排列，自北向南流。

（2）冲沟形状分析

冲沟形态与组成冲沟的物质有关：黏土、粉砂质黏土区的冲沟，沟横断面为浅碟形，纵断面为均匀缓坡；中等黏性、直立裂隙发育的黄土，冲沟断面为"U"形，沟头陡立，沟底呈阶梯状的复合坡面；在砂岩、砂砾岩、火成岩发育区，冲沟断面为"V"形，纵断面为较均匀陡坡。这些冲沟如果局部遇到坚硬岩层出露，则局部发育为瀑布、陡坎。

15.4　遥感图像地质解译

洮南市隶属于吉林省白城市，位于吉林省西北端，白城市西南部，地理坐标为：东经121°38′~123°20′、北纬45°02′~46°01′。东邻大安市，南接通榆县，西与内蒙古自治区突泉县为邻，北与内蒙古自治区科尔沁右翼前旗相连，东北和白城市洮北区接壤，解译面积约 5103km²；根据 GF-1 数据特点，对各波段高分遥感数据进行正射处理，利用流程化的操作，依据 GF-1 DEM 数据对 GF-1 卫星各波段高分遥感数据进行了相对正射校正、图像融合、投影变换、图像拼接后，制作解译底图。

15.4.1　遥感影像地层岩性解译

洮南市大地构造位于天山—兴安地槽褶皱区吉黑褶皱系松辽中断陷，区内第四系堆积物分布广泛，中生代火山岩仅零星分布在工作区西北部，晚古生代、中生代侵入岩广泛分布于工作区西北部。

1. 二叠系

工作区二叠系仅出露有二叠系下统哲斯组。

空间上呈北西向广泛分布于工作区西部复茂村—军马场水库一线，主要岩性为含砾杂砂岩、杂砂岩、长石砂岩、细砂岩为主夹粉砂岩及灰岩凸镜体，产腕足、头足类及苔藓虫化石。哲斯组在 GF1 123（RGB）彩色合成影像图中呈浅棕褐色、深蓝绿色色调，条带状影纹，影像较粗糙，条带发育，解译标志清晰，如图 15-1 所示。

2. 侏罗系

中生界主要出露下侏罗统红旗组，中侏罗统巨宝组、万宝组，中-上侏罗统付家洼组，上侏罗统玛呢吐组、满克头愕博组、白音高老组。

（1）红旗组（J₁h）

空间呈北北东向零星分布于工作区西北部、红旗五井—共同村一带。主要岩性为一套含煤岩系。下部为灰白色砾岩夹薄层砂岩；上部为砂岩、粉砂岩、泥岩及数层煤，产植物化石。

红旗组在 GF1 123（RGB）彩色合成影像图中呈棕褐色色调，稀疏的条带状影纹，影像较粗糙，条带发育，解译标志清晰，如图 15-2 所示。

（2）巨宝组（J₂j）

空间分布于工作区西北部南山屯一带，仅有 2 处出露。1 处呈近南北向展布，另 1 处

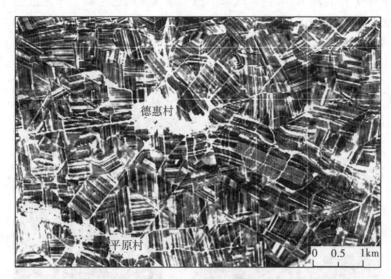

图 15-1 哲斯组 GF1 123(RGB)彩色合成影像图

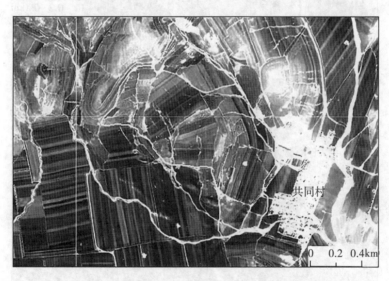

图 15-2 红旗组 GF1 123(RGB)彩色合成影像图

呈近东西向展布。该组上部岩性以灰白、黄褐色凝灰岩、玻屑晶屑凝灰岩为主；下部岩性为凝灰质砾岩、砂岩。

巨宝组在 GF1 123(RGB)彩色合成影像图中呈深棕褐色色调、深蓝色夹杂深棕褐色色调，较为密集的条带状影纹，影像较粗糙，条带发育，解译标志清晰，如图 15-3 所示。

(3)万宝组(J_2wb)

万宝组空间上呈北东向分布于工作区西北部河南村—复盛村一线。主要岩性为灰色，灰黑色砂砾岩、砂岩、粉砂岩、凝灰质砂岩夹煤层。

万宝组在 GF1 123(RGB)彩色合成影像图中呈浅棕褐色色调、深蓝色色调，较为稀疏的条带状影纹，影像较粗糙，条带发育，与相邻岩性单元影像特征差异较大，解译标志清晰，如图 15-4 所示。

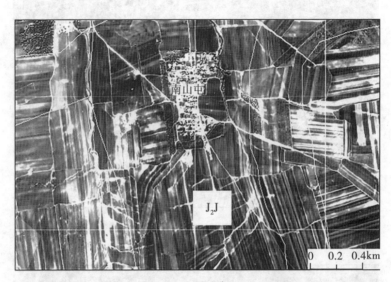

图 15-3　巨宝组 GF1 123(RGB)彩色合成影像图

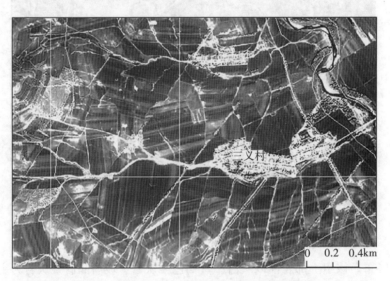

图 15-4　万宝组 GF1 123(RGB)彩色合成影像图

(4)付家洼组(J2-3f)

空间上呈北西向展布于工作区西北部、四海屯—河东屯一带。下部岩性以凝灰质砂岩、砾岩为主；上部岩性由中性熔岩及其火山碎屑岩和凝灰质砂岩组成。

工作区西北部育林村一带付家洼组在 GF1 123(RGB)彩色合成影像图表现为深棕褐色

背景色调上分布着浅蓝色、灰白色、浅棕褐色色调，团块状、稀疏的条带状影纹，影像较粗糙，与相邻岩性单元影像特征差异较大，解译标志清晰(图 15-5)。除了影像色调差异较大外，付家洼组影像纹理特征基本相近，因此全区解译可信度较好。

(5)玛呢吐组(J3mn)

工作区仅露出两处，分布于工作区西北部德发村、前进村一带，空间呈近南北向展布。岩性主要为灰绿、紫褐色中性火山熔岩、中酸性火山碎屑岩夹火山碎屑沉积岩。

德发村西一带玛呢吐组在 GF1 123(RGB)彩色合成影像图表现为深棕褐色背景色调夹杂着深蓝绿色色调，团块状影纹，地形起伏较大，浑圆状山脊，影像较粗糙，与相邻岩性单元影像特征差异较大，解译标志清晰，如图 15-6 所示。

图 15-5 付家洼组 GF1 123(RGB)彩色合成影像图

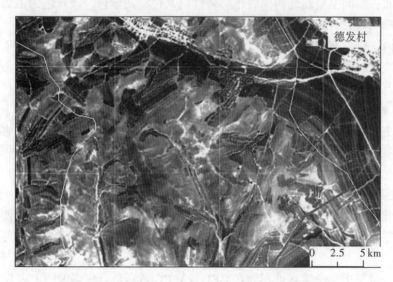

图 15-6 玛呢吐组 GF1 123(RGB)彩色合成影像图

（6）满克头愕博组（J_3m）

零星分布于工作区西北部、兴仁村、赵家沟和长青村西北一带，空间上呈北北东向展布。岩性主要为灰白、浅灰色酸性火山熔岩、酸性火山碎屑岩、火山碎屑沉积岩。

赵家沟一带满克头愕博组在 GF1 123（RGB）彩色合成影像图呈浅灰白色调夹杂深棕褐色背景色调，团块状状影纹，地形起伏较大，浑圆状山脊，影像较粗糙，与相邻岩性单元影像特征差异较大，解译标志清晰，如图 15-7 所示。

图 15-7　满克头愕博组 GF1 123（RGB）彩色合成影像图

（7）白音高老组（J_3K_1b）

广泛分布于工作区西北部永德村、马鞍村一带，在工作区中西部丁家村—军马场水库一带零星分布，空间上呈北北西向展布。岩性以灰色、灰紫色、淡青色为主的一套酸性熔岩及其火山碎屑岩夹含煤正常沉积岩。产鱼、昆虫、叶肢介植物化石。

马鞍村西一带白音高老组在 GF1 123（RGB）彩色合成影像图呈绛紫色色调夹杂深棕褐色色调，团块状、条带状影纹，地形起伏较大，浑圆状山脊，影像较粗糙，与相邻岩性单元影像特征差异较大，解译标志清晰，如图 15-8 所示。

3. 第四系

第四系主要出露有下更新统冰水堆积物，上更新统冰水堆积物、洪冲积物及冲积物，全新统风积物、残坡积物、坡洪积物、湖积物、湖冲积物、洪冲积物、冲洪积物、冲积物。

（1）下更新统冰水堆积物（Qp^{1gfl}）

空间呈北西向广泛分布于工作区中部、新胜村—新发堡一带，在工作区西南部、军马场水库一带零星出露。主要为灰白色冰水砂砾石和灰黄色冰渍泥砾组成，上部有一层红色砂砾岩。

守方屯一带下更新统冰水堆积物在 GF1 123（RGB）彩色合成影像图上表现为蓝紫色色

图 15-8　白音高老组 GF1 123(RGB)彩色合成影像图

调背景上分布着浅黄绿色色调，团块状、条带状影纹，地形平缓，表现为现在耕地与村落分布的影像特征，与相邻岩性单元影像色调特征差异较大，解译标志清晰，如图 15-9 所示。

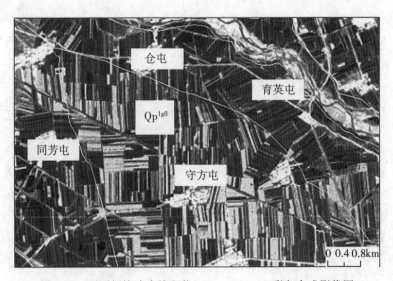

图 15-9　下更新统冰水堆积物 GF1 123(RGB)彩色合成影像图

（2）上更新统冰水堆积物（Qp^{3gfl}）

空间上呈北西向广泛分布于工作区北部长岗村—三友村一带及工作区西北部崔家屯一带零星分布，主要分布现代河流附近。由棕黄、淡黄色、由砾石、砂、亚黏土等混杂组成。

里仁村一带上更新统冰水堆积物在 GF1 123(RGB)彩色合成影像图上表现为蓝紫色色调背景上分布着深棕色色调,较为稀疏条带状影纹,地形平缓,表现为现在耕地的影像特征,与相邻岩性单元影像色调特征差异较大,解译标志清晰,如图 15-10 所示。

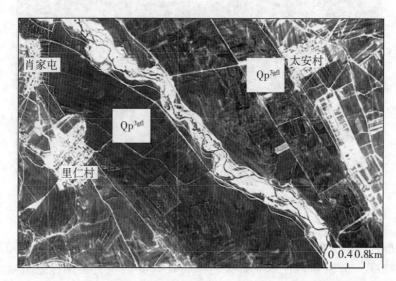

图 15-10　上更新统冰水堆积物 GF1 123(RGB)彩色合成影像图

(3)上更新统洪冲积物(Qp^{3pal})

上更新统洪冲积物主要分布于工作区东南部、岗子王—光明村一带。岩性主要为砾石、中粗砂,夹砂土、粉细砂。

胜利屯东队窝棚一带上更新统洪冲积物在 GF1 123(RGB)彩色合成影像图上呈深肉红色色调,斑点状、小团块状影纹,影像粗糙,与相邻岩性单元影像色调特征差异较大,解译标志清晰,如图 15-11 所示。

(4)上更新统冲积物(Qp^{3al})

上更新统冲积物广泛分布于工作区南部新生村一带,工作区西部新立屯一带零星分布。分为上下两个岩性段。上部为浅黄色亚砂土,局部含粗砂;下部为黄色灰白色粉细砂、局部夹中粗砂、砾石层及淤泥、亚黏土。

门良山村一带上更新统冲积物在 GF1 123(RGB)彩色合成影像图上表现为深绿色色调背景上分布着浅绿色色调,稀疏的条带状影像,影像较细腻,主要呈现现代耕地的影像特征,如图 15-12 所示。

(5)全新统风积物(Qh^{eol})

全新统风积物主要分布工作区西南部四海村—万福村一带湖泊、河流两岸,主要为淡黄色、褐黄色及黄白色粉细砂,构成沙垄、沙丘和波状沙盖。

在全新统风积物分布区域、GF1 影像云较多,解译标志不明显。本次补充利用了 ETM+472 彩色合成像特征建立了风积物解译标志。

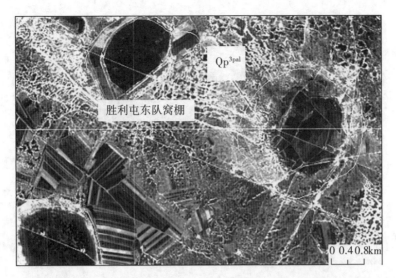

图 15-11 上更新统洪冲积物 GF1 123(RGB)彩色合成影像图

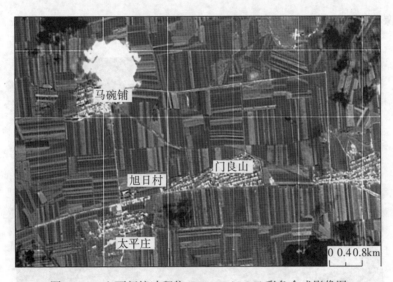

图 15-12 上更新统冲积物 GF1 123(RGB)彩色合成影像图

建业屯一带全新统风积物在 ETM+472(RGB)彩色合成影像图上呈浅绿色色调，絮状影纹，影像较粗糙，地形起伏较大，分布于现代河流、湖泊两岸，如图 15-13 所示。

(6)全新统残坡积物(Qh^{edl})

全新统残坡积物零星分布于工作区西北部金蟾林农场、瓦房、新艾力、永红村、富泉村等地坡脚地带。主要为亚砂土，粉细砂、局部夹中粗砂、砾石层及淤泥、亚黏土。

富强村一带全新统残坡积物在 GF1 123(RGB)彩色合成影像图上表现为深棕褐色色调背景上分布着深蓝色色调，条带状影像，影像较粗糙，村落分布其上。主要呈现现代耕地

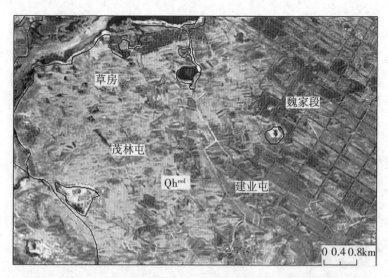

图 15-13　上更新统冲积物 ETM+472(RGB)彩色合成影像图

和村落的影像特征，如图 15-14 所示。

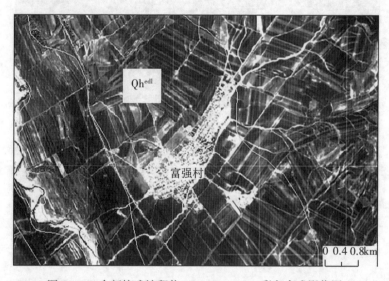

图 15-14　全新统残坡积物 GF1 123(RGB)彩色合成影像图

（7）全新统坡洪积物（Qh^{dpl}）

全新统坡洪积物分布于西北部振兴屯、万宝、张家店等地河流两岸、山脚下。主要为亚砂土，粉细砂砾石、中粗砂等。

丁家屯一带全新统坡洪积物在 GF1 123(RGB)彩色合成影像图上表现为深蓝紫色色调背景上分布着深蓝色色调，斑块状、条带状影像，影像较细腻。主要分布于现代河流两岸及坡脚之间,如图 15-15 所示。

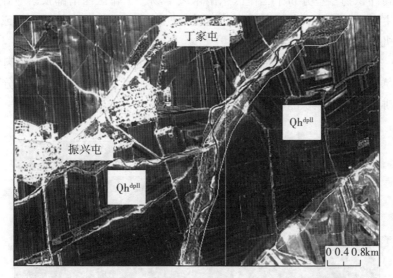

图 15-15　全新统坡洪积物 GF1 123(RGB)彩色合成影像图

(8)全新统湖积物(Qh^{al})

全新统湖积物主要分布于工作区南部白云桥、三多村、牛家屯一带,在工作区西北部兴仁村、前进村一带零星分布。主要为砂砾石、亚黏土及淤泥、泥炭。

胜利屯东队窝棚一带,全新统湖积物在 GF1 123(RGB)彩色合成影像图上为深黑色色调,环状影像,影像较细腻,如图 15-16 所示。

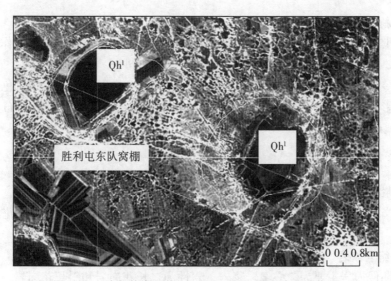

图 15-16　全新统湖积物 GF1 123(RGB)彩色合成影像图

（9）全新统湖冲积物（Qh^{all}）

全新统湖冲积物零星分布于工作区东南东风羊场、工作区西南部张家泡等地河流、湖泊交界处。主要为灰黑色、黄褐色淤泥质亚砂土、淤质亚黏土，夹粉砂薄层或透镜体，富含淤泥和有机质，常夹有泥碳层。

梁土荣一带全新统湖冲积物在 GF1 123（RGB）彩色合成影像图上为浅肉红色、深绿色、灰白色色调，条带状、斑状影像，影像较粗糙，如图 15-17 所示。主要分布于河湖交界处，具有耕地、河流堆积的影像特征。

图 15-17　全新统湖冲积物 GF1 123（RGB）彩色合成影像图

（10）全新统洪冲积物（Qh^{pal}）

全新统洪冲积物广泛分布工作区东部、西部的河流两侧，空间上呈与工作区主要河流的走向平行。岩性主要为砾石、中粗砂，夹砂土、粉细砂。

增胜屯一带全新统洪冲积物在 GF1 123（RGB）彩色合成影像图上为深绿色色调，条带状、斑块状影像，影像较细腻，地势略高于河流冲积物分布区域，村落分布其上，如图 15-18 所示。

15.4.2　遥感岩浆岩解译

区内岩浆侵入活动集中分布于工作区西北部，主要为华力西期和燕山期。华力西期二叠纪二长花岗岩、斜长花岗岩；燕山期侏罗纪闪长岩、花岗闪长岩、斜长花岗岩、闪长玢岩。

1. 二叠纪岩浆岩

华力西期侵入岩主要为二叠纪岩浆岩，岩性为二长花岗岩和斜长花岗岩。主要分布于工作区西北部马家屯、张家屯一带，岩体长轴方向为北北西向。

（1）斜长花岗岩（Pγo）

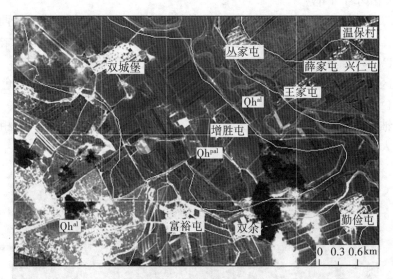

图 15-18 全新统洪冲积物与冲积物 GF1 123(RGB)彩色合成影像图

斜长花岗岩分布于工作区西北部马家屯一带，岩体长轴方向为北北西向。在 GF1 遥感影像中，斜长花岗岩分布区域地表残坡积覆盖较厚，斜长花岗岩解译标志不明显。本次利用了 ETM+752 彩色合成影像特征建立了斜长花岗岩的解译标志。

在工作区西北部金山村一带，二叠纪斜长花岗岩在 ETM+472(RGB)彩色合成影像图中呈草绿色色调、浑圆状地貌，水系不发育，影像细腻，地形起伏较大，岩体长轴方向为北东向，如图 15-19 所示。影像图中解译标志清晰，与相邻岩性单元影像差异较大。

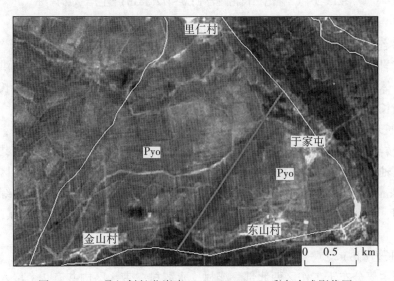

图 15-19 二叠纪斜长花岗岩 ETM+472(RGB)彩色合成影像图

（2）二长花岗岩（Pηγ）

二叠纪二长花岗岩分布于工作区西北部张家屯一带。岩体长轴方向为北西向。在 GF1 遥感影像中，二长花岗岩分布区域地表残坡积覆盖较厚，二长花岗岩解译标志不明显。本次利用了 ETM+472 彩色合成像特征建立了二长花岗岩的解译标志。

在工作区西北部马家窑一带，二叠纪二长花岗岩在 ETM+472（RGB）彩色合成影像图中呈草绿色色调夹杂深绿色色调、浑圆状地貌，水系不发育，影像较粗糙，地形起伏较大，岩体长轴方向为北西向，如图 15-20 所示。影像图中解译标志清晰，与相邻岩性单元影像差异较大。

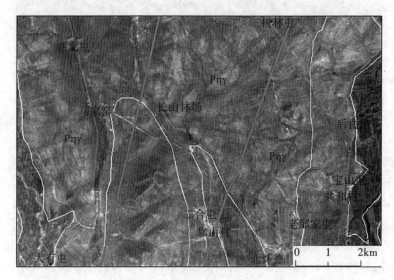

图 15-20　二叠纪二长花岗岩 ETM+472（RGB）彩色合成影像图

2. 侏罗纪岩浆岩

侏罗纪岩浆岩主要零星分布于工作区西北部水泉村、复盛村、永久村、洪家窑、太平顺等地，岩体长轴方向有北东向、北西向、近东西向等。主要岩石类型有闪长玢岩、闪长岩、花岗闪长岩和斜长花岗岩。

（1）闪长玢岩（Jδμ）

闪长玢岩主要分布于工作区西北部新明村、杜家庄、于家店一带，区内共有 7 个侵入体，岩体长轴方向以北东向为主，其次为北西向，近东西向仅有一处。工作区西北、后聚宝村西 2.3km 处，侏罗纪闪长玢岩在 GF1 123（RGB）彩色合成影像图中呈暗绿色色调夹杂深褐色色调，浑圆状脊、正地形，地形起伏较大，水系不发育，影像较细腻，如图 15-21 所示。

（2）闪长岩（Jδ）

闪长岩主要分布于工作区西北部复盛村、永久村一带，区内共有 2 个侵入体，岩体长轴方向为北东向。在 GF1 遥感影像中，闪长玢岩分布区域地表残坡积覆盖较厚，闪长玢岩解译标志不明显。本次利用了 ETM+472 彩色合成影像特征建立了闪长玢岩的解译标志。

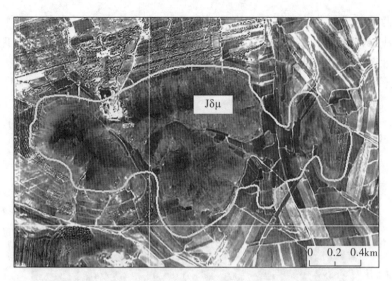

图 15-21   侏罗纪闪长玢岩 GF1 123(RGB)彩色合成影像图

工作区西北复盛村北，侏罗纪闪长岩在 ETM+472(RGB)彩色合成影像图中呈暗绿色色调，浑圆状山脊、正地形，地形起伏较大，水系不发育，影像较细腻，如图 15-22 所示。

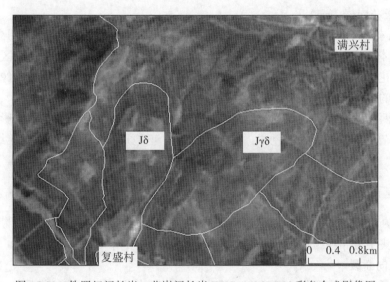

图 15-22   侏罗纪闪长岩、花岗闪长岩 ETM+472(RGB)彩色合成影像图

（3）花岗闪长岩（Jγδ）

花岗闪长岩主要分布于工作区西北部复盛村、邱家窝棚及红旗五井西 5.8 处等地，区内共有 3 个侵入体，2 个岩体长轴方向近东西向，1 个岩体长轴方向为北东向。在 GF1 遥感影像中，花岗闪长岩分布区域地表残坡积覆盖较厚花岗闪长岩解译标志不明显。本次利用了 ETM+472 彩色合成影像特征建立了花岗闪长岩的解译标志。

工作区西北复盛村北，侏罗纪花岗闪长岩在 ETM+472（RGB）彩色合成影像图中呈暗绿色色调夹浅绿色色调，浑圆状、尖棱状山脊，正地形，地形起伏较大，纹理较发育，影像较粗糙，如图 15-23 所示。

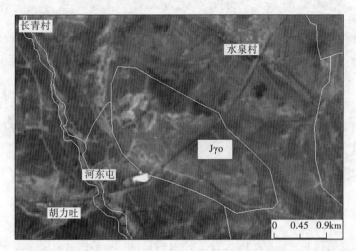

图 15-23　侏罗纪闪长岩、花岗闪长岩 ETM+472（RGB）彩色合成影像图

（4）斜长花岗岩（Jγo）

斜长花岗岩主要分布于工作区西部太平川及工作区西北部河东屯一带，区内共有 2 个侵入体，岩体长轴方向均为北西向。在 GF1 遥感影像中，斜长花岗岩分布区域地表残坡积覆盖较厚花岗闪长岩解译标志不明显。本次利用了 ETM+472 彩色合成影像特征建立了斜长花岗岩的解译标志。

工作区西北河东屯东，侏罗纪斜长花岗岩在 ETM+472（RGB）彩色合成影像图中呈浅绿色色调夹杂浅紫色、灰绿色色调，浑圆状山脊，正地形，地形起伏较大，纹理较发育，影像较细腻，如图 15-24 所示。

15.4.3　遥感构造解译

工作区断裂构造不发育，主要为北东向断裂，其次为北西向和近南北向断裂。上述断裂构造主要集中分布在工作区西北部，东南部仅解译出 1 条断裂构造。

1. 北东向断裂

北东向断裂构造主要集中分布在工作区西北部，自北至南主要有宋卓屯—兴顺村、东益泉—白庙屯、育人水库—郝关村等 8 条断裂构造，如图 15-25 所示。

2. 北西向断裂

工作区北西断裂共解译出北西向断裂 2 条，分别为德龙岗废墟断裂、军马场木工班断裂。其中德龙岗废墟断裂分布工作区西北，军马场木工班断裂分布工作区中西部。

军马场木工班断裂分布在 ETM+472（RGB）彩色合成影像上表现为北西向分布的沟谷、负地形，如图 15-26 所示。

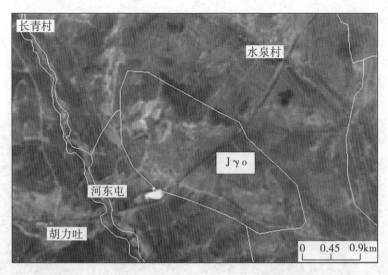

图 15-24　侏罗纪斜长花岗岩 GF1 123(RGB)彩色合成影像图

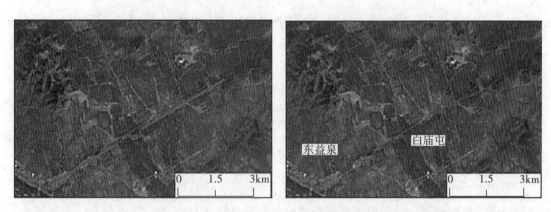

图 15-25　北东向东益泉—白庙屯断裂 ETM+472(RGB)彩色合成影像图

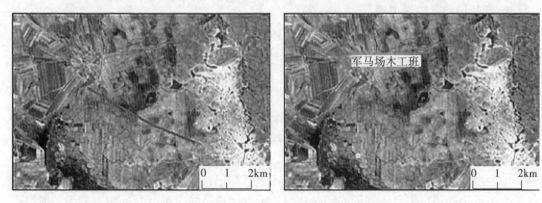

图 15-26　北西向军马场木工班断裂 ETM+472(RGB)彩色合成影像图

3. 近南北向断裂

工作区北西断裂共解译出近南北向断裂 2 条，分别为互利村—兴顺村断裂、永庆屯断裂，均分布于工作区西北部。互利村—兴顺村断裂分布在 ETM+472（RGB）彩色合成影像上表现为近南北向分布的沟谷、负地形，如图 15-27 所示。

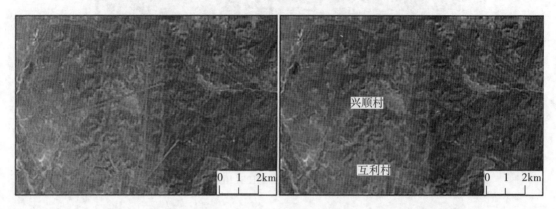

图 15-27　近南北向兴顺村—互利村断裂 ETM+472（RGB）彩色合成影像图

15.5　遥感蚀变信息提取

15.5.1　研究区位置

1. 地理位置

工作区位于额尔古纳市莫尔道嘎镇周边，工作区有额莫公路通往额尔古纳市、铁路通往根河市，交通便利，但工作区交通条件较差，各林场采伐路多沿河谷分布，数量很少，车辆通行困难。

2. 行政区划及工作范围

额尔古纳市莫尔道嘎镇位于内蒙古自治区东北部，额尔古纳河东岸，其行政区划隶属内蒙古自治区额尔古纳市莫尔道嘎镇。工作区地理坐标：51°05′N～57°27′N；120°20′E～121°02′E。

3. 技术流程

通过收集研究区的地质图、地形图、遥感数据，为遥感地质解译做好准备；利用已有资料对遥感数据进行几何校正、图像增强处理、彩色合成，制作研究区遥感影像图；进行初步室内解译，主要根据遥感图像解译标志，以研究区图像的色调、纹理、水系等为依据，结合地质图进行室内解译，对有疑问地区进行标记；根据蚀变信息提取原理，对研究区蚀变进行提取；根据室内解译的问题，设计野外调查路线，进行野外调查验证，通过野外调查制作野外工作线路图，为进一步准确解译做好充分准备，结合野外调查最后确定岩性，制作遥感地质解译图。根据研究目标、内容制定技术路线如图 15-28 所示。

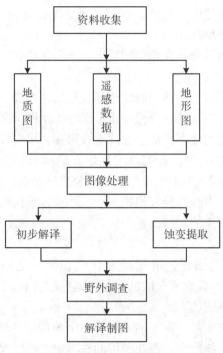

图 15-28　技术流程图

15.5.2　遥感图像处理

遥感图像解译需要对遥感图像进行处理。这里选择商用遥感图像处理软件 ENVI，对研究区遥感图像进行处理和蚀变信息进行提取。

1. 遥感图像处理

莫尔道嘎一带原始数据选择 Landsat EMT+数据，每景数据有 8 个波段。数据成像时间为 2002 年 8 月 31 日，卫星轨道号为批 P123r024，成像范围为：51°05′N ~ 57°27′N；120°20′E ~ 121°02′E；TM1 ~ 5，7 波段分辨率为 30m，经过处理，合成为一景具有 6 个波段的 ENVI 标准图像；TM6 波段图像分辨率为 60m，TM8 波段分辨率为 15m。

（1）图像校正

图像几何校正的目的是要纠正由于系统或地球自转、地球曲率等因素引起的图像变形，从而实现遥感图像与标准图像或地图的几何整合。

首先选取地面控制点，然后利用这些控制点实现对整幅图像的校正。地面控制点的选择原则是：

①要尽量避开人类活动影响较大的区域，如村庄、耕地等。

②要尽量避开受季节影响较大，或难以精确定位的地点，如河流、水库及支流进入主流的区域。

③尽量选择标志比较明显、且随季节变化不大、受人类活动影响较小的地区，如小冲

沟的交汇处、公路与河流的相交处等。

④地面控制点的数量要适中，至少要在每景遥感图像对应的地形图上找到 5～8 个控制点，可根据实际情况适当增加。

⑤地面控制点要尽量均匀分布在整幅图像上，不要集中在一个区域，或分布呈某种线性关系。

选择合适的地面控制点后，接下来就是选择合适的地图投影系统。在该研究中，涉及遥感图像标准图幅的制图，以及遥感图像与地形图等矢量图像之间的叠加工作，要求所校正的遥感图像分别采用不同的地图投影：经纬度投影和公里网投影。

在输入地面控制点的过程中，首先确定地面点的位置（最好是在"ZOOM"窗口中确定），然后在这个对话框中输入对应的经纬度或者公里网格值，点击"Add Point"即可完成对这个点的操作。依同样的方式选择其他控制点。然后，根据软件的提示，输入原始图像和输出文件名，完成遥感图像的几何校正。

（2）图像裁剪

打开经过投影转换后的图像，根据研究区的位置，范围为：51°05′N～57°27′N；120°20′E～121°02′E；同时，我们所获取的图像又是经过几何校正后的图像。这样，可以按经纬度坐标来切割研究区图像。

按经纬度实现对图像的切割，需要输入图像左上角的经纬度值及右下角的经纬度值。在图像的左上角，经度小、纬度大；而在图像的右下角，经度大、纬度小，在输入时需要注意。然后输入新的文件名，完成图像的裁剪。另外，为了最终制图的需要，生成感兴趣区，然后根据感兴趣区对图像进行裁剪。工作中，在校正后的图像上加注地形图数据。在随后出现的"ROI Tool"对话框中，在"Window"栏选择"Zoom"项。这个窗口具有缩放功能，使这样操作得到的结果更为精确。这样，沿着地形图边缘生成一个感兴趣区，并把这个结果保存到一个文件中。选择校正后的遥感图像，并输入输出文件，即完成对图像的切割。

2. 遥感影像图制作

（1）彩色合成

根据图像数据的统计特征，确定最佳的波段组合方式。在遥感图像处理，以及裁剪后图像进行统计分析可以看出，波段 3 与波段 1、2、7 具有较大的相关系数，而与波段 4 的相关性最小；波段 4 与其他各波段的相关系数都比较小；波段 5 与波段 4、3 的相关性比较小，即波段 5、4、3 组合具有最大信息量，为最佳组合。因此，此次彩色合成中选用的波段组合方式为 TM543（RGB）。

（2）图像增强处理

对比度增强是一种点处理算法，它通过改变图像像元的灰度值来改变图像像元的对比度，从而改变图像质量。遥感图像的灰度值一般为 0 到 255，然而实际遥感图像数据很少能利用到256 个灰度级，用对比度增强的方法可以扩展图像灰度动态范围，增加图像的对比度。

图像滤波包括图像平滑和图像锐化，是以重点突出图像上的某些特征为目的的，如突出边缘或纹理等，是一种几何增强处理。

对一幅图像而言，其背景如河流、大型线性构造等的灰度变化是渐变的、区域性的，与图像中的低频相对应；另一些小地貌变化、小断裂、岩石蚀变等，往往是图像灰度值的突变处，与图像中的高频相关。在图像处理中，可以通过压抑高频成分的方法实现图像的平滑，以提取主干断裂的分布特征等区域性地物信息；也可以通过增强高频成分的方法实现图像的锐化，以突出局部变化信息。

（3）图像裁剪

根据生成的 TIF 图像文件，在旋转和经纬度裁剪后，对于边缘部分，一边人为造成了数据流失，为一黑色区域；而另外一边则有多余。同时，根据网格大小，对图像进行适当的缩放处理，为最终与图像输出比例相同的遥感影像图。这部分工作可以在图像处理软件 Photoshop 中完成，并且选择最佳的输出 DPI 为 300。

（4）影像图制作

根据国家技术监督局发布的《遥感图像平面图制作规范》，加注图像外廓、公里网格值；外廓线宽为 0.5mm，内廓与外廓间距为 8.0mm；同时又规定了公里网格值、经纬度的标注规范。以及加注图名、图幅编号、比例尺、图像说明及图像上重要地区地名，如图 15-29 所示。

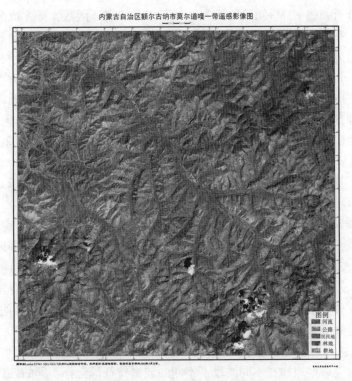

图 15-29 1∶50000 内蒙古额尔古纳市莫尔道嘎一带遥感影像图

15.5.3 蚀变信息提取

蚀变遥感信息是指在有利于成矿作用发生的空间实体中，蚀变围岩（带）在遥感影像上反映出来包含各种背景光谱信息在内的综合光谱信息，其背景光谱信息是指土壤、植被等光谱信息。而蚀变遥感异常是有利于指导找矿的蚀变遥感信息，并且，根据异常的形状、空间展布等信息，可以对蚀变遥感异常提取结果分级。在全国矿产资源潜力评价项目中，已经明确指出矿化蚀变遥感异常提取结果与地球物理、地球化学异常解译结果具有同等重要性，成为矿产资源调查过程中一个独立的评价因子。

1. 蚀变信息提取原理

工作区属于植被严重覆盖区，研究区控矿构造内，常发育有蚀变岩(带)，而蚀变围岩与正常围岩在 ETM+遥感数据某些不同波段内，波谱特征有明显差异，诸如绢英岩化、黄铁绢英岩化、绿泥石化、黑云母化等蚀变矿物中均含有羟基基团和三价铁离子。羟基在 ETM+7(2.08~2.35μm)波段具有强吸收而在 ETM+5(1.55~1.75μm)波段为强反射的特性，即在这 2 个波段之间存在光谱反差；与金矿化有关的某些铁的氧化物和氢氧化物，其 ETM+波谱特征在 ETM+3(0.63~0.69μm)波段表现为强反射，在 ETM+1(0.45~0.52μm)、ETM+2(0.52~0.60μm)和 ETM+4(0.76~0.90μm)表现为不同程度的相对吸收特征。ETM+数据与蚀变矿物组合相关的波谱特征，为提取与矿化有关的蚀变岩(带)信息提供了足够的理论依据。

经主成分分析，将 ETM+图像转换为一种不相关的表征函数，即主成分分析处理是一种去相关分析。在主成分分析结果中，第一主成分取得总方差的绝大部分，通常是与地形和植被有关信息分量的反映，而与蚀变信息相关的波谱特征则主要存在于更高级的主成分分量中。Loughlin 的研究表明，有目的地对一定波段组合进行主成分分析可将特定的信息聚集到单一的主成分分量中。如 TM 1，TM 3 或 TM 2，TM 3 组合有利于含铁离子蚀变信息的提取；同理，输入波段中 TM 5 和 TM 7 组合有利于含羟基蚀变矿物信息提取。因此，对含铁离子蚀变矿物信息提取，可采用 TM 1、TM 3、TM 4、TM5；TM 2、TM 3、TM 4、TM 5；TM 1、TM 3、TM 4、TM 7 或 TM 2、TM 3、TM 4、TM 7 组合进行主成分分析，而对含羟基蚀变矿物信息提取，可采用 TM 1、TM 4、TM 5、TM 7；TM 2、TM 4、TM 5、TM 7 或 TM3、TM 4、TM 5、TM 7 组合加以分析。

2. 蚀变信息提取结果

富含 OH^- 或 CO_3^{2-} 的绿泥石、白云母、方解石、高岭石、明矾石等常见蚀变矿物，在 ETM5 波段存在反射峰，在 ETM7 波段则存在吸收谷；同样，含有 Fe^{3+} 的褐铁矿等矿物在 ETM3 波段存在反射峰，在 ETM4 存在吸收谷，这是提取羟基蚀变和铁染异常的光谱理论基础。通过主成分分析，把原来多波段图像中的有用信息集中到数目尽可能少的新组分图像中，而且新组分图像互不相关。

(1)干扰信息的去除

干扰的去除应根据地物在不同波段下不同的波谱特征而选择不同的处理方法。在本研究区只要是对植被、云和阴影经掩膜运算去除非目标物，尽可能地减少干扰物对异常提取所产生的影响。

(2)遥感矿化蚀变信息的提取

对于上述去干扰图像，采用主成分分析方法，来提取蚀变异常信息。富含 OH^- 或 CO_3^{2-} 的绿泥石、白云母、方解石、高岭石、明矾石等常见蚀变矿物，在 ETM5 波段存在反射峰，在 ETM7 波段则存在吸收谷；同样，含有 Fe^{3+} 的褐铁矿等矿物在 ETM3 波段存在反射峰,在 ETM4 存在吸收谷,这是提取羟基蚀变和铁染异常的光谱理论基础。通过主成分分析,把原来多波段图像中的有用信息集中到数目尽可能少的新组分图像中,而且新组分图像互不相关。利用 TM1、TM4、TM5、TM7 等 4 个波段进行主成分分析(PCA),对代表羟基化物主分量的判断准则是:构成该主分量的本征向量,其 TM5 系数应与 TM7 及 TM4 的系数符号相反,TM1 一般与 TM5 系数符号相同。用 TM1、TM3、TM4、TM5 等 4 个波段进行主成分分析,对代表铁染物主分量的判断准则是:构成该主分量的本征向量,其 TM3 系数应与 TM1 及 TM4 的系数符号相反,TM3 一般与 TM5 系数符号相同。将上述掩膜处理的图像做 TM1、3、4、5、7 波段的主成分分析,得到波段间的本征向量矩阵。根据上述判断准则,羟基蚀变应该包含于 TM1、TM4、TM5、TM7 之 PC4 上,铁染异常应该包含在 TM1、TM3、TM4 和 TM5 之 PC4 上。根据概率密度分布曲线的数学含义,可以把统计均值理解对于羟基异常,k 一般取 2~3;铁染异常,k 一般取 1.5~2.5。据此,对 pc4 进行阈值分割,得到分级异常信息图像。

(3)提取结果

异常主要分布在图幅莫尔达嘎河沟谷、多博库塞河的两侧边缘裸露区,铁染异常多于羟基异常,羟基和铁染异常都较弱,异常级别只是异常可能出现概率的大小排序。铁染异常为一、二、三级异常。羟基异常有二级、三级异常,也提取出少部分的低覆盖区的羟基和铁染异常。蚀变信息提取结果图,如图 15-30 所示。

图 例

铁染——一级异常
铁染——二级异常
铁染——三级异常
羟基——二级异常
羟基——三级异常

比例尺:1:50000

图 15-30 蚀变信息提取结果图

复习思考题

1. 简述遥感的分类。

2. 简述不同遥感应用的时项选择要求。

3. 简述遥感蚀变信息提取的流程。

4. 简述遥感影像解译的标志。

参 考 文 献

1. 顾孝烈，鲍峰，程效军．测量学[M]．上海：同济大学出版社，2011.

2. 潘正风，杨正尧，程效军，等．数字测图原理与方法[M]．武汉：武汉大学出版社，2011.

3. 吴大江，刘宗波．测绘仪器使用与检测[M]．郑州：黄河水利出版社，2013.

4. 刘宗波．测绘仪器检测与维修[M]．武汉：武汉大学出版社，2012.

5. 武汉大学测绘学院测量平差学科组．误差理论与测量平差基础[M]．武汉：武汉大学出版社，2014.

6. 宁津生，陈俊勇，李德仁，等．测绘学概论[M]．武汉：武汉大学出版社，2014.

7. 李斯．测绘技术应用与规范管理实用手册[M]．郑州：金版电子出版公司，2002.

8. 北京三鼎光电仪器有限公司．(南方)中文激光电子经纬及电子经纬仪仪器操作手册．

9. Leica FlexLine TS02/TSO6/TS09 用户手册徕卡全站仪使用说明书．

10. 曹新华．索佳 SDL1 数字水准仪使用培训手册，2010 年 9 月．

11. 中国有色金属工业协会．中华人民共和国国家标准《工程测量规范》(GB50026—2007)．批准部门：中华人民共和国建设部．施行日期：2008 年 5 月 1 日．

12. 王慧麟，安如，谈俊忠，等．测量与地图学(第二版)[M]．南京：南京大学出版社，2009.

13. 徐绍铨，张华海，杨志强，等．GPS 测量原理及应用(第三版)[M]．武汉：武汉大学出版社，2008.

14. 唐秀蓉，管真，刘立．CASS7.0 在大比例尺地形图缩编中的应用[J]．矿山测量，2016，03：57-59.

15. 彭维吉，李孝雁，黄飒．基于地面三维激光扫描技术的快速地形图测绘[J]．测绘通报，2013，03：70-71.

16. 宋耀东，张坤，兀伟，等．地形图应用现状分析[J]．测绘标准化，2015，31(4)：9.

17. 莫先华，邓晓斌．基于 CASS 的数字地形图应用研究[J]．科技展望，2016，13：174.

18. 张正禄，等．工程测量学[M]．武汉：武汉大学出版社，2005.

19. 张正禄．工程测量学[M]．武汉：武汉大学出版社，2002.

20. 李青岳，陈永奇．工程测量学[M]．北京：测绘出版社，1995.

21.《工厂建设测量手册》编写组．工厂建设测量手册[M]．北京：测绘出版社，1991.

22. 杨正尧．测量学[M]．化学工业出版社，2005.

23. 国家技术监督局．地质勘探工程测量规范(GB/T 18341—2001)，2001.

24. 中国地质大学测量教研室编．测量学[M]．北京：地质出版社，1996.

25. 季斌德，邵自修．工程测量[M]．北京：测绘出版社，1991．

26. 孟庆森，赵成．GPS RTK 在地质工程测量中的应用[J]．吉林地质，2007，26（2）：84-86．

27. 唐守国，张凤臣．谈地质剖面测量[J]．科技咨讯，2007，（19）：65．

28. 王文化．地质勘探剖面测量误差分析[J]．地矿测绘，2005，21（3）：24-25．

29. 李爽，周四春，段新国，等．现场 X 射线荧光技术在大比例尺地质填图中的应用研究[J]．成都理工大学学报（自然科学版），2004，31（3）：311-315．

30. 刘菁华，王祝文，等．地面伽马能谱测量在浅覆盖区地质填图中的应用[J]．地质与勘探，2003，39（2）：61-64．

31. 张文斌．高精度航空物探综合测量在地质填图中的应用[J]．物探与化探，2004，28（4）：283-286．

32. 刘德成，丁喜华，杨兵波．关于物化探测量中 GPS RTK 工作的探讨[J]．煤炭技术，2007，26（10）：130-132．

33. 陈乃俊．RTK 技术在石油物化探测量应用中的探讨[J]．地理信息空间，2003，1（4）：15-19．

34. 中华人民共和国地质矿产部地质词典办公室．地质辞典（五）地质普查勘探技术方法分册上册[M]．北京：地质出版社，1982．

35. 中国石油天然气总公司．石油物探全球卫星定位系统动态测量技术规范（SY/T 6291—1997）．1997．

36. 孟煌．GPS 实时 RTK 测量技术及其应用[D]．华南热带农业大学学报，2006，12（2）：85-89．

37. 中华人民共和国地质矿产部．物化探工程测量规范（DZ/T0153—95）．1995．

38. 中华人民共和国机械电子工业部．工厂竣工现状总图编绘与实测规程（JBJ 21—90）．北京：测绘出版社，1991．

39. 中华人民共和国建设部．建筑变形测量规范（JGJ 8—2007）．北京：中国建筑工业出版社，2007．

40. 严莘稼，李晓莉，邹积亭．建筑测量学教程[M]．北京：测绘出版社，2007．

41. 合肥工业大学，重庆建筑大学，天津大学，哈尔滨建筑大学．测量学[M]．北京：中国建筑工业出版社，1995．

42. 侯国富，樊炳奎，洪莉芳．建筑工程测量[M]．北京：测绘出版社，1990．

43. 黄声享，尹晖，蒋征．变形监测数据处理[M]．武汉：武汉大学出版社，2003．

44. 中华人民共和国建设部．城市地下管线探测技术规程（CJJ61—2003 J71—2003）．中国建筑工业出版社，2003．

45. 陈学平，周春发．实用工程测量[M]．中国建筑工业出版社，2008．

46. 中华人民共和国交通部．公路摄影测量规范（JTJ 065—97）．北京：人民交通出版社，1997．

47. 张项铎，张正禄．隧道工程测量[M]．北京：测绘出版社，1998．

48. 张坤宜，覃辉，金向农．交通土木工程测量[M]．武汉：武汉大学出版社，2003．

49. 西安公路学院公路系. 公路测量[M]. 北京：人民交通出版社，1987.

50. 中华人民共和国铁道部. 铁路测量技术规则(TBJ105—88)，1989.

51. 詹长根. 地籍测量学(第三版)[M]. 武汉：武汉大学出版社，2011.

52.《地籍调查规程》(TD/T 1001—2012).

53.《吉林省农村集体建设用地和房屋调查技术规程》(DB22/T 2298—2015).

54. 贺金鑫，等. 地理信息系统基础与地质应用[M]. 武汉：武汉大学出版社，2015.

55. 邬伦，等. 地理信息系统：原理、方法和应用[M]. 北京：科学出版社，2001.

56. 黄杏元，马劲松. 地理信息系统概论(第三版)[M]. 北京：高等教育出版社，2009.

57. 张玉君，曾朝铭，陈薇.ETM+(TM)蚀变遥感异常提取方法研究与应用——方法选择和技术流程[J]. 国土资源遥感，2003，(2)：44-49.

58. 甘甫平，王润生. 遥感岩矿信息提取基础与技术方法研究[M]. 北京：地质出版社，2004.

59. 张宗贵，王润生，郭小方，等. 基于地物光谱特征的成像光谱遥感矿物识别方法[J]. 地学前缘，2003，10(2)：437-443.

60. 吕凤军，郝跃生，李川平，等.ASTER遥感数据反射率反演研究[A]. 第十六届全国遥感技术及学术交流会论文集[C]//北京：地质出版社，2007.9.

61. 濮静娟. 遥感图像目视解译原理与方法[M]. 北京：中国科学技术出版社，1990.

62. 陈述彭，赵英时. 遥感地学分析[M]. 北京：测绘出版社，1990.

63. 朱亮璞. 遥感地质学[M]. 北京：地质出版社，1994.

64. 陈圣波，等. 遥感影像信息库[M]. 北京：科学出版社，2012.